普通高等教育"十一五"国家级规划教材
高职高专教育"十二五"规划建设教材

猪 生 产

（第 2 版）

朱宽佑　潘　琦　主编

中国农业大学出版社
· 北京 ·

内 容 简 介

本书是高职高专教育"十二五"规划建设教材。该书按照高职高专培养第一线高素质技能人才的规格要求，以现代养猪业的发展为导向，以猪生产必备的基本技能及生产过程的技术环节为主线，以生产中不同岗位的技能为重点，培养畜牧及相关专业学生的猪场建设、饲料配制及生产、种猪选择及饲养管理、仔猪养育、肥育猪的生产管理、猪场经营管理、疫病防控等方面的技能，突出关键技术的实用性、科学性和先进性。同时，该书在编写过程中吸纳企业有长期一线工作经验的人员参与，极力体现工学结合的课堂场景化的教学内容，使岗位工作目标和职责清晰明了，便于学生学以致用。通过本课程的学习，使学生走上养猪生产一线后能够独立完成岗位工作职责。本书不仅可作为高职高专、成人教育畜牧类专业学生的教材，同时可成为企业管理人员、技术人员及养殖人员的培训教材和参考书。

图书在版编目(CIP)数据

猪生产/朱宽佑，潘琦主编. —2版. —北京：中国农业大学出版社，2011.12
(2020.8重印)
ISBN 978-7-5655-0429-7

Ⅰ.①猪… Ⅱ.①朱…②潘… Ⅲ.①养猪学-高等职业教育-教材
Ⅳ.①S828

中国版本图书馆CIP数据核字(2011)第203772号

书　　名 猪生产(第2版)
作　　者 朱宽佑　潘　琦　主编

策划编辑 康昊婷　**责任编辑** 韩元凤
封面设计 郑　川　**责任校对** 陈　莹　王晓凤
出版发行 中国农业大学出版社
社　　址 北京市海淀区圆明园西路2号　**邮政编码** 100193
电　　话 发行部 010-62818525，8625　读者服务部 010-62732336
编辑部 010-62732617，2618　出　版　部 010-62733440
网　　址 http://www.cau.edu.cn/caup　**e-mail** cbsszs@cau.edu.cn
经　　销 新华书店
印　　刷 北京鑫丰华彩印有限公司
版　　次 2011年12月第2版　2020年8月第3次印刷
规　　格 787×980　16开本　15.25印张　279千字
定　　价 35.00元

第2版编写人员

主　编　朱宽佑（河南牧业经济学院）
　　　　潘　琦（江苏农牧科技职业学院）

副主编　李石友（云南农业职业技术学院）
　　　　岳增华（黑龙江农业职业技术学院）

编　委　（按姓氏笔画排序）
　　　　丁兆忠（沧州职业技术学院）
　　　　刘永祥（河南牧业经济学院）
　　　　刘　聪（河南黄泛区鑫欣牧业公司）
　　　　吕丹娜（辽宁农业职业技术学院）
　　　　朱宽佑（河南牧业经济学院）
　　　　邢启银（河南牧业经济学院）
　　　　李石友（云南农业职业技术学院）
　　　　李梦云（河南牧业经济学院）
　　　　张建远（河南新大牧业有限公司）
　　　　肖锦红（河南正阳种猪场）
　　　　岳增华（黑龙江农业职业技术学院）
　　　　姜东凤（河南牧业经济学院）
　　　　徐秋良（河南牧业经济学院）
　　　　崔炳灿（新疆农业职业技术学院）
　　　　潘　琦（江苏农牧科技职业学院）

第1版编审人员

主　　编	朱宽佑	郑州牧业工程高等专科学校
	潘　琦	江苏畜牧兽医职业技术学院
副 主 编	董修建	河北农业大学中兽医学院
	高祝兰	辽宁农业职业技术学院
	闫红军	杨凌职业技术学院
参编人员	（按姓氏笔画排序）	
	刘永祥	郑州牧业工程高等专科学校
	刘德福	临沂大学
	杜　磊	郑州牧业工程高等专科学校
	李长军	北京农业职业学院
	李彦军	保定职业技术学院
	张　涛	辽宁职业学院
	梁玉山	河北旅游职业学院
	程　丰	信阳农业高等专科学校
审　　稿	王爱国	中国农业大学
	傅金恋	中国农业大学

第2版前言

中国养猪历史悠久，源远流长。从远古时代开始，养猪一直是农耕时代不可或缺的组成部分。从"家"字的解析中，可以明晰读出养猪在农业社会具有的标志性活动内容。

温家宝总理曾坦言：猪粮安天下。在当今的中国，养猪不仅仅是提供动物食品来源的行业，它的作用远远超出行业本身。

中国为世界第一养猪大国，2009年的生猪出栏量达到6.45亿头，占到全世界出栏量的52%的水平，成为名副其实的养猪大国及猪肉产品消费大国。猪的饲养量占牲畜总量的60%以上，猪肉产量占到肉类总产量的65%以上，成为畜牧业生产的主要产业方向。尽管我国养猪生产在数量上占优势，但生产水平与欧、美等发达国家相比，仍有一定差距，具体表现在母猪繁殖率不高、仔猪成活率低、肥育猪出栏率低、饲料利用率低、胴体瘦肉率低等方面。而主要体现在规模化集中程度不高，养猪盈利能力低下。近年来，在党和政府关注"三农"问题及调整农业生产结构的战略决策出台后，各方加大了对养猪业的投入及扶持力度。适度规模饲养及养猪小区建设正在演变成为行业发展的主导形式，养猪正成为一些地方的农业经济支柱及经济增长点。目前养猪产业正值转型和产业升级的重要时期，一些现代化的技术及设施(备)正在不断应用于养猪业中，一线急需大量的专门技能型人才，用来助推产业进步和改变产业增长方式。这为畜牧类专业学生提供了大量就业机会和创业平台，养猪生产技能势必成为其进入主要就业岗位群必须具备的本领。

高职高专畜牧类专业的培养目标就是为动物生产第一线提供高素质技能人才。学生就业岗位主要锁定在动物生产的各个环节中；专业培养模式就是以生产岗位技能要求为目标、以专业生产技能培养为主线、以提高学生在生产实践中分析问题和解决问题的能力为重点来进行设计。

本教材针对养猪业发展现状，以突出岗位技能要求为着眼点，以工作过程和场景为主要内容，结合不同岗位的职责及工作目标，让学生充分领悟技能与岗位工作之间的有机关系，为学生尽快适应岗位工作做了必要的铺垫。教材使用对象为高职高专畜牧类专业学生，教材编写时力求自具一格，突显岗位技能培养为主线，同时兼顾知识贮备。在教学过程中，应结合当地的养猪业发展情况，针对岗位技能需求重点来进行讲授。通过学习，要求学生掌握关键技能，能履行相关岗位职责，有一定技术拓展能力。

编写一本能满足高职高专教学需要、适合产业要求的教材是全部参编人员的共同心愿。然而，由于我们的水平有限，编写时间仓促，书中内容取舍、文字表述等方面出现一些问题在所难免。恳请同仁提出宝贵意见，以便再版时修改。

在编写过程中，参阅了国内外前辈及同仁的文献、著作和科研成果，在此一并致谢。主编潘琦参与了部分书稿的修改和审阅，其他副主编及参编人员均提出中肯修改意见。最后由朱宽佑主编完成整个书稿的统稿、修改及审阅工作。

编　者

2011 年 5 月

第1版前言

中国为世界第一养猪大国，2005 年的存栏量占到全世界的 50%以上，出栏生猪数占到全球总数的 49.8%，成为名副其实的养猪大国及猪肉产品消费大国。中国养猪历史悠久，源远流长，猪的饲养量占牲畜总量的 55%以上，猪肉产量占到肉类总产量的 65%以上，成为畜牧业生产的主要产业方向。尽管我国养猪生产在数量上占优势，但生产水平与欧、美等发达国家相比，仍有一定差距。主要体现在规模化程度低，分散养殖形式仍占主要地位，养殖条件及方式仍较落后。具体表现在仔猪成活率低、肉猪出栏率低、饲料利用率低、胴体瘦肉率低等方面。这种情况目前正在逐渐发生变化，适度规模饲养及养猪小区建设正在演变成为行业发展的主导形式。特别是近年来，党和政府关注三农问题及建设社会主义新农村的战略决策出台后，各方加大了对养猪业的投入及扶持力度，养猪业正成为一些地方的农业经济支柱及经济增长点。目前养猪产业正值转型和发展的重要时期，一线急需大量技能型人才来助推产业进步和改变产业增长方式。这为畜牧类专业学生提供了大量的就业机会和创业平台。养猪生产技能势必成为学生进入主要就业岗位必须具备的本领。

高职高专畜牧类专业学生的培养目标就是为动物生产第一线提供高素质的技能型人才。学生就业岗位主要锁定在动物生产的各个环节中；专业培养模式就是以生产岗位技能要求为目标、以专业生产技能培养为主线、以提高学生在生产实践中分析问题和解决问题的能力为重点来进行设计。本教材针对养猪业发展状况，以突出应用性、强调科学性、加强能动性为宗旨来打造适合养猪生产岗位需求的技能人才。

教材使用对象为高职高专畜牧类专业学生，教材编写完全区别于本科同类教材的系统性和学科性要求。力求编写成为自具一格，适合该类院校教学目标、以技能培养为主线兼顾知识储备的特色教材。在教学过程中，应结合当地的养猪业发展情况，针对岗位技能需求重点来进行讲授。通过学习，要求学生掌握关键技能，能履行相关岗位职责，有一定技术拓展能力。

编写一本能满足教学需要、适合产业要求的教材是全部参编人员的共同心愿。但由于我们的水平有限，编写时间仓促，书中内容取舍、文字表述等方面出现一些问题在所难免。恳请同仁们提出宝贵意见，以便再版时修改。

在编写过程中，参阅了国内外前辈及同仁们的文献、著作和科研成果，在此一并致谢。

主编潘琦及副主编董修建参与了部分书稿的修改和审阅，其他编者均提出了中肯的修改意见。最后由朱宽佑主编完成整个书稿的统稿、修改及审阅工作。中国农业大学王爱国教授在书稿审定时提出了多处修改意见，特致谢意。

编　者

2007 年 5 月

目　录

第一章　发展中的养猪业 …………………………………………………… 1
一、养猪业的重要意义 ……………………………………………………… 1
二、养猪业的发展现状 ……………………………………………………… 2
三、养猪业的发展趋势 ……………………………………………………… 9
第二章　猪生产的备用技能 ………………………………………………… 12
第一节　规模化猪场的建设 ……………………………………………… 12
一、规模化猪场场区、猪舍的规划与建造 ………………………………… 12
二、猪场的工艺流程设计及主要技术指标 ………………………………… 23
三、年出栏万头商品猪猪场的规划设计与投资概算 ……………………… 27
四、猪场的设备配置与选用 ………………………………………………… 35
五、猪场的环境控制 ………………………………………………………… 46
第二节　品种的选用及引种 ……………………………………………… 57
一、当今主要适用的猪品种 ………………………………………………… 58
二、选种及引种 ……………………………………………………………… 75
第三节　猪场的饲料供应 ………………………………………………… 79
一、使用适当类型的配合饲料 ……………………………………………… 79
二、猪场饲料供应计划的编制 ……………………………………………… 82
三、饲料原料的采购与储藏 ………………………………………………… 85
四、猪的营养特点与饲料的科学配方 ……………………………………… 91
五、猪场饲料储存和加工设备的选用 ……………………………………… 102
六、猪饲料加工质量控制 …………………………………………………… 104
第三章　猪生产岗位技能 …………………………………………………… 109
第一节　后备种猪、空怀母猪及种公猪的饲养管理岗位技能 …………… 109
一、岗位技能 ………………………………………………………………… 109
二、岗位设置及职责 ………………………………………………………… 132

第二节 妊娠母猪的饲养管理岗位技能…… 135
一、岗位技能 …… 135
二、岗位设置及职责 …… 141
第三节 哺乳母猪及哺乳仔猪的饲养管理岗位技能…… 144
一、岗位技能 …… 144
二、岗位设置及职责 …… 164
第四节 保育猪的饲养管理岗位技能…… 169
一、岗位技能 …… 170
二、岗位设置及职责 …… 174
第五节 生长育肥猪的饲养管理岗位技能…… 177
一、岗位技能 …… 177
二、岗位设置及职责 …… 191
第四章 猪生产经营管理岗位技能…… 195
第一节 岗位技能…… 195
一、猪场经营管理中的人文管理 …… 195
二、改变国内养猪场困境的探讨 …… 196
三、现代工厂化养猪联产计酬参考方案 …… 203
四、猪场的物资管理和统计报表 …… 207
五、生产过程成本支出与控制 …… 208
六、猪场的成本核算 …… 209
七、猪场生产计划的制订 …… 213
第二节 猪场主要管理岗位设置及其职责…… 216
一、场长 …… 217
二、副场长(生产、技术)…… 218
三、副场长(后勤、采买)…… 218
四、兽医 …… 219
五、饲料加工员岗位职责 …… 220
六、机修工岗位职责 …… 220
七、门卫岗位职责 …… 220
八、库管员岗位职责 …… 220
附 "猪博士"猪场管理系统…… 221
校内实训项目 猪的胴体性状测定及肉质分析…… 224
参考文献…… 232

第一章　发展中的养猪业

知识目标

- 了解猪生产的重要意义及国内外养猪概况。
- 理解猪生产存在的问题及发展方向。

中国是一个养猪历史悠久的国家，养猪成为农业家庭日常生活的重要组成部分，从"家"字的解读中就可见古老中国的牧业文明史。从 20 世纪 90 年代，我国才开展真正意义上的集约化养猪生产，并随着国家的改革开放和经济的快速发展，养猪生产的格局发生了改变，适度规模生产正逐步取代分散饲养方式而成为行业的主导形式，开启了中国现代化养猪之路。我国的养猪存栏量及年出栏数量成为全球增长最快的国家，成为世界上第一养猪大国和第一猪肉产品消费大国。养猪业对我国畜牧业的贡献率达到 55％以上。我国猪生产的意义不再是单纯的初级肉产品生产行业，其作用和功能也远远超出行业本身。

一、养猪业的重要意义

中国养猪业的发展有突出的重要意义，主要体现在：

1.养猪业是国民经济的重要组成部分

2009 年全国出栏生猪达到 6.45 亿头，按头均销售价格 1 100 元计算，整个行业实现产值高达 6 700 亿元以上，占同期全国国内生产总值(GDP)约 28 万亿元的 2.4 ％以上，足见养猪行业对经济发展的贡献程度。养猪业成为国民经济非常重要的产业形式。

2.养猪是提高农民收入的一条重要途径

在大部分农村地区，农民因受各方面条件约束，无力选择更好的发展项目，把从事养猪作为首选，这造就了一大批专门从事养猪生产的专业户及适度规模场，成为养猪生产的生力军，农民也从中得到了高出其他农业生产门类的收益。近几年国家统计局的统计结果表明，全国农民增收的一半来自养殖业，而这养殖业中的一半以上就来自养猪业。

3.提供较为经济的动物食品

猪产品一直是我国大众消费的主要动物食品，消费猪肉所占肉类食品比例高达65%以上。近年来，尽管有些地区人群消费肉品类型的取向有所改变，但猪肉消费占主导地位的状况仍然保持不变。按我国年人均消费肉品约59 kg计算，人均消费猪肉达到38 kg，是全球平均水平的2倍以上。这与猪肉营养丰富、烹饪便利、口感好、易加工贮存等特点有较大的关系。所以，猪肉仍是国内消费者首选肉类食品。

4.养猪业为轻工、化工及制药行业提供原料

猪皮是重要的皮革原料，由于价格低廉，其制品仍有一定的市场需求；猪的脂肪为化工提供原料；猪小肠、肝、血液等成为制药行业的使用材料。

5.提供试验动物

养猪业能提供试验动物及可使用的人体供体器官。生猪不仅是重要的试验动物来源之一，用来进行药物动力学试验、毒力学试验及药效试验等；而且因其主要实质器官解剖学结构近似人类，在医学上拟作人体器官供体的重要目标动物。我国“863”重大生物技术项目之一，就是将人的一些重要基因重组在猪的性细胞中，在后代猪机体内表达人的蛋白质，取得了积极成果。一旦技术成熟，有朝一日猪会成为人体的重要器官供体来源。

6.养猪业为农业提供重要的有机肥料

在我国种植业发展史上，猪粪一直是提供土壤肥力的主要来源。尽管今日化肥工业产品已成主要肥源，但无公害及绿色食品的市场呼唤，已让人们重视到对有机肥料的重新使用。将猪粪发酵和加工，制成用于不同土壤条件及作物、瓜果、蔬菜需求的专用肥料，是种植业的大势所趋，也是生产安全、无公害及绿色食品的重要前提条件。粪便资源化处理已成为养猪行业发展所带来的另一种重要贡献。

二、养猪业的发展现状

在受宗教信仰限制以外的国家和地区，养猪生产均是重要的养殖行业。受经济条件、消费市场及养殖习惯等因素的影响，发达国家和发展中国家的养猪生产形式、生产水平及产量均有较大的不同。

(一)国外养猪业

从欧美等发达国家的养猪生产来看，不仅猪的育种技术水平高，而且其生产方式及生产水平代表了近代养猪业的先进水平，从养殖理念到生产形式均突出

了高效生产的内涵。虽然生产规模并不大，但生产量较为稳定。如美国年出栏肥猪数量近年一直保持在1亿头左右，位居世界第二。国外养猪业的特点主要表现在：

1. 集约化经营，生产水平高

集约化养猪已是很多国家养猪生产的主要方式。但出于环保考虑，规模化程度并非越大越先进，不同国家有其自己的规定和做法。养猪生产的先进性主要体现在生产效率上。具体包括出栏率、出栏周期、饲料转化率、母猪头均年产肥猪数等指标。出栏率一般在160%以上(除英国等国家出栏体重90 kg左右与我国相近外，其他国家均在110 kg以上)，出生至出栏时间不超过160 d，饲料转化率在2.6∶1以下，母猪头均年产肥猪数在24～26头，丹麦的母猪头均年产肥猪数已达到35头。

2. 产业分工明确，依托行业协会

分工主要是指饲料工业与养猪业间的分工和养猪生产各环节的分工。饲料生产商为猪场提供全价饲粮，以散装饲料为主直入猪场料仓，猪场可完全舍弃饲料生产的所有环节，无需操心饲料问题。对于养猪生产而言，是选择从事仔猪繁殖还是从事育肥猪生产，猪场根据自身条件和对生产的利润及风险评估来决定。所以，除自繁自养猪场(公司)外，相当一部分猪场遵从这种分工。养猪协会是养猪业者的重要依托，是养猪业主自主建立的行业组织，协会承担了与政府部门协调政策、制定相关规定、保护行业利益、指导行业发展、提供行业信息的功能，是推动行业进步的重要组织力量。

3. 猪场设施完善，自动化程度高

猪场设计布局合理、功能设施完善，给养猪提供良好的舍内环境和管理条件。特别是设施材质优良、耐用及耐腐性好；设施自动化程度高，自动控温、控湿及通风系统、自动供料、自动饮水装置为节约人力、规范管理带来极大的好处，也为疫病防控提供了有力支持。

4. 资源充裕，饲料及营养条件好

由饲料生产商供应完全饲料，服务到位。从配方调整、原料选用到加工工艺及质量控制做到了完美结合，所产成品突出了专业生产水准，对猪群的营养需求满足度高，能够充分发挥猪群的遗传潜力及生产潜力，为高效养猪提供了有力的保障。有数据表明，国外生长肥育期猪采食量明显高于我国水平，高出15%～35%。所以，高的生产水平及优良肥猪品质得以实现。更有通过营养调控支持、改善饲养过程中猪的应激效应，推动养猪生产的进步。如通过代乳料的研发及推广，使仔猪超早期断乳成为可能，在美国约有30%的生产场采用了这项断乳技术。

5. 倡导健康养猪,预防为主的原则

猪肉产品是重要的食品来源,健康的猪是饲养者追求的目标,也是消费者的期望,更是安全猪肉的保证。所以,经营者除为猪提供理想的养殖条件外,对疫病的预防控制措施得力,出现重大疫情采用销毁、深埋等扑灭措施,有效地遏制重大传染病的发生及传播。同时,对猪场采取净化措施,安全生产保障力度较高。如一些国家已开展无特异性病原(SPF)猪的生产,净化的病原有喘气病、萎缩性鼻炎、伪狂犬病等,业者反应良好,成为重要的养猪方向。欧盟自 2006 年 1 月开始规定:禁止在猪的日粮中添加抗生素,开创了"无抗"猪生产的先河。

6. 关注猪的福利,有法可依

很多西方国家已将动物福利通过立法形式进行保护。避免饲养、运输、屠宰过程中虐待动物,已是相关业者必须遵循的原则。善待动物已成文明社会的重要标志,同时也是饲养者获得好的养殖效益所不能忽视的。从生产角度出发,除有利于生产和管理的一些处理方法,如断尾等有悖于动物福利原则外,其他诸多方面以猪的利益为本,进行生产安排,如放养与圈养结合法,彰显了现代社会与动物和谐相处的文明理念。

尽管欧洲及北美国家养猪生产数量不高,但在全球猪肉贸易方面占有主导地位。荷兰、丹麦等国家年生产生猪数量不超过 3 000 万头,年出口量达 20%左右。养猪产业比重虽不大,但产业优势非常明显。除贸易政策外,养殖环境、产品标准等要求是猪肉进口国考虑的主要因素。一些发达国家正在逐步压缩猪的生产规模,主要是从环保考虑,兼有国民猪肉消费意愿降低的因素。不久的将来,有些国家将成为猪肉的纯消费国家。

(二)国内养猪业的历史与现状

中国养猪历史久远,在漫长的农业社会发展中养猪起到了十分重要的作用。养猪一方面为人们提供了主要的动物肉品来源,对膳食质量提高功不可没;另一方面,又为种植业提供了大量肥源,促进了农产品产量水平的提升。

新中国成立后,全国养猪生产经历了曲折的发展过程,大致可分为三个阶段:

第一阶段为 1949—1957 年,国家采用"私有、私养、公助"的方针,市场基本开放,刺激了养猪的积极性,使养殖业得到迅速发展。猪的存栏数达到 1.46 亿头,较 1949 年的 5 775.2 万头增加了 1.53 倍,出栏率为 70%左右。在 1955 年、1956 年两年因严重水灾导致粮食减产、粮价上涨的情况下,国家采取了提高生猪收购价 13%和提高销售价格 7%的措施,保证了养猪业的正常发展。

第二阶段为 1958—1978 年,由于"左"的路线影响,饲养方针摇摆不定,生产起伏较大。21 年间,生猪存栏量增加 1 倍而出栏率却下降为 55%,其中 1958—1962

年的自然灾害影响，生猪产量连续下降，1961 年下降为 7 552 万头，较 1957 年下降了 52%；国家再次采取政策性措施后，1966 年末的存栏数上升为 1.93 亿头；但是出栏率反映了生产水平的下降。

1979 年至今为第三阶段，在此时期，全国开展了猪的品种资源调查、品种改良及新品种培育、国外新品种引入与驯化、经济杂交利用、重要品种标准及饲养标准的制定等一系列工作并取得了长足的进步，推动了养猪水平的快速提高。随着改革开放及国民经济的快速发展，使人们的生活水平有显著改善，推动了对肉类消费的需求，到 1992 年养猪存栏近 3.8 亿头，较 1978 年的 3 亿头增加了近 0.8 亿头。在此时期的前 10 多年中，国内仍以计划经济为主体，投资规模化猪场以国有资本为主，但农村养猪专业户不断涌现，整体生产格局在逐步发生变化，养猪的多元化形式明显增多。在此后，由于市场经济的快速发展，养猪也进入了全新的发展时期。民营资本投资养猪业速度明显加快，特别是进入 21 世纪以来，全国养猪经历了中国历史上生产发展最快的时期，尤其是在 2003—2005 年生猪销售价格高位运行的行情后，为 2006 年全国出栏猪数量(6.93 亿头)占到全世界生猪年出栏头数的 51.2%的水平奠定了坚实的基础。而 2006 年的行业疫情及生猪价格低位又激发了 2007—2009 年间高达 28 个月的历史高位行情，生猪最高价位曾达到 18.80 元/kg。

全球养猪生产增长主要在发展中国家，而中国(不包括台湾地区)则是这种增长的主力军。统计结果表明：在 1996—2006 年的 11 年时间里，生猪年出栏头数从 4.12 亿头上升到近 6.93 亿头，年均增长达到 6.2%，使中国生猪产量达到历史最高水平。2007 年全国生猪产量减至 5.8 亿头，2008 年恢复增长到 6.10 亿头。但是，这种生产增长方式是靠增加母猪存栏量来实现的，全国以粗放经营、养殖分散为主而规模化集中度不够的格局并未根本改变。13 年间全国生猪出栏率仍在 113%～139%徘徊，年头均母猪产肥猪数不超过 15 头。见表 1.1。2005 年我国年出栏 50 头及以上的养猪场(户)总出栏量约 2.82 亿头，占到全国的 42.7%，全国年出栏 5 万头以上的养猪企业有 39 个，总出栏量约为 1 000 万头，占到总量的 1.5% 左右。不过进入 2009 年后，养猪产业格局出现可喜的变化，适度规模化及规模化集中度明显加快，产业升级已露端倪。年出栏 1 000 头及以上规模的猪场已占到出栏总量的 43%，年出栏量达到 5 万头以上的企业已超过 100 家。所以，如何改变增长方式，提高产业水平和效益，是目前国内养猪业面临的最核心主题，也是应对饲料资源紧张，环保压力日益突出等问题的明智之举。实际上，中国目前养猪生产可划分为三类：第一类是存栏超过 1 000 头的猪场，其生产水平较高，主要生产指标为国内先进水平。如仔猪成活率达到 85%以上，头均母猪年产肥猪达到18头以上，饲料报酬在2.8∶1以下，年出栏率达到180%以上。在种猪选用、生产环境、饲养技术及管理等方面成为行业的领导者。广东、湖北及京、津、沪等一些直辖市的养猪生产以此种养殖方式为主。第二类是存栏50～1 000头以下的猪场，这类养猪场(户)数量较多。猪场各方面的资源配置一般，基本满足生产需求。但生产水平受到各方面因素制约，故仔猪成活率只有80%左右，头均母猪年产肥猪16头左右，饲料报酬在(2.9～3.0)∶1的水平，年出栏率在150%～160%。近年来，河南、山东、河北、辽宁等农业资源大省发展的养殖形式以此类较多，这类养猪户数量最多、产量最大。第三类是50头以下的分散养殖生产户，由于以庭院养殖形式为主，传统养殖的习惯仍然保留，种猪生产性能低、饲料营养水平低下、设备简陋、管理粗放，所以，仔猪成活率只有70%左右，头均母猪年产肥猪数只有13头左右，饲料报酬在(3.2～3.5)∶1，年出栏率在130%左右。这类养猪户的数量在呈递减之势。

表1.1 1996—2009年全国养猪统计

年份	肉猪出栏头数/万头	猪年底头数/万头	出栏率/%	肉类产量/万t	猪肉/万t
1996	41 225.2	36 283.6	121	4 584.0	3 158.0
1997	46 483.7	40 034.8	128	5 268.8	3 596.3
1998	50 215.1	42 256.3	125	5 723.8	3 883.7
1999	51 977.2	43 144.2	123	5 949.0	4 005.6
2000	52 673.3	44 681.5	122	6 125.4	4 031.4
2001	54 936.7	45 743.0	123	6 333.9	4 184.5
2002	56 684.3	46 291.5	124	6 586.5	4 326.6
2003	59 200.5	46 601.7	128	6 932.9	4 518.6
2004	61 800.7	48 189.1	133	7 244.8	4 701.6
2005	66 098.6	50 334.8	137	7 743.1	5 010.6
2006	69 303.0	51 062.0	138	7 847.0	5 293.0
2007	57 662.0	45 267.0	113	6 898.0	4 395.0
2008	60 960.0	46 264.0	135	7 269.0	4 615.0
2009	64 507.0		139	7 642.0	4 889.0

注：资料来自《2006年中国统计年鉴》、中国畜牧业信息网。出栏率依据相关数据计算出。

目前，全国生猪生产排在前十位的省份有四川、湖南、河南、山东、河北、广东、湖北、广西、云南，年出栏量8 000万～2 700万头。

特别要提到的是，始于 20 世纪 70 年代的供港活猪生产，对国内养猪业的发展有积极的推动效应。通过供港交易平台，为国内养猪业者树立了生猪安全生产的重要理念。

目前国内养猪的主要问题表现在：

(1)集约化及规模化程度有待提升，养猪设施条件差。根据近年的统计数据，全国生猪出栏量的57％以上由非规模化猪场来完成。这种庭院养殖、小型养殖为主的形式虽有投入少、便利、有节约土地资源之优势，但对养猪生产及人们生活来讲弊大于利。由于是因陋就简，圈舍及生产设施简单，生产环境极为不好，造成养猪效益低、风险大及影响养殖户的生活环境，给行业监管带来极大不便。母猪繁殖率低，仔猪成活率低，饲料报酬率低，猪发病率高的“三低一高”现象主要发生在这类养猪户上。

(2)日粮营养水平难保证，猪采食不充分。由于国情不同及受行业获利能力的限制，养猪场(户)期望能从饲料上降低成本，故大多数养殖场(户)除乳猪料外不购入全价日粮饲料，只购入预混料或浓缩料，大宗饲料原料自行采购或自备，猪场内进行全价饲料的加工，以减少饲料成本投入。所以，饲料价格成为饲料生产商及养猪户共同关注的首要问题，在原料选用上优先考虑的是价格，而性价比反而重视不够，尤其是在行情不景气的时候。这就导致饲料原料采购质量不能完全保证，营养平衡程度受到限制，日粮的营养功能不能有效发挥。一些猪场使用预混料产品，自行采购能量饲料、蛋白质饲料，由于受资金限制，采购批量规模不大，而自己并不具备常规质量检测能力，这样就造成使用的玉米水分偏高、杂质偏多、霉变、颗粒饱满度不够等不尽如人意的状况时有发生；豆粕不能每批测到真实的蛋白水平及水分，生熟度也不能正确判断，掺杂使假情况不能甄别，故使用合格营养成分的蛋白原料把握性不大，造成潜在日粮失衡风险；从流通市场采购麸皮同样存在风险，一些商户将花生壳粉碎后，添加到麸皮中出售，会严重导致营养效果低下。所以自备或自行采购大宗原料若质量不能保证，加上饲料加工设备不好，称量不准，混合不匀等因素，做出来的全价日粮很难表现应有的饲养效果。如果饲料厂及养殖户一味追求原料的表现营养成分，而忽视饲料的可消化水平及适口性，那么猪日粮的实际营养水平肯定不够，猪的采食量也会下降，猪的生产性能表现不佳也在情理之中。

(3)猪的育种、繁育推广体系不全，猪人工授精技术有待普及。作为养猪业的主要生产品种三大瘦肉型猪(杜、长、大)，国内并没有形成本土化的育种核心群，使中国这个养猪大国成为国外种猪公司的最大卖场。从引种技术环节而言，一些规模化程度较高的猪场因为有引种规模和专业人员掌控，在种猪选择及引进方面有独到的优势，无论从品种(系)选择及杂交模式均有自己认可的做法，这代表了中国养猪的先进水平。但对众多的中小养殖场(户)而言，引入合格的种猪及选用合适的杂交方式就面临较多的困难。主要是引种规模小，可选择的种猪场有限，加上引种技术掌握不好，所以难以引到真正合格的种猪，甚至引到假种猪。加上人工授精技术应用不广，良种繁育体系不全，所以利用杂交手段生产商品猪的状况不尽如人意。特别是采用轮回杂交的手段来生产商品猪，这在农村较为常见，其种质不能保证，猪的生产水平就很难上去。根据乡、镇养猪情况，改变养猪场(户)的杂交模式，更新种猪血统来源能大幅度提升养猪效益。同时，种猪场资质管理十分重要，其承担的行业发展重责不能忽视。政府职能部门应该加强监管和扶持，从推广机制着手，提高良种覆盖率。猪的人工授精技术的大力推广有利于提高商品猪的种质水平，促进养猪效益的提升。

(4)养猪观念转变慢，技术及管理有待提高。很多饲养者认为，给猪喂饱、喝足就是猪生产，这是非常传统的认识，也是针对本地猪分散饲养而言的。当今，大多数养猪户的饲养对象已不是土生土长的地方品种，而是经过高度培育的国外引入瘦肉型猪种；这些引入品种对饲养条件的要求非常高，加上又是集约化的饲养方式，现代养猪技术必不可少。所以，要求的饲养技术及管理水平也相对较高，如仔猪早期断乳技术及全进全出管理制度等。尽管很多养猪场(户)饲养规模不小，但并没有完全按工厂化生产技术及管理来安排生产，仍属于较粗放的经营管理方式。很多技术手段使用不到位、管理制度落实不好，加上饲养员流动性频繁等导致生产过程中的很多工作衔接不力，带来很多生产隐患。如配种记录不全、仔猪超免不实等影响猪场的整体效益。

(5)食品安全意识不强，滥用药物。养猪生产主要是为消费者提供动物性食品，而这种食品必须是安全无害的，这也是对食品的基本要求。但一些饲养者在生产过程中的防疫意识淡薄，防病、治病措施不力，完全依赖药物特别是抗生素来控制猪的发病情况。一旦发病，无论对症与否，对猪使用抗生素治疗，并且超大剂量使用而完全没有停药概念，客观上加大了食品的安全隐患。同时对行业法规了解不够。对违禁药品和添加剂的使用危害认识不足，影响整个行业的声誉。使消费者对猪肉消费的信心降低，会使猪肉市场价格出现异动。从大局而言，会阻碍我国猪肉的出口贸易，这对一个猪生产大国来讲，是应值得警醒的问题。

(6)养猪污水处理不够，环境污染时有发生。在中国的养猪业发展过程中，面临最大的挑战是环保压力。对于中、小型养猪场而言，大多数没有按标准修建足够的粪水沉淀池及沼气池，采用直排方式进入周边环境而导致污染乡村空气及生活水源地，使当地居民生活质量难以得到保障，甚至产生危害人体健康的事态发生。

对于大型规模化猪场而言，虽然这几年国家有关部门都采取扶持政策加大对粪水的治理力度，但作为沼气发酵的处理方式并未从根本上解决猪场产生大量粪水的难题，环境污染事件时有发生。要使集约化猪生产企业做到真正意义上的"零排放"仍有相当长的路要走。所以，在我国养猪业规模化集中度不断提升的过程中，如何应对巨量粪水给环境及水源带来的持久影响已成不可低估的挑战性问题。

三、养猪业的发展趋势

养猪业是当今畜牧业生产中的重要组成部分，有提供肉类食品独到的产业优势，如生长周期短、饲料资源广泛及利用率较高、肉质细嫩、无不良味道、烹制方便等，受到生产者及消费者的喜爱。尽管人们对肉品消费的多元化倾向非常明显，但猪肉作为主要肉类食品的地位不会因此改变。所以，养猪产业发展的走向与社会总体进步是一致的，也必须符合未来社会人们的消费观念取向及适应政府对产业发展的战略思考。同时，养猪业更应从可持续发展的目标来改变产业的发展内涵。从发展趋势而言，主要体现在以下几方面：

1. 更加注重产业效能水平的提升，管理智能化技术得到充分利用

单从产业提供肉品的能力及对资源的耗用而言，养猪业水平一直在进步。主要体现在两个方面：一是育种技术对提高品种(系)生产性能的贡献，使猪的饲料报酬不断提高，肥育期饲料报酬领先水平的个体已达到2.0∶1，对减少资源耗用意义非凡，并且对降低生产成本意义重大；二是营养技术特别是添加剂的研究对改变传统日粮组成，降低对农副产品的依赖及提高营养吸收和增重能力功不可没，并对减少环境污染、改善舍内环境有积极贡献，如氨基酸和酶制剂的应用。这两方面技术的发展目标非常明确，就是利用更廉价、更环保的日粮组成来换取猪肉产品，减轻饲料与人类争粮食的压力，减少对农业产品过度的依赖，将来可以应对全球生物能源战略对谷物需求增长的压力。同时，在猪舍建筑设计、新型建筑材料使用、配套设备智能化、管理自动化等方面极大地提升了养猪业的现代化水平，大大减少企业对初级劳工的依赖，主要生产岗位不再是单纯的蓝领类型，单人生产效率大幅提高。

2. 减少对抗生素药物添加的依赖，注重产品的安全

药物添加剂尤其是抗生素使用在养猪业是一个普遍采用的提高养猪效益的手段。不仅在饲料日粮中添加，在阶段性保健方面及疾病治疗中仍然使用，滥用抗生素及药物已成为当今肉类食品生产中的安全隐患，严重危及产业的健康发展，但同时又是无奈之举。所以，如何减少对抗生素的依赖，另辟蹊径来维护养猪业正常生产是一个发展中应解决的热点问题。主要解决途径有：一是通过微生态调控方式

来解决,如使用活性微生物制剂来改善肠道条件等;二是通过植物提取活性成分或发酵产品来替代抗生素的使用,如牛至油、黄酮类及寡糖等;三是通过药用植物浓缩物来替代,如使用中草药的浓缩制剂产品。这些方面均是寻找解决食品安全的重要途径,其目的就是减少抗生素的残留,维护消费者的健康,减少抗生素耐药性出现几率,对人类健康具有积极意义。

3.更加关注动物福利,养殖模式更贴近自然

工厂化及集约化养猪在现阶段虽然具有很多优势及存在的必要性,但关注动物健康及福利已成为大势所趋,是现代文明社会重要价值观的体现。按照猪的生物学特性及习性要求来确定猪的饲养模式逐渐被一些国家所采用,为猪营造更宽松和舒适的环境,极大地改变了高密度饲养所带来的应激状态。同时,在运输、候宰及屠宰的环节上也给予更加柔性的待遇,使猪屠体产品质量更加上乘。

4.净化病原,提倡无特定病原(SPF)猪的生产

传染病一直是造成养猪业损失的最重要因素,是影响猪体健康的罪魁祸首。通过净化手段来解决部分传染病是一条行之有效的措施。所以,无特定病原(SPF)猪的生产正成为一种生产方式在一些国家应用,为猪创造了更好的养殖条件,为生产绿色食品提供了可能,但运行及生产成本也会有很大提升。随着人们生活水平的提高,对 SPF 猪肉的需求会越来越多。届时,SPF 猪的生产将成为一种重要模式。

5.注重粪污处理,减排与资源利用并举

养猪业产生大量的粪便,对环境污染带来巨大压力,特别是规模化饲养企业排放的液态粪污,对水源污染导致的局部生态灾难十分可怕,殃及水产养殖及人、畜用水。而粪污的积存发酵产生的甲烷(沼气)排放到大气中,加重温室效应。通过改变生产过程的粪便采集方式,减少液态物的生成量,是一条控制污染的根本手段。而液态物的沼气发酵利用已成为猪场管理者的重要选择方式,不仅带来可用能源,而对甲烷的减排也是个行之有效的手段,也是《京都议定书》所提出 CDM(清洁发展机制)所倡导的。将干性粪便进行资源化处理可变成各种专用有机肥料,有利于改善土壤条件,提高农产品品质,减少对石油工业的依赖。

而对我国养猪具体情况而言,养猪业已出现了可喜的变化。首先是生产规模及水平有所提高,分散养殖数量正不断下降,生产增长方式正在发生改变;从统计资料可以看出,京、津等一些直辖市虽然产量不高,但规模化程度高,生产水平与国际先进水平差距不大。第二,生产环境正不断得到改善,提供的养殖条件逐步得到完善,养殖小区建设被养殖户认同,在政府扶持下大力发展,做到"五统一"的模式,即统一供种、供料、供药、管理及销售,从根本上改变了只是养殖集中、内涵照旧的

形式主义做法，有利于提高生产水平、减少风险；同时近年来政府通过财政补贴来引导猪场进行标准化养殖建设已取得初步成果。第三，产品安全已受到各方高度重视，推广标准化生产已成业内共识。目前从政府到业者，对无公害生猪生产步调一致，共同担责。同时加强宣传和教育，严格执法及监管，生猪安全水准不断提高，正逐步接近或达到猪肉国际贸易的标准。第四，福利饲养逐步受到重视。关注动物福利，已成为饲养业者的心愿，且与养好猪和提高效益并不矛盾。一些猪场从改善条件及管理着手，取得了初步的效果，得到世界上一些动物福利组织的认可。第五，专业合作组织的作用越来越明显。一些区域性养猪协会正不断显示出重要的作用，成为养猪户（场）的坚实后盾。养猪协会通过信息交流、技术咨询、产品引进与推广等方面为业者提供了一个重要平台，为养猪场的产前、产中及产后服务提供了有力支撑，成为同业人员提升养殖水平的先导组织。第六，养猪业发展除了以瘦肉型猪为主体的生产形式外，中国应该有猪产品多元化的要求。因为中国品种资源丰富，猪肉品质优良，深受消费者喜爱。一些地方猪种及富有特色的猪种仍成为当地养猪的亮点。如金华猪的生产、香猪的生产及各地土杂猪饲养也成为有市场需求的生产方向，形成具有中国特色的养猪生产格局。

第二章 猪生产的备用技能

知识目标

- 理解猪场建设规划原则，掌握规模化猪场规划及建设的主要技术指标。
- 熟悉主要引入优良品种及国内一些优良品种的特征及性能。
- 了解猪经济杂交不同模式的优、缺点。
- 掌握不同饲料产品类型的功效。

技能目标

- 具备编制规模化猪场建设项目投资预测及效益分析报告的能力。
- 会进行不同类型猪场的规划设计。
- 掌握现代化猪场的设施（备）的配置及选用。
- 能够编制各类饲料的供应计划。
- 掌握猪场饲料加工的品质控制方法。

第一节 规模化猪场的建设

现代规模化养猪是以分阶段饲养、全进全出、常年均衡生产为特点，集畜牧兽医、饲料营养、机械电子、经营管理、信息技术和生物安全等多学科于一体的系统工程。科学的猪场规划及建设是实现安全、高效、生态生产的基础。规模化猪场规划与建设包括饲养工艺的选择、饲养模式的选择、猪场选址、场内圈舍布局、猪舍设计、设备选用及猪场粪污处理等内容。

一、规模化猪场场区、猪舍的规划与建造

规模化猪场的建设应本着便于生产管理、便于防疫隔离、便于猪舍环境控制、

便于猪场生物安全控制、便于猪场废弃物处理的原则进行规划。在保证安全、高效、健康生产的基础上力求因地制宜，降低建造成本，实现经济效益、社会效益和生态效益的平衡。

(一)猪场的选址

1.猪场用地量的规划

占地面积依据猪场的性质、规模和场地的总体情况而定。生产区面积一般可按每头繁殖母猪 40～50 m^2 或每头上市商品猪 3～4 m^2 筹划，生活区、行政区另行考虑，并留有发展余地。GB/T 17824.1—2008《规模猪场建设》国家标准要求，100头及600头基础母猪的自繁自养商品猪场占地面积不能低于8亩和40亩。如果综合考虑猪场各功能区间的隔离带、道路及粪污处理设施建设，一个年出栏1万头商品猪的自繁自养场，土地规划面积应为80～100亩。

2.猪场选址的自然条件

外界环境的温度、湿度、气流、噪声等直接影响猪的生产性能及猪场环境控制设备的投资和运行。猪与环境之间随时进行着物质与能量的交换，在环境适宜的情况下，机体与环境保持平衡，形成机体与环境统一的良性循环。当环境变化超出机体所能承受的范围时，猪会调节自身的生理及代谢，以求生存。但是，其适应性是有一定限度的，当环境特别恶劣时，就会产生不良的结果，严重时会导致猪的死亡。因此，在进行猪场选址时必须考虑周围自然环境条件。

(1)地形地势　场址总体要求为地势高燥、排水良好、背风(寒风)向阳、地形整齐开阔，最好为方形或长方形。

平原地区可选择地势较高稍向东南倾斜的地方建场，山区应选择阳坡(南山坡)建场，这样排水良好，阳光充足，场地干燥，冬季可避免西北风的侵袭，减少猪场保温设计成本。地下水位应低于地表2 m；在靠近江河地区，场址应比历史最高水位高1～2 m。

山区一般选择稍缓的向阳坡地建场，山坡的坡度以1%～3%为宜，最大不超过5%；避免在山口和山谷底建场。切忌在山坡、坡底、谷地和风口等处建场。

低洼潮湿的区域，特别是沼泽地附近，不仅周围环境湿度大，影响猪舍小气候的建立，更是各种病原微生物和寄生虫良好的繁殖场所，容易使猪群患病，不宜建场。

(2)水源水质　猪场水源总体要求为水量充足、水质良好、便于取用、卫生干净。水量必须能满足猪场生活用水、猪群饮用水及生产管理中清圈、清洗设备、消毒等的用水。

现代规模化猪生产一般采用深井取水，水量受气候、地表水、地貌、土层及人类活动的影响较小。地下水经过地层的渗滤，悬浮物和细菌被隔滤，水质较好，是比较好的水源。但有的地下水因含盐类如氯化钠、硫酸镁、硝酸盐等过高而呈碱味或硬度偏高，不适于饮用，因此选好场之后要化验水质。

如果中小型猪场采用地面水做水源，则要考虑其受污染情况、水质及水量受季节的影响等因素。地面水源一般要求取水口上游 1 000 m，下游 100 m 不能有生活、工业污水排放口。池塘一般为人工挖掘，无活水补充，水量少、易污染、自净能力差，不能作为水源。

猪场的饮用水应符合 GB 5749—2006《生活饮用水卫生标准》的标准。一般情况下，规模化猪场每头猪用水量和饮水量分别为：种公猪 40 L 和 10 L，空怀及妊娠母猪 40 L 和 20 L，泌乳母猪 75 L 和 20 L，断乳仔猪 5 L 和 2 L，生长猪 15 L 和 6 L，育肥猪 25 L 和 6 L。

GB/T 17824.1—2008《规模猪场建设》推荐在干清粪工艺的规模化猪场，猪场供水总量按每百头基础母猪不能低于 20 t/日（炎热季节和干燥地区供水量可增加 25%）。

规模化猪场规划建设时，在咨询县级以上的水资源管理部门并获取相关资料的情况下，可减少取水成本。

(3)土壤土质　土壤的物理、化学和生物学特性，不仅影响猪场建筑工程的质量，而且还会影响猪的健康和生产性能。良好的场地一般情况下土质应具备以下条件：①土壤结构一致，压缩性小，以利于承受建筑物的质量；②土壤透气性好，易渗水，热容量大，这样可抑制微生物、寄生虫和蚊蝇的滋生，并可使场区昼夜温差较小；③土壤未被传染病和寄生虫的病原体污染；④土质肥沃，且不能缺乏或过多含有影响猪群健康的矿物质。

总体而言，猪舍场地要求土质坚实，渗水性强，且未被病原体污染的黄沙土壤或红壤。沙质土壤虽然渗水性好，但低温变化大，对猪的健康不利；黏性土壤虽土质坚实，但不易渗水，阴雨季节易造成场地泥泞，也不适宜建猪场。

(4)气候特点　我国各地自然气候和地理条件差异很大，选址时应注意拟选场区的局部小气候特点，尽量避开养猪生产不利的局部小气候环境。

在建造猪场之前，应该查阅资料了解所在地的气象参数，如年平均气温、年最高温、年最低温、土壤冻结深度、降雨量、积雪厚度、最大风力、常年主导风向、风向频率等，为猪场建筑施工、工艺选择和保温隔热设计提供依据。

3. 猪场选址的社会条件

猪场的生物安全控制、废弃物处理和舍内环境都受到猪场周边社会环境的影响。选址时应综合平衡交通、防疫与污水处理间的矛盾。调查猪场生产污水的流向、臭气随风向扩散的范围；居民点、企业、交通等可能对猪场生产造成的各种影响。

(1)居民点　为避免引起环境污染纠纷，先到当地气象部门查询风向图。猪场宜选择在当地夏季主风的下风向，地势低于居民点，且猪场与居民点保持 1 500 m 以上的距离，并远离居民点污水排放口。

(2)企业及养殖场　绝不能选在化工厂、屠宰厂、制革厂等容易造成环境污染企业的下风向或附近。猪场应离附近养殖场要在 2 000 m 以上，离屠宰场、兽医院、牲畜市场或畜产品加工厂要在 5 000 m 以上，且要在上游、上风向。

(3)电力配置　了解当地的供电条件是确保以后生产正常进行的前提。农村电网在夏季和冬季极端气候条件下易断电，在电力配备上应根据猪场的总用电量及未来发展需要选择合适的变压器容量和供电线路。为确保供电正常，必要时可建设双回路供电线路。一般大型规模化猪场应由二级供电网供电，并配备发电机。

(4)道路交通　一般来说，大型猪场应离交通干线(铁路和国道、省道)1 000 m 以上，距离交通要道 500 m 以上，距离乡村公路不少于 50～100 m。对于中小猪场，上述距离可适当小些，但离交通干线不能小于 100 m，专业养猪户的猪舍，离住宅也应在 20 m 以上。

(二)猪场场区的规划

对猪场合理分区并根据风向、水势规划各分区间的关系是构建规模化猪场生物安全体系的关键，也是高效、安全、环保养猪的保障。猪场场址选定后，应该根据有利防疫、改善场区小气候、方便饲养管理、节约用地等原则，根据当地气候、风向、场地的地形地势、猪场各种建筑物和设施的大小及功能关系，规划全场的道路、排水系统、隔离带、场区绿化等，安排各功能区的位置及各建筑物与设施的位置和朝向。

1. 规模化猪场的功能分区

猪场的布局应根据建设规模、地形、水源和主导风向等自然条件进行合理规划设计。规划设计的原则是紧凑整齐、有效利用土地，满足生产管理、环境控制、疾病防疫和防火要求，同时保持各区域间紧密联系，便于流水作业，缩短水、电和车辆运输线路以减少资金投入。

一个完善的大型养猪场，布局上应分为 4 个区，即生活区、辅助生产区、生产区和隔离区。为便于防疫和安全生产，应根据当地全年主风向与地势，顺序安排以上各区，即由上风向和高地势依次排列为：生活区→辅助生产区→生产区→隔离区，而且必须保证生活区与生产区之间保持 200～300 m 距离，生产区与隔离区保持 300 m 以上的距离。当常年主导风向与地势高低走向不一致时，布局应首先满足风向要求，而污水流向通过排污管道设计达到污水由生产区向隔离区的排放，如图2.1所示。

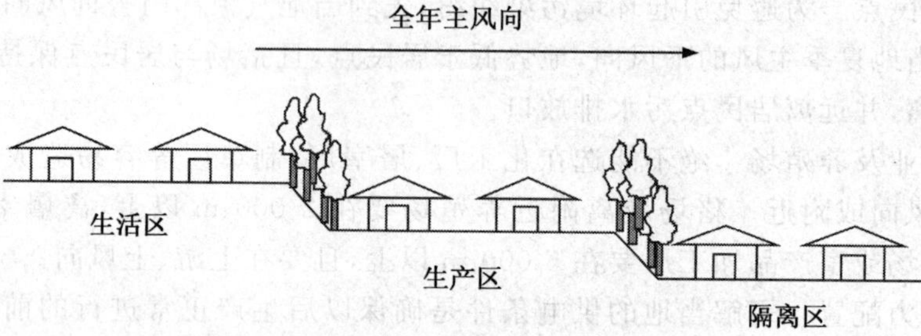

图 2.1 猪场各分区依地势、风向规划图

(1)生活区　该区包括文化娱乐室、职工食堂、宿舍等，是管理人员及其家属工作和生活的地方，应单独分区，并且猪场的供水水塔一般建在生活区。该区一般设在生产区的上风向，或与风向平行的一侧，距离生产区 300 m。生活区是猪场与外界信息交流和联系的场所，其位置应便于与外界联系。

(2)辅助生产区　该区一般位于生活区与生产区之间，包括行政和技术办公室、来客接待室、会议室、饲料加工车间、饲料仓库、药品库、修理车间、变电站、锅炉房、水泵、消毒池、更衣室、消毒洗澡间等。该区与日常饲养工作关系密切，应该与生产区相邻。例如，成品饲料库和饲料加工间应建在与生产区临近或靠近道路的区域，既要方便从场外运入饲料原料，又要便于饲料进入生产区。消毒室、更衣室及洗澡间应设在场大门一侧，进生产区人员一律经消毒、洗澡、更衣后方可入内。

(3)生产区　生产区是猪场的主体，包括各类猪舍、人工授精化验室和其他生产设施，在育肥猪舍区域的外墙处建装猪台。该区是猪场的核心，应严禁外界人员及车辆进入。

(4)人工授精室　很多规模化猪场有自己的人工授精室，为方便生产和防疫考虑，人工授精室应建在公猪舍一侧。如猪场承担场外母猪的人工授精业务，授精室应开双重门，避免外场母猪对本场的微生物传播。

(5)猪舍排列　各类猪舍应根据猪群的生物学特性、生产特点和工艺流转进行排列。种猪舍要求与其他猪舍隔开，并与保育、育肥生产区之间建隔离带。公猪舍应建在猪场的上风向、地势较高及较偏僻处，与母猪舍保持 20 m 以上的距离。依据地势和风向公猪舍后依次安排空怀配种舍、妊娠舍、分娩舍、保育舍和育肥猪舍，见图 2.2。

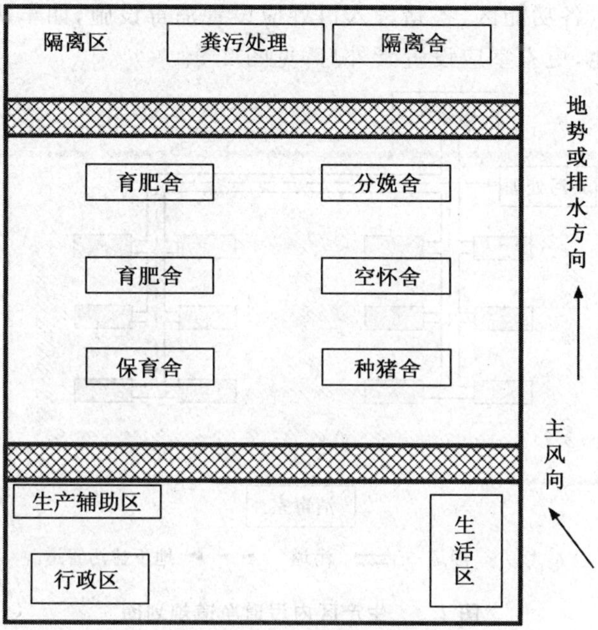

图 2.2 猪场功能区及猪舍规划图

(6)隔离区　包括新购入种猪的隔离观察室、兽医室、病猪隔离舍、尸体剖检及处理设施、粪便处理及堆放处。该区是卫生防疫和环境保护的重点,应远离生产区,设在下风向、地势较低的地方,以避免疫病传播和环境污染。病猪隔离舍通常需要与健康猪舍保持在 300 m 以上的距离,尸体处理设施距健康猪舍 300 m 以上,病死的猪尸体必须做无公害化处理。

2.场内道路规划

场内道路应分设污道、净道,且两者互不交叉。净道用于运送饲料及员工行走,污道则专门运粪污、病猪、死猪等。场区道路要求防水防滑,生产区不宜设直通场外的道路,而生活区及隔离区应分别设置通向场外的道路,以利于卫生防疫。

场区排水设施为排除场内的雨水和雪水设置,一般遵循明沟排水、暗沟排污的原则,雨水和污水分开排放,以免增加污水量加大猪场污水处理和排放困难。猪场规划时可将地下排污通道设置在污道下面。

舍内人行道及推饲料车的通道一般设计宽度为 1.2～1.5 m。各猪舍间、功能区间的外部道路不能小于 3.5 m 宽,并向两侧有 1%～3%的坡度,利于排水;道路与猪舍间有 1.5～3 m 的缓冲绿化带。

在猪场大门、各功能区、各猪舍入口处应设置消毒设施,如车辆消毒池、脚踏消毒池、喷雾消毒池,更衣室应设置紫外灯,见图 2.3。

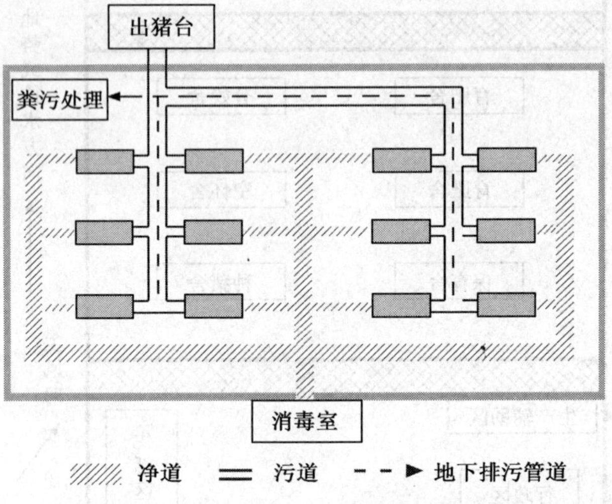

图 2.3 生产区内污道净道规划图

3. 场区绿化

植树、种草、搞好绿化对改善场区小气候及猪场生物安全控制有重要意义。可以在冬季主导风向的上风设防风林,在猪场周围和功能区之间设隔离林,场内道路至猪舍的缓冲带、猪舍间的裸露地面可种花草。场区绿化时应栽种高大的落叶乔木,防止夏季阻碍通风和冬季阻挡阳光。

(三)猪舍的规划建造

猪舍的规划和建造是猪场建设的主体,主要包括确定猪舍的基本建筑参数、猪舍的分布排列和猪舍的保温隔热设计等。

1. 猪场不同类型猪舍的建设

(1)按屋顶形式分为坡式、平顶式、拱式、钟楼式和半钟楼式猪舍(图 2.4)。

①坡式　分为单坡式、双坡式和不等坡式 3 种。单坡式猪舍跨度小,结构简单,通风透光,排水好,投资少,节省建筑材料,适合于小型猪场。不等坡式猪舍的优点与单坡式相同,且保温较好,但投资较多。双坡式可用于大跨度猪舍设计,一般跨度大的双列式、三列式及多列式猪舍常采用这种屋顶设计。双坡式猪舍保温性能好,规模化猪场一般都采用屋顶下吊顶的设计,增强保温效果。

②平顶式　平顶式的优点是可以利用屋顶平台,保湿防水一体完成,无需另设

天棚，缺点是防水较难。

③拱式 拱式屋顶造价较低，可建设大跨度猪舍。缺点是屋顶保温性能差，不便于安装天窗和通风口，对施工技术要求较高。

④钟楼式和半钟楼式 钟楼式和半钟楼式屋顶在猪舍建筑中采用较少，在以防暑为主的地区可采用此种形式。

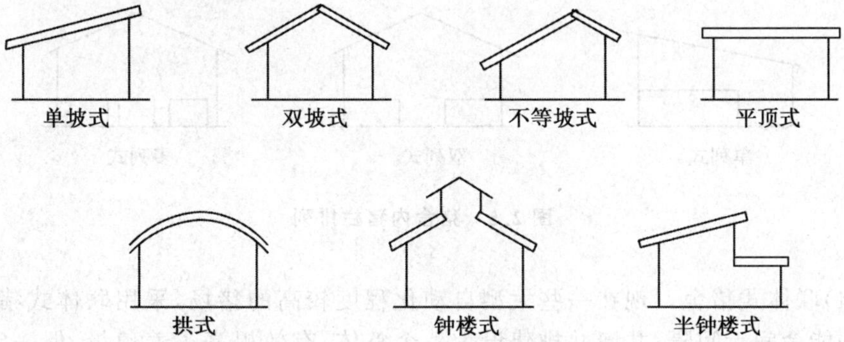

图 2.4 猪舍的屋顶设计

(2)猪舍按密闭程度可分为开放式、半开放式和封闭式；封闭式又分为有窗式和无窗式。

①开放式猪舍 猪舍三面设墙，南面无墙，这种猪舍通风采光好，结构简单，造价低，但受外界环境影响较大，防寒防暑问题难以解决，现在猪生产一般已不再采用。

②半开放式猪舍 猪舍三面设墙，一般南墙为半截墙，其保温性能略优于开放舍。开放部分可以在冬季加以遮盖形成封闭状态，有利于舍内的保温。半开放式猪舍建造简单，投资少见效快，是农村小型猪场和养猪户的主流猪舍。此外，半开放式猪舍还包括种养结合塑料棚舍。

③封闭式猪舍 分为有窗式和无窗式密闭式猪舍。有窗式封闭猪舍四面设墙，窗户设在纵墙上；寒冷地区猪舍南窗大北窗小以利于保温。夏季炎热的地区，可在两纵墙上设地窗或在屋顶设通风管、通风屋脊等。无窗式猪舍与外界环境隔绝程度较高，依靠机电设备控制舍内环境，墙上只设应急窗，供停电时应急用，不做采光和通风用，如产房、仔猪保育舍。

(3)按猪栏排列方式，猪舍可分为单列式、双列式和多列式猪舍(图 2.5)。

①单列式猪舍 猪舍中猪栏排成一列，靠北墙一段设为饲喂过道，南墙一侧为猪圈。舍外设或不设运动场，一般用于种猪舍设计。

②双列式猪舍　猪舍中猪栏排成两排，中间设饲喂过道，有的猪舍两边还设有清粪通道，这种猪舍多为封闭舍，但北侧猪栏采光较差，舍内易潮湿。

③多列式猪舍　猪舍中猪栏排成三列或四列，猪舍跨度一般在 10 m 以上，多用于大规模猪场育肥舍设计。缺点是建筑材料要求高，舍内采光差、阴暗、通风不良，必须辅以机械设备控制通风、温度、湿度和人工照明。

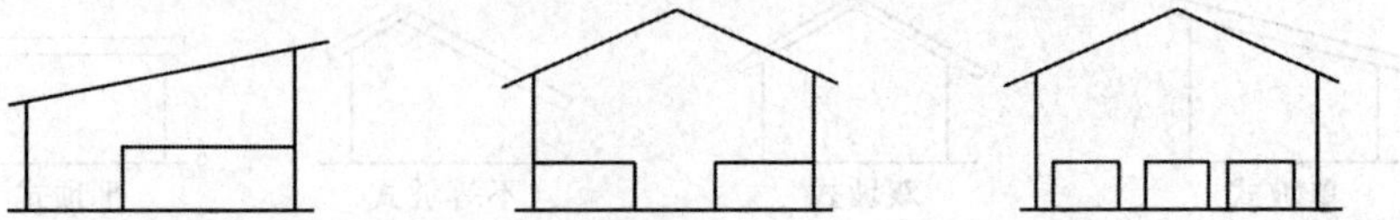

图 2.5　猪舍内猪栏排列

(4)联体式猪舍　现在一些大型自动化程度较高的猪场，采用联体式猪舍，即同种功能舍间无间隔，共墙并排建设为一个整体，有效提高了养殖量，但一定要配置对应的养猪工艺及环境控制设备和设施(图 2.6)。

图 2.6　联体式猪舍

2. 猪舍的基本结构

一栋完整的猪舍主要由基础、墙壁、屋顶、地面、门、窗、排污沟及隔栏等构成，地面、门、窗、屋顶和外墙等将猪舍与外部空间分隔开，因此称为外围护结构，其设计与猪舍的保温隔热关系密切(图 2.7)。

(1)地基　是猪舍基础下面承受荷载的土层，可分为天然地基与人工地基。利用天然土层称为天然地基，土层在施工前经人工处理加固的称为人工地基。在建造猪舍时应根据猪舍的跨度、猪舍的建筑高度及选材选择地基。

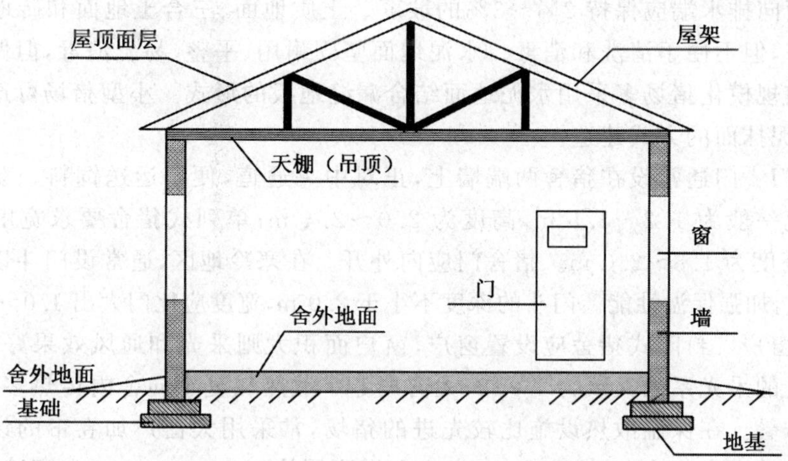

图 2.7 猪舍的基本结构

(2)基础　是猪舍地下承受猪舍各种负载,并将其传给地基的部分,因此要求基础具有坚固、耐久、防潮、抗冻和抗震等性能。一般基础应比墙宽 10～15 cm。基础受潮是引起墙壁潮湿及猪舍内湿度大的原因之一,因此应注意基础防潮。常用 1∶2 水泥砂浆,内掺 5%的防水剂,在基础墙上粉 20 mm 厚的防水层。基础的埋置深度一般为 50～70 cm,北方地区应该埋置在最大冻结层以下。

(3)墙　墙体设计总体要求是坚固耐用、保温隔热。猪舍墙按长度分为纵墙和山墙(或叫端墙),沿猪舍长轴方向的称为纵墙,两端沿短轴方向的墙称为山墙。纵墙一般为承重墙,其承载力和稳定性必须满足猪舍结构设计要求。按墙所处的位置可分为外墙和内墙,外墙为直接与外界环境接触的墙。

墙内表面要便于清洗和消毒,地面以上 1.0～1.5 m 高的墙面应设水泥墙裙。猪舍总失热量的 35%～40%通过墙壁散失,墙壁应具有良好的保温隔热性能。因此,农村中小型猪舍可利用空气的隔热特性建造空心墙,规模化猪场可在墙体中间加保温板以提高猪舍的保温隔热效果。

(4)屋顶　猪舍的屋顶的主要功能是防止风、雪、雨、沙的侵袭。冬季屋顶散热较多,夏季阳光直射屋顶,易引起舍内高温,因此屋顶的保温隔热设计尤为重要。规模化猪场屋顶可采用上层彩钢板,中间夹玻璃纤维保温板,下层用 PVC 板的三层结构,以便保温隔热。中小型猪场猪舍屋顶设计可以因地制宜,采用上层石棉瓦,中间夹 10～15 cm 麦秸下衬檩条的形式。

(5)地面　猪舍地面要求保温、坚实、不透水、平整、不滑、不涩,便于清扫和消毒。地面向排水端应保持2%～3%的坡度。土质地面、三合土地面和砖地面保温性能较好，但不便于清洗和消毒。水泥地面坚固耐用、平整、易于消毒，但保温性能差。目前规模化猪场多采用水泥地面结合漏缝地板的形式。小型猪场可选用碎砖铺底，水泥抹面的方式建造。

(6)门　门通常设在猪舍两端墙上，正对中央通道，便于运送饲料。双列式猪舍门宽度一般为1.2～1.5 m，高度为2.0～2.4 m；单列式猪舍要求宽度不小于1.0 m，高度为1.8～2.0 m。猪舍门应向外开。在寒冷地区，通常设门斗以防止冷空气侵入，加强保温性能。门斗的深度不小于2.0 m，宽度应比门大出1.0～1.2 m。

(7)窗户　封闭式猪舍应设置窗户，窗户面积大则采光和通风效果好，猪舍一般应满足的采光系数大致为1∶12，大窗户冬季散热和夏季向舍内传热多，不利于保温和防暑。在保温散热设施比较先进的猪场，常采用大窗户加卷帘的设计。窗户一般距地面高度为1.1～1.3 m，窗户上沿距屋檐0.5～1.0 m。在寒冷地区，为便于保温防寒，在保证满足采光系数的前提下常采用南大北小、南多北少的窗户设计，并因地制宜确定合适的南北窗户面积比。炎热地区南北窗户面积之比为(1～2)∶1，寒冷地区的面积之比为(2～4)∶1。

3.猪舍的排列设计

猪舍的排列设计内容包括各类生产猪群猪舍间关系、猪舍的朝向、猪舍的间距等设计。如前文所述，依常年主风向、地势，猪舍的排列顺序为公猪舍、空怀配种舍、妊娠舍、分娩舍、保育舍、育肥舍。

(1)猪舍的朝向　猪舍的朝向关系到猪舍的通风、保温和排污，应根据猪场的常年主导风向和日照确定猪舍的朝向。总体要求是夏季尽量少接受太阳辐射，舍内通风量大而均匀；冬季多接受太阳辐射，冷风渗透少。我国猪场设计一般采用猪舍长轴与夏季主导风向成30°～60°，以南向或南偏东、南偏西45°以内为宜。

猪舍一般东西成排、南北成列。根据场地的长宽，因地制宜地采用单排、双排或多排的猪舍排列设计。

(2)猪舍的间距　猪舍的间距应满足日照要求，一般要求保证冬季上午9时至下午3时猪舍南墙满日照，要求间距不能小于前排猪舍的阴影长度，一般间距为舍高的3～4倍即可。此外，应满足通风和防疫间距，下风向猪舍不能处于上风向猪舍的涡流之中。这样可以避免上风向猪舍排出污浊气体的污染，也不影响下面的猪舍通风，一般间距为舍高的3～4倍即可。结合二者，一般大型猪场猪舍间距应设置为12～15 m。

4.主要猪舍类型

(1)公猪舍　公猪体格较高大、爱好运动、怕热不怕冷，因此，在1月份气温高于5℃的地方(如西南、华南地区),公猪舍多采用单列开放式或半开放式、小跨度大净高设计,而寒冷地区须采用封闭式、大窗通风设计。公猪舍地面要求坚实平整,排水坡度<5%,一般应配备运动场。运动场的前墙要求高1.3 m,厚0.37 m,后墙高2～2.5 m,厚0.37 m,且开长宽各约40 cm的后窗,舍内水泥抹高1.0 m,地板水泥抹面。外倾度2%,并开斜向交叉细沟(宽1 cm,深0.5 cm),细沟间距5 cm。种公猪为单圈饲养。

(2)空怀与妊娠母猪舍　空怀、妊娠母猪可群养或单养,多采用双列式设计。群养时空怀母猪每圈4～5头,妊娠母猪每圈2～4头。规模化猪场多采用空怀群养,妊娠母猪限位栏饲养的模式,这样既有利于空怀母猪发情,也利于妊娠母猪查情及精确饲喂。但限位栏饲养母猪运动量小,导致肢蹄病增多、体质下降、利用年限下降等。

(3)哺乳母猪舍　多为三通道双列式设计。哺乳母猪舍是母猪分娩、哺育仔猪的场所,因此在设计上要兼顾母猪、仔猪的生理特性,规模化猪场一般在哺乳母猪舍配设产床,满足母猪及仔猪的需要。

(4)仔猪培育舍　仔猪培育可采用地面或网上群养,规模化猪场一般为网上高床培育。仔猪断乳后转入培育舍一般坚持原窝饲养的原则,每圈8～12头。网上培育为全漏缝饲养,避免了仔猪与地面接触,提高了仔猪成活率。

(5)生长育肥舍　为减少猪群周转次数,减少转群应激,一般把育成和育肥合并为一个阶段饲养,生长育肥猪多采用地面群养,每圈10～20头。

二、猪场的工艺流程设计及主要技术指标

工艺流程是规模化猪场生产的总纲,是猪舍建筑设计的依据,是投产后的生产指南。减少疾病传播、提高猪群健康和生产水平是工艺流程设计的中心思想。现代规模化养猪的工艺特点是在连续、均衡、有节律生产的基础上,实施全进全出、早期断乳和隔离饲养。养猪工艺的规划必须因地制宜,不能生搬硬套、盲目追求先进。

(一)饲养工艺

在20世纪80年代之前,我国养猪基本都是在一个场内实行从繁殖到育肥的一条龙生产,即一点式饲养。但随着猪场规模的不断扩大,猪场疫病防控意识的加强和新技术的出现,大型规模化猪场结合早期隔离式断乳技术对猪群实施分点饲养,即多点式饲养。

(1)一点式饲养　即配种妊娠、分娩哺乳、保育、生长、育肥整个过程都在同一场地内进行。因生产地点集中、转群次数少、管理较方便,适合规模小的猪场,这也

是目前我国养猪场采用较多的一种方式。一点式饲养公母猪、仔猪和肥育猪在同一生产线上,极易受到垂直和水平疾病的交叉感染,防治难度大,给养猪场带来严重的威胁和影响。一点式饲养工艺见图 2.8。

图 2.8 一点式饲养工艺

(2)两点或三点式饲养 多点式饲养是将猪群进行分阶段、远距离、隔离饲养,以截断疫病的传播途径,提高了各个阶段猪群的生产性能。由于要求较大的场区面积,因此小型猪场难以实现。“两点式”与“三点式”饲养工艺均采取早期隔离断乳技术,即在仔猪 16～21 日龄,体内母源抗体还未完全消失前断乳,然后将仔猪转移到远离生产区的清洁干净的保育舍饲养。两点或三点式饲养工艺见图 2.9。

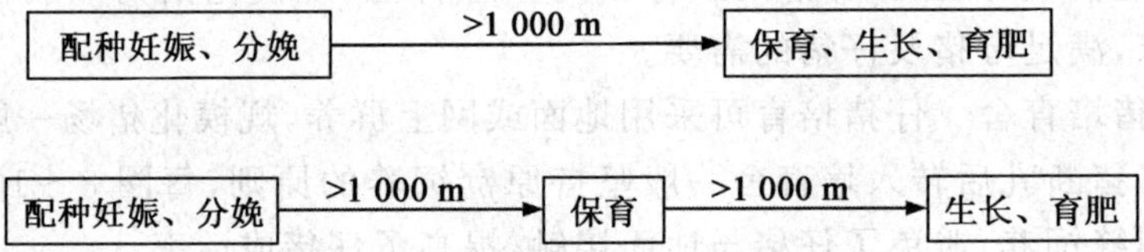

图 2.9 两点或三点式饲养工艺

(二)转群工艺

全进全出、均衡的流水化生产需要将猪群分成若干阶段及单元,并依此划分生产车间。生产上将配种、妊娠、分娩、保育、育成、育肥等 6 个环节有机联系起来,分工明晰、责任明确、密切配合,使整个生产有节奏地、均衡稳定地进行,这是现代规模化猪场的生产组织形式,并在此基础上形成猪场的生产工艺流程。

1. 猪群类型划分

猪群是猪场的主体,人员及设备配置都是为猪群的有效生产服务,规模化猪场应有适宜的猪群结构,确保猪群的正常生产、周转和淘汰,以达到全进全出饲养。所谓全进全出就是先把猪群繁育过程分成几个阶段,同阶段同一群猪同时进入猪舍同一单元,饲养一段时间后,全部同时离开原猪舍,进入清洁干燥的下一生产阶段的猪舍,然后对原猪舍进行清洁消毒。一般生产上将猪群划分为配种妊娠、分娩、保育、生长和育肥等 5 个阶段。

哺乳仔猪:断乳前的小猪称为哺乳仔猪。

育成猪:断乳到 4 月龄的猪作为种用的猪称为育成猪;作为肉用的猪称生长猪,或小猪与中猪。

后备猪:种用猪 5 月龄到配种前称为后备猪。

育肥猪:肉用猪 5 月龄到出栏前的猪称为肥育猪。

种公猪:凡已参与配种的公猪叫种公猪。

种母猪:已配种产仔的母猪称为种母猪。

检定公猪:1 岁左右已参加配种的公猪称为检定公猪。

基础公猪:经检定合格的 1.5 岁以上的公猪称为基础公猪。

检定母猪:1 岁左右、产仔 1～2 胎的母猪称为检定母猪。

基础母猪:经鉴定合格的 1.5 岁以上的母猪称为基础母猪。

核心群母猪:2～5 岁的基础母猪叫做核心母猪。

2.生产工艺流程

目前的生产工艺流程主要有 3 种,不同的工艺流程取决于猪场的产品性质、设备、投资及划分阶段,应根据具体情况灵活应用。

(1)一次转群工艺流程　也叫两阶段饲养工艺。仔猪在母猪栏饲养至 35～45 日龄时进行断乳,断乳后留在原栏饲养 40 d 左右,再转群至育肥舍一直饲养至出栏。一次转群工艺有效减少了转群应激,有利于仔猪的生长,但仔猪占用产床时间长,降低了母猪舍的利用率。一般适用于农村小型猪场。一次转群工艺流程见图 2.10。

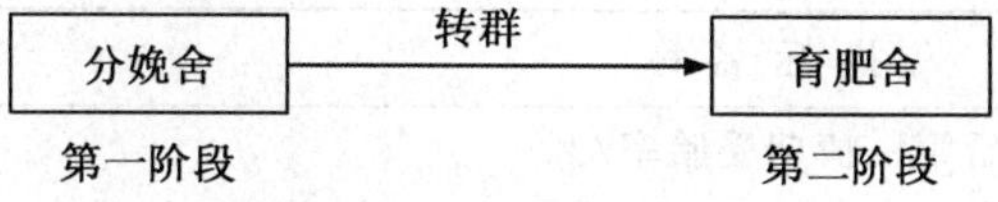

图 2.10　一次转群工艺流程

(2)二次转群工艺流程　也叫三阶段饲养工艺。即仔猪断乳后不再停留在母猪栏内饲养,而是转到保育舍饲养 40 d 左右,然后进行第二次转群进入肥育舍直至出栏。和一次转群相比,该工艺提高了产房的利用率,但断乳后的转群对仔猪产生明显应激。二次转群工艺流程见图 2.11。

(3)三次转群工艺流程　也称四阶段饲养工艺。即在三阶段饲养工艺的基础上,在保育与育肥之间增加了育成饲养阶段,增加了一次转群,提高了圈舍的利用效率,减少了圈舍建筑面积。三次转群工艺流程见图 2.12。

如果加上母猪生产转群,则上述 3 种工艺都应增加一个饲养阶段,分别叫做三、四、五阶段饲养工艺。

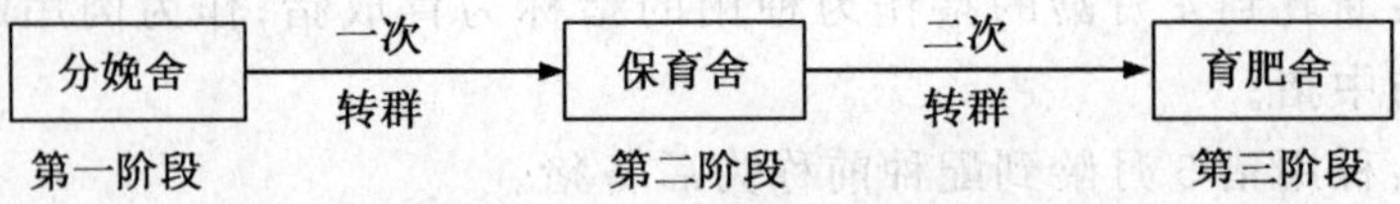

图 2.11　二次转群工艺流程

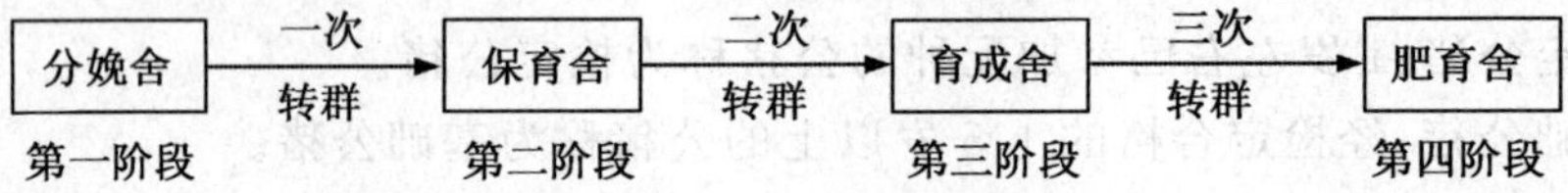

图 2.12　三次转群工艺流程

3. 主要技术指标

根据现有技术条件、管理水平、自然和经济条件确定猪场的主要技术指标是后续估算各类猪群存栏量的基础，也是制定猪场管理制度、岗位责任制的依据。规模化猪场的生产程序按配种、妊娠、分娩、保育、育成及育肥 6 个步骤进行，不同环节要求的生产性能和指标不同。我国国标《规模猪场建设》(GB/T 17824.1—2008)及《规模猪场生产技术规程》(GB/T 17824.2—2008)为规模化猪场建设提供了参考。母猪繁殖性能见表 2.1。

表 2.1　母猪繁殖性能

指标名称	指标数值
基础母猪断乳后第一情期受胎率/%	≥85.0
分娩率/%	≥96.0
基础母猪年均产仔窝数/(窝/(年·头))	≥2.1
基础母猪平均每窝产活仔数/(头/窝)	≥10.5
断乳日龄/d	≥28.0
哺乳仔猪成活率/%	≥92.0
基础母猪年提供断乳仔猪数/(头/年)	≥20.0

规模化猪场繁殖猪群的生产性能还包括母猪断乳后至下次发情的时间间隔为 3～10 d，公猪使用年限 3～4 年，母猪使用年限 3 年，本交生产公母比例为 1∶(20～25)。生长育肥猪群的生产性能见表 2.2。

规模化猪场总体生产指标要求每头基础母猪年出栏商品猪大于 18 头，商品猪年出栏率高于160%。

表2.2 生长育肥期性能指标

指标名称		指标数值
仔猪平均断乳体重(4周龄)/(kg/头)		≥7.0
仔猪保育期	期末体重/(kg/头)	≥20.0
(5～10周)	料重比/(kg/kg)	≤1.8
	成活率/%	≥95.0
生长育肥期	成活率/%	≥98.0
(11～25周)	日增重/(g/d)	≥650.0
	料重比/(kg/kg)	≤3.0
160日龄体重/(kg/头)		≥90.0

应说明的是目前一些养猪企业的有些生产技术指标不同程度的高于国标水平,如21 d断乳个体重达到6 kg以上,160日龄体重达到95 kg以上等。

三、年出栏万头商品猪猪场的规划设计及投资概算

估算各类猪群的存栏量是设计猪场的前提,在此基础上才能合理规划猪场的建筑面积、设备配置的类型和数量,规划猪场、猪舍平面图等。

(一)猪群结构分析

1.确定工艺参数

估算场内各类猪群的存栏量时,必须根据猪群的生产性能、猪场技术管理水平和生产记录,确定生产工艺参数和生产工艺流程。以下据表2.3的生产工艺参数,以四阶段饲养三次转群工艺流程为例,估算各类猪群存栏量,仅供参考。

2.各类猪舍中猪群存栏量估算

根据四阶段饲养三次转群的工艺流程要求,分为待配母猪、妊娠母猪、哺乳母猪、保育仔猪及生长肥育猪5个类群。

(1)年平均需要能繁母猪总头数

$$\text{年平均需要能繁母猪总头数}=\frac{\text{年出栏商品肉猪数}}{\text{年产胎次}\times\text{窝产活仔}\times\text{从出生至出栏各阶段成活率}}$$

$$=\frac{10\ 000}{2.4\times 9\times 0.9\times 0.95\times 0.98}=553(\text{头})$$

表 2.3 年出栏万头商品猪场的一般工艺参数

项目	参数	项目	参数
妊娠期/d	114	每头母猪年产活仔数/头	
哺乳期/d	28	初生时	19.8
断乳至发情/d	7～14	28～35 日龄(断乳过渡期一周)	17.8
繁殖周期/d	149～156	36～70 日龄	16.9
母猪年产胎数	2.4	71～170 日龄出栏	16.6
母猪窝产仔猪/头	10	平均日增重/g	
窝产活仔数/头	9	初生至 28 日龄	221
成活率/%		29～70 日龄	417
哺乳仔猪	90	71～170 日龄	750
断乳仔猪	95	公母猪使用年限/年	3
生长育肥猪	98	母猪情期受胎率/%	85
各阶段体重/kg		公母比例(本交)	1∶25
初生重	1.3	空圈消毒时间/d	7
28 日龄	7.5	繁殖节律/d	7
70 日龄	25	妊娠母猪进产房时间/d	108
170 日龄	100	母猪配种后原圈观察时间/d	21

(2)公猪本交及年需后备母猪数

$$公猪头数=母猪总头数\times公母比例=553\times\frac{1}{25}=23(头)$$

$$后备母猪数=母猪总头数\times年淘汰率=553\times33\%=185(头)$$

(3)空怀待配舍母猪数

$$空怀待配舍母猪头数=\frac{总母猪头数\times平均饲养日数}{平均繁殖周期}$$

$$=\frac{553\times(10+21)}{152}=113(头)$$

(4)妊娠舍母猪数

$$妊娠舍母猪头数=\frac{总母猪头数\times平均饲养日数}{平均繁殖周期}$$

$$=\frac{553\times(114-21-7)}{152}=313(\text{头})$$

(5)分娩母猪舍头数

$$\text{分娩舍母猪头数}=\frac{\text{总母猪头数}\times\text{平均饲养日数}}{\text{平均繁殖周期}}$$

$$=\frac{553\times(7+28)}{152}=128(\text{头})$$

(6)哺乳仔猪头数

$$\text{哺乳仔猪头数}=\frac{\text{总能繁母猪头数}\times\text{年产胎次}\times\text{每胎产活仔数}\times\text{饲养日数}}{365}$$

$$=\frac{553\times2.4\times9\times28}{365}=916(\text{头})$$

(7)保育仔猪数

$$29\sim70\text{ 日龄保育仔猪头数}=\frac{\begin{matrix}\text{总能繁}\\\text{母猪数}\end{matrix}\times\begin{matrix}\text{年产}\\\text{胎次}\end{matrix}\times\begin{matrix}\text{胎产活}\\\text{仔数}\end{matrix}\times\begin{matrix}\text{断乳}\\\text{成活率}\end{matrix}\times\begin{matrix}\text{饲养}\\\text{日数}\end{matrix}}{365}$$

$$=\frac{553\times2.4\times9\times0.9\times41}{365}=1\ 208(\text{头})$$

(8)生长育肥舍猪头数

$$\text{生长育肥舍中猪头数}=\frac{\begin{matrix}\text{总能繁}\\\text{母猪头数}\end{matrix}\times\begin{matrix}\text{年产}\\\text{胎次}\end{matrix}\times\begin{matrix}\text{胎产}\\\text{活仔数}\end{matrix}\times\begin{matrix}\text{断乳}\\\text{成活率}\end{matrix}\times\begin{matrix}\text{保育}\\\text{成活率}\end{matrix}\times\begin{matrix}\text{饲养}\\\text{日数}\end{matrix}}{365}$$

$$=\frac{553\times2.4\times9\times0.9\times0.95\times100}{365}=2\ 798(\text{头})$$

按上述计算结果，理论上年出栏万头商品猪的生产场的猪存栏数约为 4 586 头(本交繁殖)，实际上目前我国大多数同等生产能力的猪场的存栏数明显高于这个数值。

(二)各类猪舍栋数估算

1.确定繁殖节律

繁殖节律也称生产节拍，指相邻的两群哺乳母猪转群的时间间隔。在一定时间内对一群母猪进行人工授精或自然交配，使其受胎后及时组成一定规模的生产群，并饲养在指定的圈舍单元，该批母猪及所产的商品猪同时转群、出栏。空出的圈舍单元消毒空圈后接纳新一批猪群。在一个繁殖节律内,都有一批母猪配种、妊娠、分娩,仔猪断乳、保育及肥育猪出栏。这样才能保证猪场全进全出和流水线式均衡生产。繁殖节律一般根据猪场的规模而定,年产5万～10万头商品猪的大型猪场多实行1日或2日制,年产1万～3万头商品猪的猪场多实行7日制,规模较小的猪场可实行12日、28日或56日制。

2. 确定生产群的群数

群数或单元数是根据各类猪群在每个工艺阶段的饲养天数除以繁殖节律来计算的,再根据每个工艺阶段每类猪群头数除以群数可估算每群或每单元猪的头数。

以采用繁殖节律为7 d,四阶段三次转群工艺,年出栏万头商品猪场为例,如表2.4所示。

表 2.4　万头猪场猪群数及每群猪头数

猪群	平均饲养日	繁殖节律	群数	总头数	每群头数
空怀母猪	31	7	5	113	27
妊娠母猪	86	7	12	313	26
哺乳母猪	35	7	5	128	26
保育仔猪	35(原圈饲养7)	7	5	1 028	206
生长肥育猪	100	7	15	2 798	187

3. 各类猪舍栋数的计算

若按照猪的繁殖节律或单元占一栋猪舍,同时考虑消毒周转的需要,则猪舍的栋数计算为:

(饲养日＋消毒空圈日)÷繁殖节律＝栋数

由公式计算可知:空怀母猪舍为6栋(公猪及后备猪),妊娠母猪舍为13栋,哺乳母猪舍为7栋,保育猪舍为6栋,生长育肥舍为16栋。但实际生产中这样设置导致猪舍栋数太多,因此多采用一栋猪舍饲养多个生产群的规划,如妊娠母猪4个生产群占一栋猪舍,则猪舍栋数为12÷4＝3(栋),加一栋消毒周转舍则实际建造数为4栋,其余依此类推。建造栋数应结合生产区的长宽和环境控制设备的配置确定。

4. 猪舍舍内净跨度的计算

计算猪舍净跨度应综合考虑猪的类别、数量、每头猪占栏圈面积、栏宽、猪栏排列方式,并考虑猪栏与墙的距离。

(1)各类猪群圈养密度参数　见表2.5。

表 2.5 各类猪群饲养密度(GB/T 17824.1—2008)

猪群类别	每栏饲养猪数/头	每头占床面积/(m^2/头)
种公猪	1	9.0～12.0
后备公猪	1～2	4.0～5.0
后备母猪	5～6	1.0～1.5
空怀妊娠母猪	4～5	2.5～3.0
哺乳母猪	1	4.2～5.0
保育仔猪	9～11	0.3～0.5
生长育肥猪	9～10	0.8～1.2

其他技术参数：以猪栏双列式布局为例，过道宽 1.2 m，栏宽 2.2～3 m，栏端距墙 0.8～1.2 m，猪舍纵端预留空间 2～4 m。

(2)舍内净跨度

①空怀待配舍(公猪及后备猪)　实际建造 3 栋，每栋空怀母猪 26×3＝78(头)，种公猪 15 头，后备猪 50 头。3 类猪头均占地面积分别按 1.5 m^2、9 m^2、1 m^2 计算，则总面积＝78×1.5＋15×9＋1×50＝302(m^2)，采用双列式布局，圈宽 3.1 m，过道 1.2 m，则舍宽 7.4 m，舍端各留 2 m 的空间，舍长为 302÷6.2＋4＝53(m)；公猪单圈饲养，母猪 5～6 头群养。空怀待配舍平面图如图 2.13 所示。

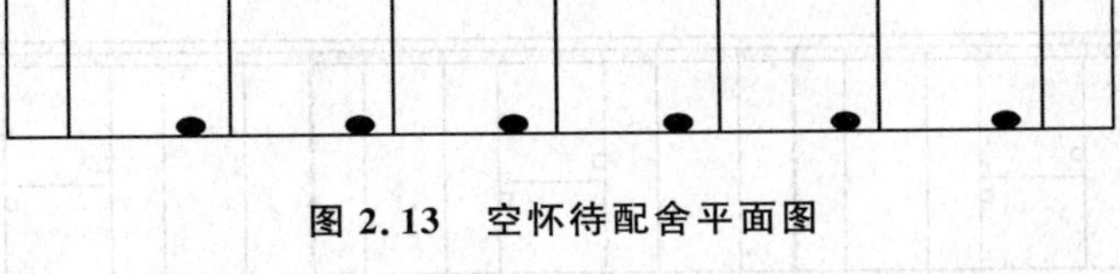

图 2.13 空怀待配舍平面图

②妊娠舍　妊娠舍建造 4 栋，每栋容纳妊娠母猪 4 批次，共 26×4＝106(头)，采用双列式布局，限位栏饲养，限位栏宽为 65 cm，长为 2.1 m，栏端距墙 0.8 cm，过道 1.2 m，舍两端各预留 2 m 空间，则整个猪舍宽 7.4 m，长 38 m。妊

娠舍平面图如图 2.14 所示。

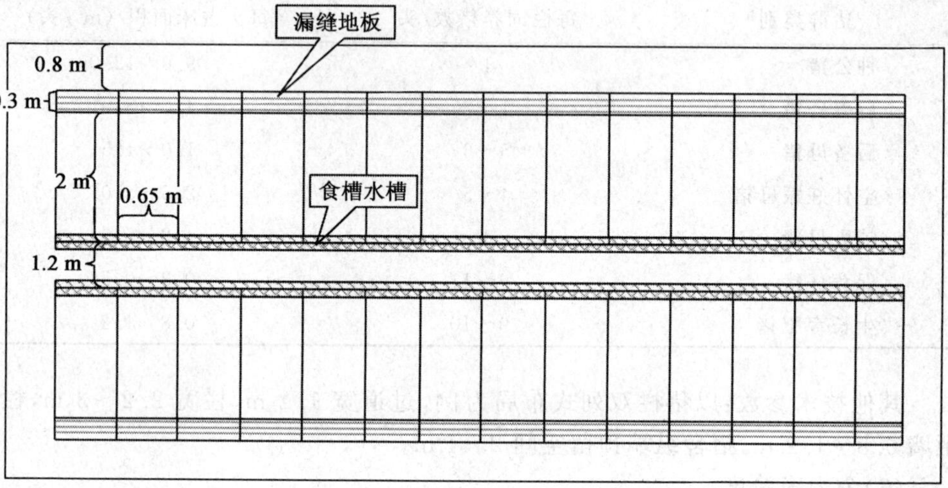

图 2.14　妊娠舍平面图

③分娩哺乳舍　建造 7 栋，每栋饲养 26 头分娩哺乳母猪，双列式布局。每头母猪占一个产床，两个产床共用一个保温区。产床的长度 2.3 m，栏端距墙 0.8 m，过道 1.2 m，因此舍宽 7.4 m，产床宽为 0.4＋0.65＋0.8＝1.85(m)，舍两端各留 2 m 空间，则舍长为 41 m。分娩哺乳舍平面图如图 2.15 所示。

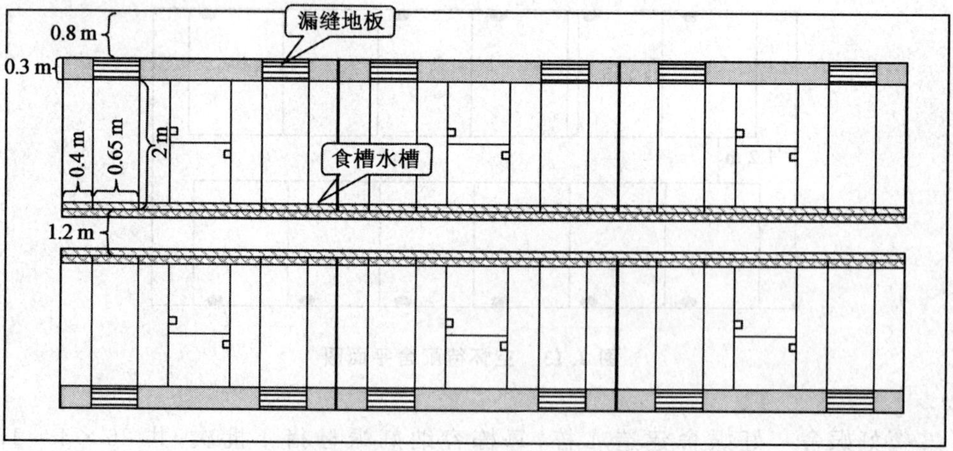

图 2.15　分娩哺乳舍平面图

④保育舍 保育舍拟建 6 栋，每栋饲养 206 头仔猪，每头仔猪占圈栏面积为 $0.4\ m^2$，双列式布局，过道 1.2 m，舍两端各留 2 m 空间，保育栏宽 2.8 m，栏端距墙 0.3 m，则保育舍宽度为(2.8＋0.3)×2＋1.2＝7.4(m)，长度为 206×0.4÷5.6＋4＝18(m)。保育舍平面图如图 2.16 所示。

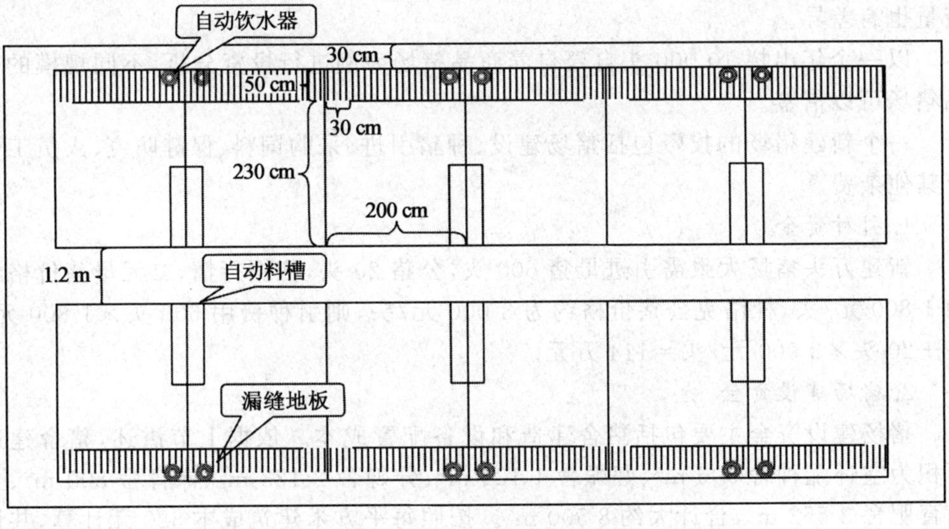

图 2.16 保育舍平面图

⑤生长育肥舍 建造生长育肥舍 6 栋，双列式布局，每栋饲养 3 批肥育猪共 196×3＝588(头)，每头按占圈栏面积 $0.8\ m^2$ 计算，栏宽 3.1 m，过道 1.2 m，舍两端各预留 2 m 的空间，则舍宽 7.4 m，舍长 588×0.8÷6.2＋4＝80(m)。育肥舍平面图如图 2.17 所示。

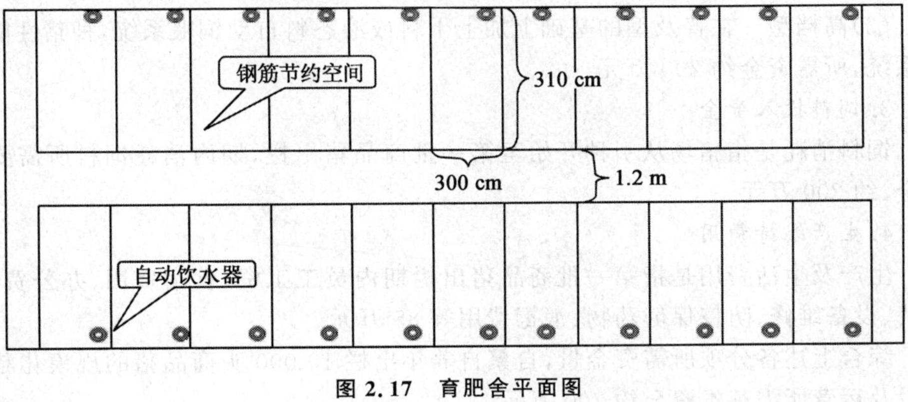

图 2.17 育肥舍平面图

(三)投资概算

决定猪场投资规模的因素很多,如猪场的性质,是投资原种场、父母代种猪场或自繁自养的商品猪场等。此外,还有猪场采用何种投料、环控、排污方式及相应设备等。规划猪场投资方案是规模化猪场建设的关键。由于地域差异所导致的投资量也有差异。

以一个年出栏 10 000 头自繁自养商品猪场为例进行投资分析,不同规模的商品猪场可以借鉴。

一个新建猪场的投资包括猪场建设、种猪引进、采购饲料、保健防疫、人员工资及其他杂费。

1.引种资金

新建万头猪场大致需引进母猪 600 头,公猪 20 头,依据行情,二元母猪价格约为 1 800 元/头,杜洛克公猪价格约为 3 000 元/头,则引种费用 600 头×1 800 元/头+20 头×3 000 元/头=114 万元。

2.猪场建设资金

猪场建设资金主要包括猪舍建造和设备配置成本。依据上节讲述,猪舍建造面积为空怀配种舍 906 m^2、妊娠舍 1 124 m^2、分娩舍 2 123 m^2、保育舍 800 m^2、生长育肥舍 3 552 m^2,合计大约 8 500 m^2。按照每平方米建筑成本 320 元计算,共计 8 500×320=272(万元)。

猪舍建好后要进行必要的设备配套,根据猪场规划目标,设备选型有以下 3 种:

(1)简易型　包括限位栏、分娩床、保育床、料箱、自动饮水器、必要的消毒设施、清洗机等,需要资金约 70 万元。

(2)普及型　在简易型的基础上加上金属圈栏、风机、湿帘、热风炉、卷帘机等,所需资金约 110 万元。

(3)高档型　在普及型的基础上加上干料或液态料自动饲喂系统,种猪性能测定系统,所需资金约 200 万元。

3.饲料投入资金

饲料消耗是指猪场从引种开始至第一批商品猪出栏,期内消耗饲料所需要的资金,约 200 万元。

4.生产维持费用

生产及生活费用是指第一批商品猪出栏期内员工工资、食宿费用、办公费用、电费、设备维修、防疫保健药物、消毒费用等 85 万元。

综合上述各分项所需资金量,自繁自养年出栏 10 000 头商品猪的规模化猪场建设及运营所需基本资金约 700 万元。

四、猪场的设备配置与选用

规模化猪场设备的选用与饲养规模、猪舍建筑及饲养工艺关系密切，常用设备包括圈栏、饲喂设备、供水设备、供电设备、通风降温设备、保温设备等。在猪舍建筑设计时，对于某些设备应该进行预埋、预留孔和支撑平台等规划。

(一)圈栏设备

猪栏一般分为公猪栏、配种栏、妊娠栏、分娩栏、保育栏和生长育肥栏。猪栏的基本结构和参数应符合 GB/T 17824.1—2008 的要求。猪栏尺寸见表 2.6。

表 2.6　猪栏基本参数　mm

猪栏种类	栏高	栏长	栏宽	栅格间隙
公猪栏	1 200	3 000～4 000	2 700～3 200	100
配种栏	1 200	3 000～4 000	2 700～3 200	100
空怀妊娠母猪栏	1 000	3 000～3 300	2 900～3 100	90
分娩栏	1 000	2 200～2 250	600～650	310～340
保育猪栏	700	1 900～2 200	1 700～1 900	55
生长育肥猪栏	900	3 000～3 300	2 900～3 100	85

注：分娩母猪栏的栅格间隙指上下间距，其他猪栏为左右间距。

1. 公猪栏、空怀母猪栏和配种栏

这几种猪栏一般都位于同一猪舍内。

成年公猪的体长多长达 2 m，为方便公猪转身，一般公猪栏的宽度不小于2 m，长度不小于 3 m，围栏高度不低于 1.2 m，栏内面积 5～7 m^2 或稍大些。围栏可以是钢筋或混凝土结构，栏门应为金属结构。空怀母猪栏设计与公猪栏相似，只不过公猪单栏饲养，而在相同栏内空怀母猪 4～6 头群养。

规模猪场必须设置单独的配种栏，由于种公猪在爬跨母猪前要接近母猪的后躯，所以配种栏的长度至少应为公猪和母猪体长的总和。又由于公猪在配种前一直追逐母猪，公猪需要在配种栏内向前行走的空间。因此，配种栏的长度不小于 3.5～4 m，宽度不低于 3 m，并设计成八角形。配种栏地面要求防滑，圈内不安装料槽、饮水器等，以防影响配种。

2. 母猪单体栏

妊娠中后期的母猪多饲养于单体栏内，目的是节约猪舍面积、便于精确饲喂、避免母猪间的相互干扰和机械刺激。单体栏长度一般为 2～2.1 m，宽 0.6 m，高

1～1.1 m；前后开门设计，便于母猪进出；栅栏结构多为金属制造(图 2.18)。

图 2.18 普通单体栏

3. 分娩栏

分娩栏也叫产床，是母猪分娩和哺乳的场所，是一种单体栏。分娩栏中间区域为母猪限位栏，两侧分别为仔猪采食、保温、饮水和活动的区域。分娩栏一般采用圆钢管或铝合金材料制成；限位栏底部为全漏缝或半漏缝地板，以清除粪便和污物，两侧为全漏缝地板，为仔猪活动栏，用于隔离仔猪。

分娩栏尺寸一般为长 2～2.2 m，宽 1.65～2 m，高 1～1.1 m；限位栏部分宽 0.6～0.65 m。分娩栏离地面高度一般为 0.3 m(图 2.19)。在生产实践中要根据便于清扫的地面设计来确定离地高度或定制成不对称高度。

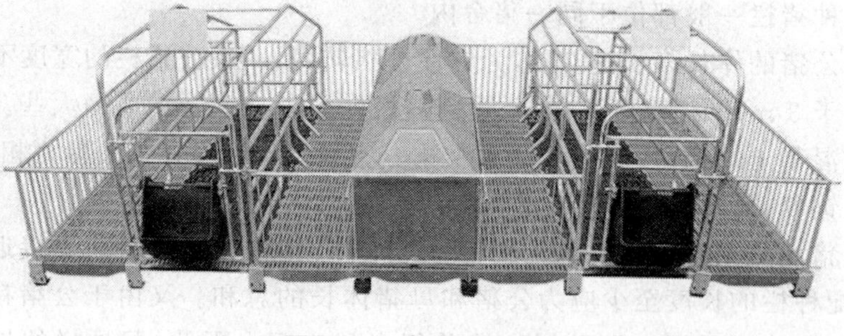

图 2.19 高床分娩栏

4. 仔猪保育栏

现代规模化猪场保育仔猪大多在高床保育栏内饲养，高床保育栏一般由金属编织的漏缝地板网、围栏、料箱、连接卡和支腿等组成。金属编织网设在舍内漏粪沟或水泥地面上，围栏由连接卡固定在金属地板网上。每栏安一个自动饮水器，相邻两栏安装一个双面料箱，供两侧仔猪自由采食。

仔猪保育栏的长、宽、高尺寸依猪舍结构而定，常见的一般栏长 2 m，宽 1.7 m，高 0.7 m，栏底离地面 0.25～0.30 m，可饲养 10～25 kg 的保育猪 10～12 头，如图 2.20 所示。

图 2.20 仔猪高床保育栏

5. 生长育肥栏

生长育肥栏按围栏材质可分为金属隔栏、水泥隔栏和水泥金属混合隔栏。按漏缝地板可分为全漏缝地板栏和半漏缝地板栏。全漏缝地板栏为水泥漏缝地板条，半漏缝地板漏缝沟一般建在猪栏后部，宽 0.8～1 m。每个猪栏安装一个自动饮水器。

(二)供料设备

现代的规模化猪场供料方式有自动化供料和人工供料，不同的饲喂或供料方式采用的设备不同。但无论何种方式，其共有的设备是饲槽。

1. 饲槽

饲槽可分为固定饲槽和自动饲槽。GB/T 17824.1—2008 推荐的饲槽设计参数见表 2.7。

表 2.7 猪饲槽基本参数 mm

类型	适用猪群	高度	采食间隙	前缘高度
水泥定量食槽	公猪、妊娠母猪	350	300	250
铸铁半圆弧食槽	分娩母猪	500	310	250
长方体金属食槽	哺乳仔猪	100	100	70
长方形金属	保育猪	700	140～150	100～120
自动落料食槽	生长育肥猪	900	220～250	160～190

图 2.21 限量饲槽

(1)限量饲槽　采用金属或水泥制成,多用于公猪及妊娠母猪栏(图 2.21)。

(2)自动饲槽　自动饲槽就是在饲槽的顶部装有储料箱,当猪吃完饲槽中的饲料时,由于重力或机械作用,饲料将不断落入饲槽内。饲槽由钢板或水泥制成,形状有圆形和长方形。长方形的可分为单面和双面饲槽(图2.22)。

2.贮料塔

贮料塔多数用 2.5～3 mm 的镀锌波纹钢板制作,饲料在自身的重力作用下落入贮料塔下锥体底部的出料口,再通过饲料输送机送到猪舍中。

单面自动饲槽　双面自动饲槽　自动干湿饲槽

图 2.22 自动饲槽

常用贮料塔的结构见图 2.23,其容量有2、4、5、6、8 t 等,以能满足一栋猪舍猪群 3～5 d采食量为宜。容量过小则加料频繁;过大则饲料易结拱,又造成设备浪费。

3.辅助供料设备

辅助供料设备多为自动化喂料系统配置,根据饲料的调制形态,有干、湿料自动化饲喂系统。

(1)稀饲料自动饲喂系统　稀饲料喂饲系统(图 2.24)主要由饲料调质设备、管道输送设备和控制设备构成。饲料调质设备包

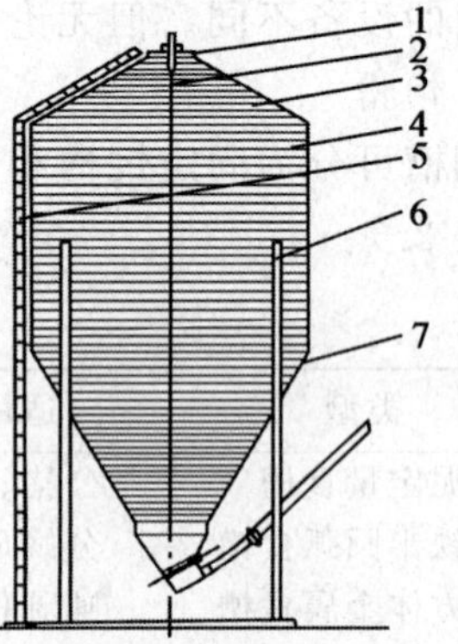

图 2.23 贮料塔

1.顶盖　2.顶盖控制机构　3.塔顶　4.塔体　5. 梯子　6.支架　7.下锥体

括贮料塔(贮存干饲料)、计量器、搅拌机等,管道输送设备包括输料泵及主、支输料管等,控制设备包括各种阀门和控制电器。

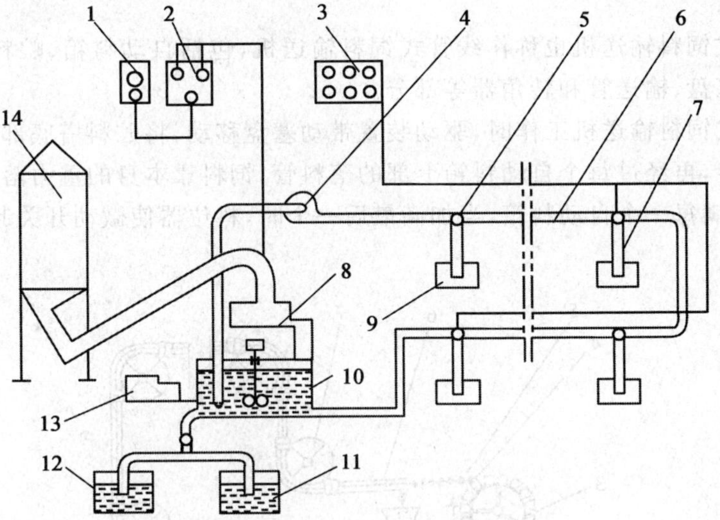

图 2.24　稀饲料喂饲系统与设备

1.时间继电器　2.搅拌机组控制板　3.饲料控制板　4.稀饲料输送泵　5.气动阀　6.主输料管　7.放料管　8.计量器　9.食槽　10.稀饲料搅拌机　11.热水管　12.冷水箱　13.空气压缩机　14.贮料塔

供料时,搅龙把贮料塔中的干料送入调质室,饲料经过计量后进入搅拌池,同时水从水箱进入搅拌池,经搅拌机搅拌均匀后再由输料泵把池内稀饲料泵入主输料管道,各气动阀按程序自动开启,使稀料按顺序定量流入各食槽中。

稀饲料喂饲系统的管道布置应尽量减少弯曲,最小弯曲直径应不小于输料管直径的 4 倍,要避免高落差、急弯,以防止稀饲料的沉淀而造成堵塞。放料支管上部应设置阀门,末端不能垂直于饲槽底部,以免放料时出现喷溅。

在冬季,用热水将饲料调温至 20～30℃,可提高适口性和减少猪维持体温的饲料消耗。适当的料水比为 1∶3,饲料和水的混合比由搅拌机组控制板来调节,放入每个食槽中的饲料量由饲料调节板控制。

稀饲料搅拌池的容积根据所饲喂猪的数量和管路长度来定,一般每百头猪所需容积为 1 m^3,常用的容积为 2～5 m^3。主管道的直径多为 50～100 mm,输送距离一般不超过 300 m,管内流速应不超过 3 m/s,放料支管常用直径为 38～45 mm。管道可用钢管或无毒 PVC 制作。

(2)干料自动饲喂系统　用于输送干料的饲料输送机有弹簧螺旋饲料输送机、塞管式输送机、卧式搅龙输送机、链式输送机等。常用的有塞管式输送系统(图 2.25)。

塞管式饲料输送机也称作线管式饲料输送机,包括自动料箱、贮料塔、驱动装置、钢绳、塞盘、输送管和转角器等部分。

塞管式饲料输送机工作时,驱动装置带动塞盘移动,将贮料塔底部的饲料通过输送管带走,再经过每个自动料箱上部的落料管,饲料靠本身的重力落入自动料箱中,依次加满每一个自动料箱,当加满最后一个时,料位器使微动开关起作用,停止供料。

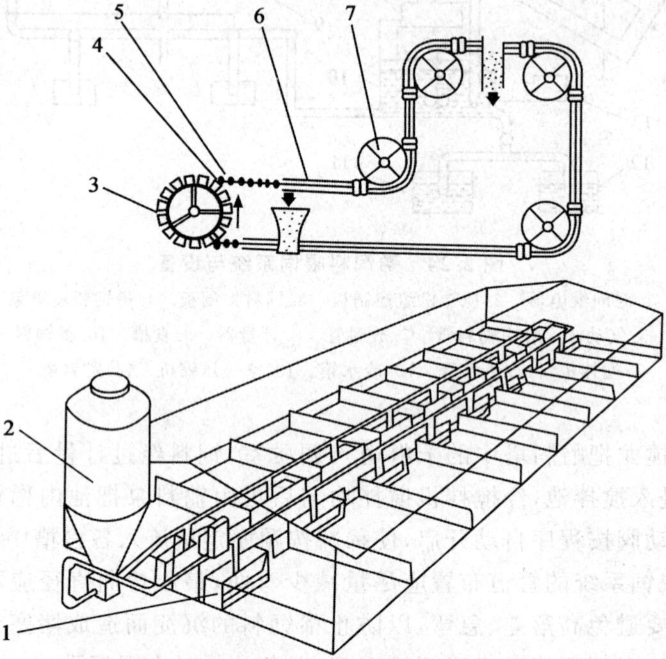

图 2.25　塞管式饲料输送机结构

1. 自动料箱　2. 贮料塔　3. 驱动装置　4. 钢绳　5. 塞盘　6. 输送管　7. 转角器

(3)母猪精确饲喂系统　根据不同的生理状态、体况确定饲喂量,是母猪饲养的关键。在大圈群养的条件下很难实现母猪的精确饲喂。传统的做法是采用限位栏饲养,但此法限制了母猪活动空间,导致母猪运动减少、体质下降、肢蹄病增多,缩短了母猪利用年限。

针对这一现状，大型规模化猪场开始使用基于群养的母猪精确饲喂系统，该系统以电脑软件作为控制中心，用一台或者多台饲喂器作为控制终端，由众多的读取感应传感器为电脑提供数据，同时根据母猪饲喂的科学运算公式，由电脑软件系统对获得的数据进行运算处理，处理后指令饲喂器的机电部分来进行下料，来达到对母猪的数据管理及精确饲喂管理。这套系统又称之为母猪智能化饲喂系统（图 2.26），主要包括母猪自动化饲喂系统（图 2.27）、母猪智能化分离系统、母猪智能化发情鉴定系统。

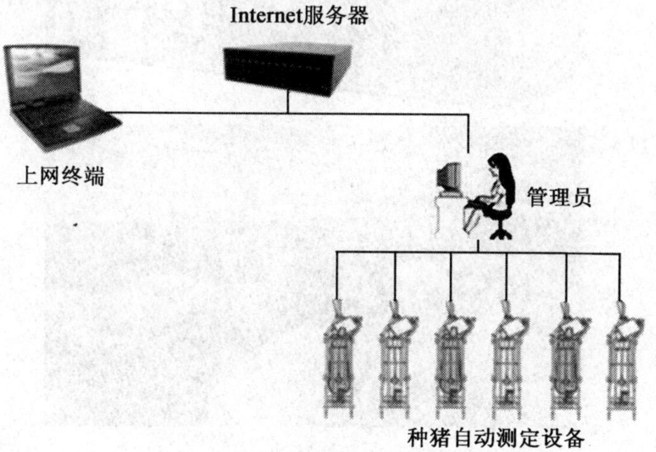

图 2.26 母猪精确饲喂系统连接示意图

（三）供水设备

规模化猪场一般采用压力供水，主要设备包括从深井汲水的水泵、水塔、输水管道、过滤器、减压阀及饮水器。在保育舍还设有加药水箱，以便供饮水投药。不同的生长阶段的猪群饮水器安装高度及流速不同，见表 2.8。

表 2.8 自动饮水器的流速和安装高度

适用猪群	水流速度/(L/min)	安装高度/cm
成年公猪、空怀妊娠母猪、哺乳母猪	2.0～2.5	60
哺乳仔猪	0.3～0.8	12
保育猪	0.8～1.3	28
生长育肥猪	1.3～2.0	38

图 2.27　母猪自动化饲喂系统

猪的自动饮水器种类很多，有鸭嘴式、乳头式、杯式等，应用最普遍的是鸭嘴式自动饮水器，安装角度有水平和与地面成 45°两种方式。各种饮水器见图 2.28。

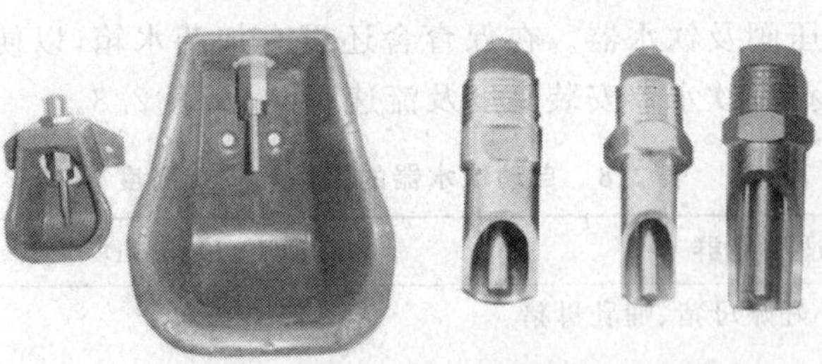

杯式饮水器　　鸭嘴式饮水器

图 2.28　猪舍常用饮水器

(四)降温与保暖设备

现代规模猪场多采用密闭式猪舍设计,由于不同猪群所需适宜的温湿度不同(表2.9),因此在冬、夏季节舍内温热环境基本由机电设备控制,以提供最佳的环境,利于猪的生长。

表2.9　不同猪群适宜的温度与湿度

猪群	舍内温度/℃			舍内湿度/%		
	舒适范围	高临界	低临界	舒适范围	高临界	低临界
公猪	15～20	25	13	60～70	85	50
空怀妊娠	15～20	27	13	60～70	85	50
哺乳母猪	18～22	27	16	60～70	85	50
保育猪	20～25	28	16	60～70	85	50
生长育肥	15～23	27	13	65～75	85	50

1.供热保温设备

猪舍的供暖分集中供暖和局部供暖两种方式。集中供暖时由一个集中供热锅炉,通过管道将热水输送至猪舍内的散热片,加热猪舍的空气,保持舍内适宜的温度。也可由热风炉加热空气吹入舍内。在分娩舍,为了保证母猪与仔猪的不同的温度需求,常用集中供暖维持舍温为18～20℃,在仔猪保温箱内采用局部供暖的方式,保持仔猪生活环境温度为30～32℃。

局部保温常用于产房及保育舍的仔猪的保温,采用远红外线取暖器、红外线灯、电热板及热水加热地板(图2.29)等,这些方法简便、易行、经济。

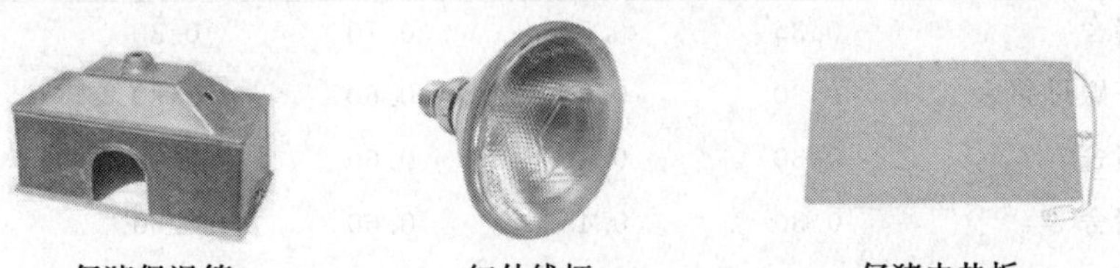

仔猪保温箱　　红外线灯　　仔猪电热板

图2.29　仔猪常用加温设备

2.通风降温设备

猪舍的冬季通风可将舍内的微生物、尘埃、有害气体和湿度都控制在允许范围内;而夏季通风与湿帘、喷雾等降温方式结合,可排出舍内过多的热量,以降低舍温。通风是猪舍环境控制的重要手段。

猪舍常用大直径、低速、小功率的轴流式风机通风。这种风机通风量大、耗电少、维修方便，适合猪场长期使用(图 2.30)。

图 2.30 轴流式风机

此外，不同季节和不同生长阶段的猪群适宜的通风量和风速不同，见表 2.10。

表 2.10 猪舍通风量与风速

猪舍类别	通风量/(m^3/(h·kg))			风速/(m/s)	
	冬季	春秋季	夏季	冬季	夏季
种公猪舍	0.35	0.55	0.70	0.30	1.00
空怀妊娠母猪舍	0.30	0.45	0.60	0.30	1.00
哺乳猪舍	0.30	0.45	0.60	0.15	0.40
保育猪舍	0.30	0.45	0.60	0.20	0.60
生长育肥猪舍	0.35	0.50	0.65	0.30	1.00

(五)其他设备

除以上设备外，猪场常用设备还有漏缝地板、消毒机械、粪污处理设备等。

1. 漏缝地板

根据材质不同，漏缝地板有钢筋混凝土地板、塑料漏缝地板、铸铁漏缝地板等。不同生长阶段的猪群适用的漏缝地板材质和漏缝宽度不同(表 2.11)，一般水泥和铸铁漏缝地板多用于高床保育栏、公猪舍、母猪舍和育肥舍，塑料漏缝地板因导热系数小多用于产床、高床保育栏。

表 2.11　不同猪群漏缝地板的漏缝宽度　　mm

成年种猪栏	分娩栏	保育猪栏	生长育肥猪栏
20～25	10	15	20～25

对漏缝地板总体要求是耐腐蚀、不变形、表面平整、防滑、导热性小、漏粪效果好、易冲洗和消毒，适应各种生长阶段的猪群行走站立、不卡猪蹄。特别是种猪群，不合格的漏缝地板易引起种猪肢蹄病增多，减少种猪利用年限。

漏缝地板漏缝断面呈梯形，上窄下宽，见图 2.31。

铸铁漏缝地板

塑料漏缝地板

水泥漏缝地板

图 2.31　漏缝地板

2.消毒设备

猪场的消毒分为进场前消毒、进入生产区消毒、人员出入猪舍消毒及猪舍内地面和设施消毒。

车辆进场前一般经过场门口的消毒池消毒，消毒池一般与大门等宽，长度为机动车车轮周长的 2.5 倍，深度为 20～25 cm；并用电动清洗消毒车冲洗车体，消毒 15～20 min 后，才允许车辆进场。

外来人员如果要进入生产区必须在生活区隔离 3～5 d，然后与饲养员一起经过温水冲洗、更换工作服、经过消毒间或消毒池、紫外线消毒后才能进入生产区。经猪舍门口的蘸脚盆消毒后进入所工作的猪舍。

对于猪舍的空圈消毒，常用的消毒设备为电动清洗消毒车和火焰消毒器。电动清洗消毒车的工作压力一般为 15～20 kg/cm^3，流量为 20 L/min，冲洗射程为 12～15 m(图 2.32)。火焰消毒器(图 2.33)一般用于病猪所在圈的地面、隔栏、饲槽等设备消毒，它是利用液化气或煤油雾化燃烧后产生的高温火焰瞬间杀灭病原。火焰消毒器杀菌效率高、彻底，且避免了药物消毒的残留。

图 2.32 电动清洗消毒车

图 2.33 火焰消毒器

五、猪场的环境控制

猪生产性能受遗传基础和所处环境两方面因素的影响，广义的环境因素包括饲料的数量和质量、饲养管理措施、微生物环境、温热环境因素及空气质量等。只有在适宜的环境下，优良猪种的遗传潜力才能充分发挥。通过猪舍建造及猪场设备为猪群提供良好的生存及生产环境，是保持猪群健康、提高生产性能、提升猪场经济效益的有效途径和重要手段。

(一)猪舍环境的控制措施

通过规划建造不同类型的猪舍，并配置相应的保温、隔热及通风设备，建立有利于猪只生存和生产的环境条件，称为猪舍的环境控制。猪舍的环境控制主要有以下几个方面：

1. 舍内温度控制

猪舍控温一般从两方面着手，一是利用猪舍的外围护结构的保温隔热特性，避免冬季舍外寒冷和夏季炎热对舍内的影响，形成稳定的舍内小气候；二是在此基础上采用适宜的供暖、降温、通风、换气、采光、排污等措施，创造有利于猪群生产的环境。

(1)保温隔热　屋顶面积大，冬季热空气由于密度小而上浮，容易通过屋顶散失；夏季太阳辐射加热屋顶，向舍内散热。因此，必须建造保温隔热性好的具有保温层的屋顶，并要求有一定的厚度。规模化猪场可选择彩钢板或 PVC 板夹泡沫板的设计形式，中、小型猪场可以在屋顶铺锯末、炉灰或作物秸秆的形式增强保温隔热效果。在寒冷地区可以适当降低猪舍高度或进行吊顶，提高猪舍的保温效果。

墙壁应选用导热性小的材料，利用空气的隔热特性建造空心墙，或在空心墙、空心砖内填充珍珠岩、锯末提高热阻。

寒冷地区在满足采光和夏季通风的前提下，尽量少设门窗。地窗、通风孔应设挡板，便于启闭；猪舍门应加门斗，必要时挂草帘或棉帘保温。

减少外围护结构的面积，降低舍内空间可提高保温效果。北方寒冷地区的猪舍可适当降低猪舍高度，以檐高 2.2～2.7 m 为宜；冬冷夏热的地区，檐高为 2.4～3.0 m，猪舍跨度超过 8～9 m 应设机械通风。

(2)人工取暖　猪舍特别是分娩舍和保育舍，舍温一般不能满足猪的需要，必须采用人工取暖。取暖设备有热风炉、暖气、电热板、烟道、火炉等。规模化猪场也可采用地暖的形式(图 2.34)。

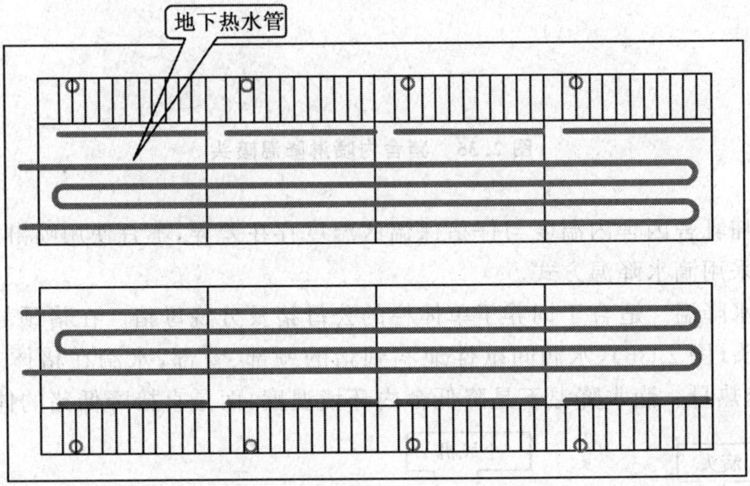

图 2.34　保育舍地暖设计平面图

(3)防暑降温　小猪怕冷大猪怕热，我国养猪在夏季都要采取防暑降温措施，以保证猪的正常生产。外围护结构的保温隔热设计可有效阻止环境高温对舍内小气候的影响。此外，在以防暑为主的地区，猪舍设计可采用通风屋顶，利用热压通风降低屋顶表面和舍内的温度。炎热地区的猪舍应加大窗户的面积，减少窗户之间墙的宽度，减少舍内通风涡流，提高通风效果。大窗设计可通过加装卷帘控制阳光对舍内的直射。

规模化猪场夏季舍内一般都要采取降温措施，主要有以下措施。

①喷淋降温　向地面、屋顶、猪体洒水，利用水分蒸发吸热而降温。喷头(图 2.35)将水喷成雾状，增加水与空气的接触面积，使水迅速汽化，在蒸发时从空气中

起手大量热量，降低舍内温度。喷淋降温增加舍内湿度，使用时间过长易形成舍内高温高湿环境，因此应间歇使用。一般舍内湿度低于 70%、温度高于 30℃时降温效果较好。为提高降温效果，一般配合轴流式风机抽风，将舍内湿气排出，并吸入干燥空气进入舍内。

图 2.35 猪舍内喷淋降温喷头

分娩哺乳舍因舍内温度与仔猪保温区温度存在差异，不宜使用喷淋降温，分娩哺乳舍可采用滴水降温方式。

②滴水降温　适合于饲养于单体栏的公母猪及分娩母猪。在猪颈部上方安装滴水降温头（图 2.36），水滴间歇性地滴到猪的颈部、背部，水滴在猪体表面散开、蒸发，带走热量。滴水降温不是降低舍内环境温度，而是直接降低猪的体温。

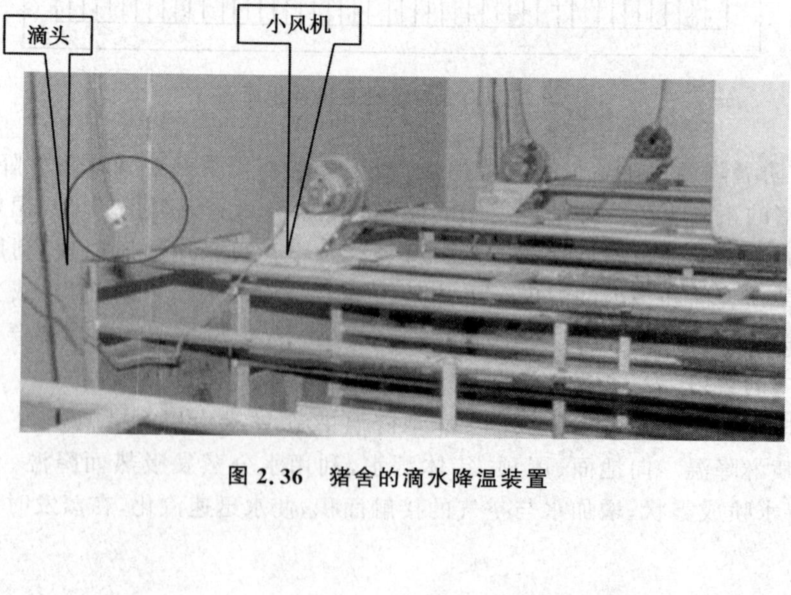

图 2.36 猪舍的滴水降温装置

③湿帘-风机降温系统　这套系统目前在猪场采用较多,该系统由风机、湿帘、水路及控制装置组成,并辅以负压通风设计,控制器调控整个降温系统的运转,在干热地区降温效果较好,在极端炎热的天气,可控制舍内温度在30℃以内。系统降温效果与湿帘厚度、面积、舍内空气流速(风机转速)有关,当舍内湿度大于85%时,该系统降温效果下降。

2.舍内有害气体控制

舍内有害气体主要通过通风控制,舍内通风分为自然通风和机械通风。

(1)自然通风　自然通风主要靠空气流动即风压和舍内外热压差实现。风压通风是风从上风向通过门、窗进入舍内,从背风面或两侧的出风口穿过。热压通风则是由于舍内温度高于舍外,舍内热空气由于密度小,从猪舍上部或顶部的自然通风器、通风窗、窗户等排出,形成舍内负压;舍外空气经猪舍下部的窗户、通风口进入猪舍。舍外有风时,热压和风压通风共同作用,舍外无风时,仅能靠热压维持自然通风(图2.37)。

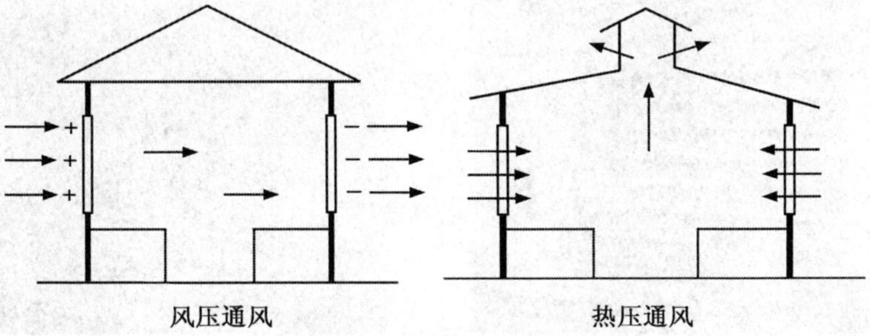

图2.37　猪舍的自然通风

(2)机械通风　在炎热地区猪场需进行机械通风。机械通风分为以下3种方式。

①负压通风　由轴流式风机将舍内污浊的空气抽到舍外,舍内形成负压,舍外空气由进气口吸入舍内。

②正压通风　将离心式风机安装在侧墙上部或屋顶,强制将风送至舍内,舍内污浊空气排出舍外,在冬季或夏季,可事先将空气加热或制冷。

③联合通风　同时利用风机送风和排风。在炎热地区,进气口可设置在猪舍较低处,排气口设在猪舍的顶端,有利于通风降温。另外一种方式是将进气口设在猪舍上部,排气口在猪舍下端,该方式可对吹入的空气进行预热和冷却,因此寒冷和炎热地区均可采用。

3.猪舍小环境自动控制系统

猪舍小环境自动控制系统是为猪场提供的一套控制分娩母猪舍小环境的配套

设施。它围绕地上和地下两条主线设计，主要解决环境指标中的温度、废气及光照等。管理人员只需要设定参数，电脑就能自动控制运行（主要配套设施及设备见图2.38至图2.45）。

图2.38　温度报警器

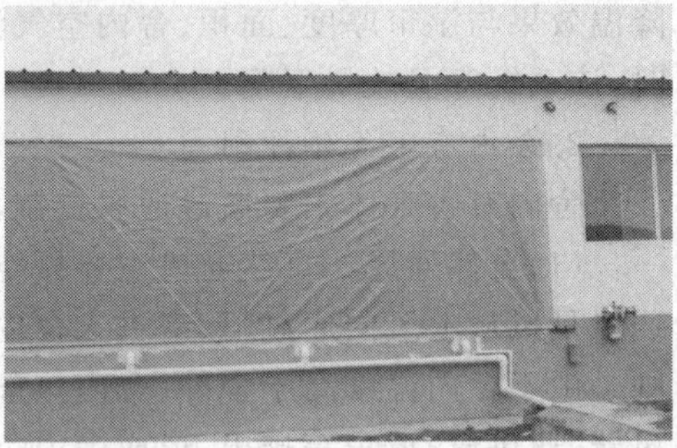

图2.39　水帘外帆布

图2.40　通风窗

图2.41　排风窗

图2.42　冬季换气天窗
（上面两根管为暖气管）

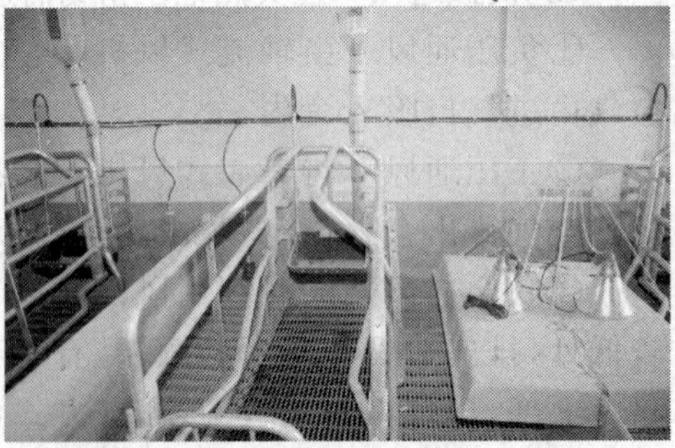

图2.43　分娩栏及仔猪保温设施

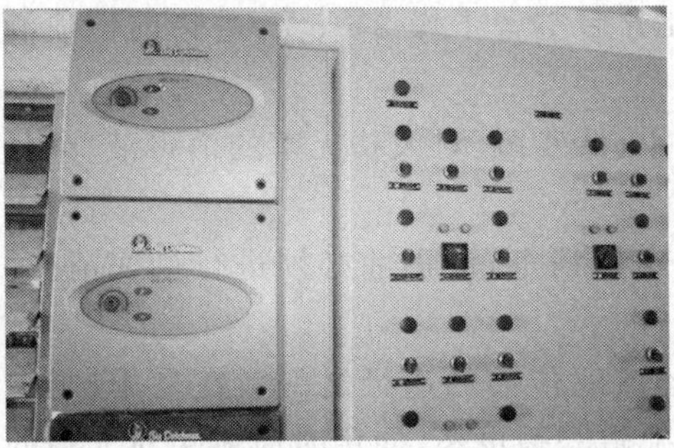

图 2.44 电脑自动控制面板

图 2.45 地下排风窗

4. 猪场生物安全控制

生物安全控制是现代规模化猪生产的重要组成部分，生物安全控制的主要任务是减少新病原菌进入猪场，是经济有效的疫病控制手段。最基本的生物安全控制包括隔离、消毒及病死猪的处理等。

(1)猪场隔离　在布局上，猪场应远离其他饲养场、交通干道、居民区、工厂及河流。猪场生活区、生产区及粪污处理区分开，并设有隔离带。舍内猪舍保持一定生物安全距离。在生产上实行全进全出制，猪饲养在隔离舍，切断猪群间病原传播。

新引进的种猪饲养在种猪隔离舍至少 6 周，采用饲喂本场种猪粪便、母猪胎衣及新老母猪接触的方式进行驯化，使新进种猪适应本场病原并产生抗体。

(2)卫生管理　在设计上遵循污道净道分开、污水雨水分排、污水暗排的原则。舍内应每天定时清扫，保持舍内干燥清洁，每日清圈，做到猪、粪尿分离，清扫后对猪圈进行必要的清洗。猪群转群后应及时清扫，用高压清洗机冲洗地面、栏圈、墙壁、食槽等，待干燥后消毒。繁殖舍每月彻底打扫冲洗一次，产房断乳后彻底打扫冲洗。保育仔猪 50 日龄后冲洗地板一次，育成、育肥舍每月冲洗一次。

(3)消毒　猪场的消毒分为日常消毒、即时消毒和终末消毒。

日常消毒为预防性消毒，包括环境消毒、人员消毒、圈舍及用具消毒、带猪消毒、进场物品消毒等。

进场消毒：所有进入猪场的人员须经过“踩、照、洗、换”四个步骤，即人员先在洗澡间洗澡，换上干净的工作服，随身携带物品应经过紫外线照射，进入猪舍前在舍门口踩踏 3%～4%火碱消毒液。

空圈消毒：猪圈彻底清扫后用高压水枪冲洗，冲洗要自上而下，连同舍内工具一起冲洗，待干燥后用 3%～4%火碱消毒，对曾有疫情的猪圈或猪栏用火焰喷灯灼烧，然后用福尔马林或过氧乙酸等熏蒸 24 h 后空舍干燥 3～5 d，进猪前再喷洒一遍消毒剂。

带猪消毒：舍内带猪消毒可使用刺激性小、低残留、对人猪无害的消毒液，如百毒威、0.2%的过氧乙酸等。

舍外环境消毒：猪场道路及舍外环境应定期消毒，消毒前必须进行彻底清扫、冲洗，可用 2%火碱消毒。

(4)猪场灭害　鼠、蚊、蝇、飞鸟等是猪场疾病传播的途径之一。在夏季，至少每周灭蚊蝇 1 次，可选用敌百虫、敌敌畏、倍硫磷等杀虫药，使用时应避免对人猪的危害。在猪舍门窗上安装纱窗，可减少疫病传播。老鼠不仅可携带病原传播疾病，也对猪场饲料、水管、电线等造成危害，猪场可选用安妥、敌鼠钠盐等对人猪毒性低的灭鼠药灭鼠。猪场内还应对野鸟进行控制，此外不要养犬、猫等其他动物，控制其他动物的入侵。

(二)猪场废弃物的处理

我国养猪正处于由小规模分散饲养到规模化饲养的阶段，形成了具有产业链、集约化、规模化的大型养猪企业。每年大型猪场排出大量的粪尿及污水，如果处理不当，易给环境造成严重污染。因此，必须对猪场废弃物进行处理。

1. 猪场污水处理系统

(1)猪场污水产生来源

水冲粪工艺：猪圈粪尿污水混合通过漏缝地板进入排粪沟，定期从排粪沟前端的自翻水斗放水，将污水冲入集粪池。这种清粪方式劳动强度小、效率高，在劳动力缺乏且人力成本较高的发达国家采用较多。缺点是耗水量大，污染物浓度高。例如，使用配合饲料的成年猪每日每头排放 COD 为 448 g，BOD 量为 200 g，悬浮固体为 700 g，如冲洗水量每头按 30 L 计算，其污水浓度 COD 为 15 000 mg/L，BOD 为 6 700 mg/L，SS 为 23 000 g/L。粪污经过固液分离后，大部分可溶性有机质及微量元素等留在污水中，其污染物浓度很高。因此，污水处理部分基建投资及动力消耗也很高。而分离出的固形物养分含量低，肥料价值低。

水泡粪工艺：水泡粪是粪尿、冲洗和饲养管理用水一并排入缝隙地板下的粪沟中，贮存一段时间，待粪尿沟装满后，拨开出口的闸门排出粪水。该工艺虽然省水，但由于粪便长时间在粪沟贮存，厌氧发酵后产生大量有害气体和水汽，恶化舍内空气环境，影响猪的生产力。粪水混合物的污染物浓度更高，后处理也更加困难。

全漏缝地板粪污自动收集管道密闭输送系统是目前一些自动化猪场用于解决粪污收集、控制有害气体的集成配套设施。这套系统利用水泡粪工艺的优点，排解有害气体进入舍内，自动完成输送的模式能够有效解决粪污收集、运送的高成本投入及对生产环境污染的有效控制。

干清粪工艺:粪尿与污水在猪舍内经过漏缝地板下的斜坡自动分离,分别清除。干粪由机械或人工收集、清出,尿及污水从下水道流出,再分别进行处理。该工艺可保持猪舍内清洁,空气卫生状况较好,有利于动物和饲养人员的健康;产生的污水量小,且其中的污染物含量低,易于净化处理;粪和尿、水直接分离,粪中营养成分损失小,肥料价值高。因此,干清粪工艺是比较合理的清粪工艺。

(2)猪场污水处理的基本原则

①从生产工艺上进行改进,采用干清粪工艺,使干粪、尿及污水分流,减少污水量及污染物浓度,并使固体粪污的肥效得以最大限度的保存和便于其处理利用。

②实现资源的二次利用,实现生产的良性循环,达到无废排放。采用种养结合模式,与农、果、菜、鱼结合加以综合利用;采用能源化模式,利用猪粪生产沼气,变废为宝。

③结合当地的自然条件和地理优势,利用附近废弃的沟塘滩涂,采用投资少、运行费用低的自然生物处理法,并避免二次污染。

(3)污水的处理方法　污水处理的方法可分为物理的、化学的、生物学的处理方法3大类,其中以物理和生物方法应用较多,化学方法由于需要使用大量的化学药剂,费用较高,且存在二次污染问题,故应用较少。

①物理处理方法　处理猪场污水的物理处理方法包括格栅过滤、沉淀、固液分离等,主要用于去除污水中的机械杂质。

格栅:格栅是污水处理工艺流程中必不可少的部分。其作用是阻拦污水中所夹带粗大的漂浮和悬浮固体,以免阻塞孔洞、闸门和管道,并保护水泵等机械设备。

沉淀:是利用重力将重于水的悬浮物从水中分离的一种处理工艺,是废水处理中应用最广泛的方法之一。沉淀法可用于在沉砂池中去除无机杂粒。在一次沉淀池中去除有机悬浮物和其他固体物;在二次沉淀池中去除生物处理产生的生物污泥,在絮凝后去除絮凝体;在污泥浓缩池中分离污泥中的水分,使污泥得到浓缩等。

调节池:猪场污水的流量和浓度在昼夜间有较大的变化,为保证污水处理系统正常工作,不受污水高峰流量和浓度变化的影响,需设调节池,以调节水质水量。

②化学处理方法　化学处理方法是利用化学反应使污水中的污染物质发生化学变化而改变其性质。一般可分为中和法、絮凝沉淀法和氧化还原法等。

猪场污水中含有胶体物质、微细悬浮物和乳化油等,可采用絮凝沉淀法进行处理。常用的絮凝剂有明矾、硫酸铝、三氯化铁、硫酸亚铁等。

③生物处理方法　废水的生物处理方法包括工厂化的生物处理方法和自然生

物处理方法。

(4)污水处理系统

①污水工厂化的生物处理系统　污水工厂化生物处理占地少,净化效率高,并可进行某些特殊要求的处理,如去除重金属或某些元素、消毒等,厌氧沼气处理还可以生产沼气。但污水工厂化生物处理需要一定的投资和能源消耗,较适合于土地紧张,对水质要求较高的地区。

好氧生物处理系统:主要设备为格栅、固液分离机(对于水冲或水泡粪清粪工艺需要)、污水泵、空气压缩机。该处理系统较适用于土地紧张、对出水水质要求较高的地区。

厌氧生物处理系统:该处理系统产生的沼气可作为能源,沼渣、沼液可作为肥料,废物资源化程度较高。因为包含沼气的脱水、脱硫和输送系统,因此投资较高,且运行管理难度大。该系统较适用于南方气候温暖地区,北方地区由于气温低,产气效率受温度影响,限制了推广应用。其主要设备为格栅、固液分离机、污水泵、贮气罐、沼气脱水、脱硫设备、沼气加压系统、沼气输送管道系统。

②污水自然生物处理系统　该处理系统可实现污水资源化,投资少,运行费用低,易操作管理,适用于有现成的坑塘或废弃的滩涂的猪场。

2.猪场粪便处理系统

(1)好氧堆肥系统　好氧堆肥系统利用微生物分解猪粪中的有机质并产生50～70℃的高温,杀死病原微生物、寄生虫及其虫卵等。腐熟后的物料无臭,复杂有机物被降解为易被植物吸收的简单化合物,变成高效有机肥。

传统的堆肥为自然堆肥法,无需设备和耗能,但占地面积大,腐熟慢,效率低。现代堆肥法是根据堆肥原理,利用发酵池、发酵罐(塔)等设备,为微生物活动提供必要条件,可提高10倍以上的堆肥效率。堆肥要求物料含水率60%～70%,碳氮比(25～30)∶1,堆肥过程中要求通风供氧,天冷适当供温,腐熟后物料含水率为30%左右。为便于贮存和运输,需降低水分至13%左右,并粉碎、过筛、装袋。因此,堆肥发酵设备包括发酵前调整物料水分和碳氮比的预处理设备和腐熟后物料的干燥、粉碎等设备,可形成不同组合的成套设备。

自然堆腐:将物料堆成长、宽、高分别为10～15 m、2～4 m、1.5～2 m的条垛,在气温20℃左右需腐熟15～20 d,其间需翻跺1～2次,以供氧、散热和使发酵均匀,此后需静置堆放2～3个月即可完全成熟。为加快发酵速度,可在垛底铺设通风管,在堆垛前20 d因经常通风,则不必翻垛,温度可升至60℃。此后在自然温度下堆放2～4个月即可完全腐熟。

棚式堆肥发酵槽:设在棚内的发酵槽为条形或环形地上槽,槽宽4～6 m,槽壁高 0.6～1.5 m，槽壁上面设置轨道，与槽同宽的自走式搅拌机可沿轨道行走，速度为 2～5 m/min。条形槽长 50～60 m，每天将经过预处理（调整水分和碳氮比）的物料放入槽一端；环形槽总长度 100～150 m，带盛料斗的搅拌机环槽行走，边撒物料边搅拌。发酵棚可利用以玻璃钢或塑料棚顶透入的太阳能，保障低温季节的发酵，一般每平方米槽面积可处理 4 头猪的粪便，腐熟时间为 25 d 左右。腐熟物料出槽时应存留 1/4～1/3，起接种和调整水分的作用。

堆肥发酵罐：该设备为竖式发酵设备。发酵罐多为多段堆肥发酵，上下层分别占总体积的 2/3 和 1/3，罐中心设置竖向空心轴，并与各层管状搅拌齿相通，竖轴带动搅拌齿转动，并通过管状齿上的孔向物料送风充氧。物料由入口加入上层，边搅拌边送风，发酵 3 d 后，上层物料的 1/2 落入下层。上层再加新料与原余料混合发酵，落入下层的物料进一步发酵、消化、稳定，3 d 后出料，经干燥、粉碎过筛后，装袋出售。

堆肥发酵罐工作效率易受低温影响，必要时可送入 70～80℃的热风。在发酵初期，会产生部分臭气，可将排出气引入锯末池除臭。锯末池可设置在地上、地下或半地下，池深 1～1.5 m，池底需铺设排气管，池中装锯末并经常洒水保持潮湿，排出气由管上的孔喷出，臭气被湿锯末吸附、溶解，进而在微生物的作用下分解而起到除臭作用。

充氧动态发酵机和卧式发酵滚筒：这两种设备均为卧式发酵设备，特点是物料可被自上而下地抛撒，供氧更充分，效率更高，前者加菌种可在 12 h 内预发酵，后者可在 1～2 d 内预发酵。预发酵的粗堆肥经堆放一段时间达到稳定后，再进行干燥、粉碎过筛、装袋销售。充氧动态发酵机内设螺旋搅拌器，搅拌时将部分物料带至罐上部往下撒落，并由送风管充分供氧，同时物料被推向料口。达诺式发酵滚筒是卧式发酵滚筒的一种，由筒外壁齿轮箍带动滚筒转动，内部物料不断被带到筒上部向下撒落，同时送风管对物料充分供氧，在滚筒转动时，其中的螺旋板不断将物料推向出料口。

(2)粪便干燥处理系统　采用干燥处理系统的干燥方式有微波干燥、大棚发酵干燥、发酵罐干燥、烘干机烘干等多种方式。因投入设施的成本比较高，消耗的能源比较多，干燥处理方法在我国还较少采用。

3. 死猪的处理

在养猪生产中，由于疾病或其他原因会导致猪死亡，做好死猪处理是防止疾病流行的一项重要措施。对死猪的处理原则是：对因烈性传染病而死的猪必须进行焚烧火化处理；对其他伤病死的猪可用深埋法和高温分解法进行处理。

①深埋法　在小型养猪场或个体养猪户中，死猪数量少，对不是因为烈性传染

病而死的猪可以采用深埋法进行处理。具体做法是,在远离猪场的地方挖 2 m 以上的深坑,在坑底撒上一层生石灰,然后再放入死猪,在最上层死猪的上面再撒一层生石灰,最后用土埋实。

深埋法是传统的死猪处理方法。其优点是不需要专门的设备投资,简单易行;缺点是易造成环境污染。因此,采用深埋法处理死猪时,一定要选择远离水源、居民区的地方并且要在猪场的下风向,离猪场有一定的距离。

②高温分解法　一般用高温分解法处理死猪是在大型的高温高压蒸汽消毒机(湿化机)中进行的。高温高压的蒸汽使猪尸中的脂肪熔化,蛋白质凝固,同时杀灭病菌和病毒。分离出的脂肪作为工业原料,其他可作为肥料。这种方法投资大,适合于大型的养猪场,或大中型养猪场集中的地区及大中城市的卫生处理厂。

③焚烧法　焚烧法是在焚化炉中将猪尸焚烧,通过焚烧可将病死猪烧为灰烬。这种处理方法彻底消灭病菌,处理死猪迅速卫生。

焚化炉由内衬耐火材料的炉体、燃油燃烧器、鼓风机和除尘除臭装置等组成。除尘除臭装置可除去猪尸焚化过程中产生的灰尘和臭气,使得在死猪的处理过程中不会对环境造成污染。

4.猪场空气污染的治理

畜牧场的恶臭气体主要来自畜禽粪便、污水、垫料、饲料、尸体等的腐败分解。影响养殖场恶臭产生的主要因素是清粪方式、管理水平、粪便和污水的无害化处理程度。

(1)有害气体的控制　控制养殖场恶臭必须在消除恶臭源、控制其生产和散发、进行大气卫生防护等各个环节采取有效措施。

日粮设计与恶臭的控制,如配料的营养成分,日粮的配合,日粮粗蛋白质、粗纤维合理,饲料添加剂的应用。牧场设计与恶臭的控制,如生产工艺(主要是与畜舍粪便清除有关的饲养方式和清粪工艺)、场址选择、场地规划。

(2)粪便管理与恶臭的控制

掩蔽法和掩盖法:采用吸附性强的材料对固体粪便或污水做表面处理或混合处理。常用的覆盖材料有锯末、稻壳、泥炭、草末、米糠、麸皮和腐熟好的堆肥或污泥等。

脱臭装置:太阳能干燥棚、快速烘干机、高温堆肥发酵塔等粪便处理设施,在处理过程中产生的臭气,以及畜舍产生的臭气,凡可由排气管排除的,均可用除臭池除臭。

除臭剂:多为化学制剂或植物提取物,主要是 pH 值调节剂、氧化剂和杀菌剂。

生物学方法:用活菌剂和酶制剂,通过生化过程脱臭。

(3)猪场的除尘 一般有湿法除尘和机械除尘。湿法除尘包括采用喷嘴向扬尘点喷水促使粉尘凝聚从而减少扬尘的水力除尘和喷雾降尘等。机械除尘主要是借助于通风机和除尘器等捕集粉尘已达到除尘目的。机械除尘设备的基本要求是效率高、操作方便和成本低廉,常用除尘设备有空气过滤器和旋风除尘器等。

(三)特别提示:关于发酵床养猪的应用问题

发酵床养猪是近年在国内被推广应用的一种养殖形式。在猪舍养殖地面下挖深度 80 cm 以上,用 50%的锯末和 50%的稻壳(糠)混合后,接种驯化的复合活菌进行堆积发酵后再铺开形成垫料(厚度在 80 cm 及以上),然后在它上面放置猪进行养殖,猪只排放的粪便供垫料中的菌体分解利用。同时,在猪的饲料中添加同样的活菌制剂,以期改善猪的肠道微生态系统。

发酵床养猪的主要好处是:①无粪水排放,暂时不会造成环境污染;②发酵垫料产热,可以保证猪只在低温季节的保温需求;③如果管理得当,能够一定程度降低猪舍有害气体的产生。

发酵床养猪的不利之处主要是:①高温时期不适合在其上面养殖;②不能带猪消毒,不能很好地解决猪的肠道疾病及寄生虫问题;③垫料的不时翻动会给工人带来较大的劳动强度;④垫料使用到期后的处置问题(垫料含有重金属等问题,会有后续污染)。

在实践应用中,河南、重庆等地均有大型猪场将发酵床养猪改成主流养猪形式的案例。谨慎的建议是:发酵床养猪可在中、小型猪场的部分生产环节使用(如保育阶段),并做好设施配套。

第二节 品种的选用及引种

从 20 世纪初开始,10 多个国外品种相继引入我国,一些品种对我国的品种改良和养猪生产产生了很大影响。20 世纪 80 年代之后,我国开始大量引进杜洛克、大约克和长白猪等品种,用于经济杂交。一些国际著名猪育种公司的专门化品系及配套系如 PIC、迪卡和斯格猪等相继进入我国。早期引进的一些猪种由于已经不能适应时代的发展和市场的需求而逐步被淘汰,而这些新引进的瘦肉型猪品种对我国猪生产有着举足轻重的巨大影响,成为国内养猪业的当家品种。与中国地方猪种相比,引进品种在种质特性上有着生长速度快、饲料报酬高、屠宰率和胴体瘦肉率高的突出优点，但也有繁殖性能不高、抗逆性较差、肉质欠佳等方面的不足。

特别要提到的是为彻底改变国内种猪企业年年多家分头引进国外同类品种而造成大量外汇流失的局面，国家已从2010年启动国内瘦肉型猪本土化选育的中长期规划，首批遴选全国20家种猪场参与其中。不久的将来，中国的长白猪、大约克夏、杜洛克品种将出现在世人面前，真正体现与养猪大国相对应的种猪育种水平。

一、当今主要适用的猪品种

在国内肉食品消费市场的发展进程中，主流市场需求仍然是瘦肉型猪肉，这为规模化瘦肉型猪的饲养提供了稳定而又不断增长的市场需求。但也应该看到，本土化品种资源的利用进行猪肉生产在一些地方已有增长的态势。所以，不但要对引入的品种有较为全面的了解，还要对国内一些地方良种和一些培育品种有所认识。

(一)主要引入瘦肉型品种

1. 长白猪

长白猪原名兰德瑞斯。原产于丹麦，是世界上最著名的瘦肉型猪种之一，因其体躯特长，毛色全白，在中国通称为长白猪。目前世界上的许多国家都引入饲养，并结合本国自然经济条件进行选育，育成了适应本国的长白猪，如英国长白猪、德国长白猪、法国长白猪、荷兰长白猪等。我国引进的有丹麦、法国、瑞典、美国、加拿大等国品种。

(1)品种特征　长白猪全身被毛白色，头小肩轻，脸面平直，鼻嘴直长，耳大前倾。躯干较长，背部平直稍呈弓形。四肢较高，后躯的肌肉较发达，前窄后宽呈流线型，胸部有16～17对肋骨，乳头6对以上。各国培育的长白品系的体型外貌大同小异，但各有特点，如瑞典系长白猪体躯较粗壮；美系长白猪体躯较高，而后躯的肌肉不太丰满等。近10多年来新培育出的丹系长白、英系长白的共同特点是后躯肌肉更发达，背最长肌更粗，背中线呈一条凹沟，四肢较短。见图2.46。

(2)生产性能　长白猪繁殖性能较好，引入中国后产仔数有所增加，初产母猪产仔数可达10头以上，经产母猪产仔数一般在11～12头。在良好的饲养管理条件下，生长发育很快。农场大群测试公猪，育肥期日增重880 g，母猪840 g，胴体瘦肉率61.5%。新引入的长白猪品种，生产性能有了很大提高。公猪达到100 kg日龄只需152 d左右，母猪则需159 d左右；饲料报酬(2.8～3.0)∶1，瘦肉率在63%以上。

在2010年湖北省第十届种猪拍卖会上，国家武汉种猪测定中心提供的测定数据显示，测定期(30～100 kg)排名第一的长白种公猪校正日增重为1 011.8 g，校正膘厚9.9 mm，测定期饲料报酬为2.03∶1。同时期送测表现最好的种公猪校正

图 2.46 长白猪

日增重已达 1 121.6 g，送测表现最好的种公猪饲料报酬已达 1.92∶1。表明国内一些种猪场进行本土化选育已取得了可喜的成绩。

(3)引入及利用情况 我国于 1964 年首次引进长白猪。在引种初期，存在易发生皮肤病、四肢软弱、发情不明显、不易受胎等缺点；20 世纪 80 年代首次从原产国丹麦引进长白猪，以后我国各省又相继从加拿大、英国、法国、丹麦、瑞典、美国引入新的长白猪种。经多年驯化，这些缺点有所改善，适应性增强，性能接近或超过国外测定水平。长白猪作为第一父本进行二元杂交或三元杂交，效果显著。

2.大约克夏猪

大约克夏猪又叫大白猪，于 18 世纪在英国北部的约克郡及其邻近地区育成，是世界著名的瘦肉型猪种，是目前世界上分布最广的品种之一。大约克夏猪具有生长快、饲料利用率高、产仔较多、胴体瘦肉率高、肉色好、产仔多、适应性强等特点。因其既可以作母本，也可用作父本，且具有优良的种质特性，在欧洲被誉为“全能品种”。

(1)品种特征 大约克夏猪体格大，全身被毛白色，故称大白猪。体型匀称，耳直立，鼻直，头颈较长，脸微凹，体躯长，背腰微弓，四肢较长。引入我国后体型无明显变化，在饲养水平较低地区，体型变小或腹围增大。见图 2.47。

(2)生产性能 初产母猪产仔数 9.5～10.5 头，产活仔数 8.5 头以上；经产母猪产仔数 11～12 头。乳头 7 对以上，8 月龄开始配种。成年公猪体重 250～300 kg，成年母猪体重 230～250 kg。后备公猪 6 月龄体重可达 90～100 kg，母猪可达 85～95 kg。体重 25～90 kg 阶段，日增重 800～900 g，饲料报酬（2.6～2.8）∶1；达 100 kg 体重时日龄 156～164 d。体重 100 kg 屠宰时，屠宰率在 73%以上，胴体瘦肉率 64%～65%，肉质优良。

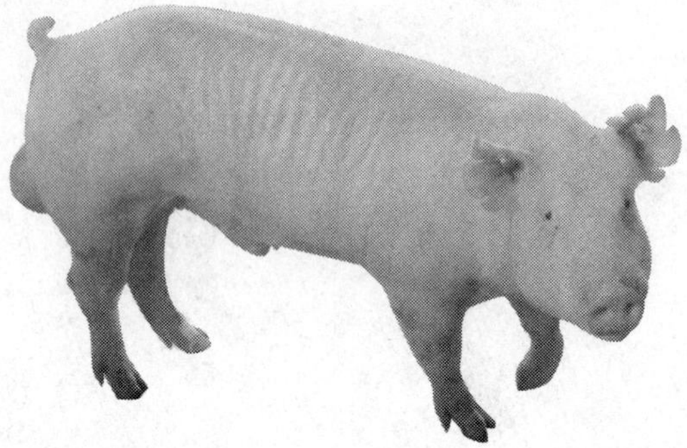

图 2.47 大约克夏猪

在 2010 年湖北省第十届种猪拍卖会上，国家武汉种猪测定中心提供的测定数据显示，测定期排名第一的大约克种公猪校正日增重为 981.3 g，校正膘厚 7.7 mm，测定期饲料报酬为 2.01∶1。同时期送测表现最好的种公猪校正日增重已达 1 023.2 g，测定期表现最好的种公猪饲料报酬已达 1.94∶1。

(3)引入及利用情况　大约克夏猪引入我国后，经过多年培育驯化，已有了较好的适应性。在杂交配套生产体系中主要用作母系，也可用作父系。大约克夏猪通常利用的杂交方式是杜×长×大或杜×大×长，即用长白公(母)猪与大约克夏母(公)猪交配生产，杂一代母猪再用杜洛克公猪(终端父本)杂交生产商品猪。这是目前世界上比较好的配合。我国用大约克夏猪作父本与本地猪进行二元杂交或三元杂交，效果也很好，可在我国绝大部分地区饲养。

3.杜洛克猪

杜洛克猪原产于美国东部的新泽西州和纽约州等地。原名为杜洛克-泽西，后简称杜洛克猪。是美国目前分布最广的品种，也是当今世界较为流行的品种之一。早期的杜洛克为皮薄、骨粗、体长、腿高、成熟迟的脂肪型品种，20 世纪 50 年代后，向瘦肉型方向发展，并逐渐达到目前的品种标准，成为世界著名的瘦肉型品种。杜洛克最大特点是，身体健壮、强悍，耐粗性能强，是一个极富生命力的品种。生长快，饲料利用率高。该品种的缺点是繁殖力不高，早期生长速度慢。

(1)品种特征　全身被毛呈枯草黄到棕红色，体躯高大，粗壮结实，全身肌肉丰满平滑，后躯肌肉特别发达。头较小，颜面微凹，鼻长直，耳中等大小，向前倾，耳尖稍弯曲；胸宽而深，背腰稍弓，腹线平直，四肢强健。见图 2.48。

(2)生产性能　杜洛克是生长发育最快的猪种，肥育期 90 kg 时最大日增重可达 920 g 以上，饲料报酬低于 2.8∶1。胴体瘦肉率在 65%以上，屠宰率为 75%。

图 2.48 杜洛克猪

成年公猪体重为 340～450 kg，母猪 300～390 kg。初产母猪产仔 9 头左右，经产母猪产仔 10 头左右，育成率高。杜洛克猪相对于其他引进猪品种体质更为强健，肌肉结实，尤其是腿和腰肉丰满。达到 100 kg 体重需 153～158 d。杜洛克猪比较耐粗饲，对饲料选择不严格，对环境的适应性较好，肉用品质较好。

在 2010 年湖北省第十届种猪拍卖会上，国家武汉种猪测定中心提供的测定数据显示，测定期排名第一的杜洛克种公猪校正日增重为 870.2 g，校正膘厚 7.5 mm，测定期饲料报酬为 2.01∶1。同时期送测表现最好的种公猪校正日增重已达 1 123.6 g，送测表现最好的种公猪饲料报酬已达 1.95∶1。

(3)引入及利用情况　我国从 20 世纪 70 年代后从英国引进瘦肉型杜洛克猪，以后陆续由加拿大、美国、匈牙利、加拿大、丹麦和中国台湾等国家和地区引入该猪，现已遍及全国。引入的杜洛克猪能较好地适应中国的条件，且具有增重快，饲料报酬高，胴体品质好、眼肌面积大、瘦肉率高等优点，已成为中国商品猪的主要杂交亲本之一，尤其是终端父本。但由于其繁殖力不高、早期生产速度慢、母猪泌乳量不高等缺点，故有些地区在与其他猪种进行二元杂交时，作父本不很受欢迎，而往往将其作为三元杂交中的终端父本。

4. 汉普夏猪

汉普夏猪属瘦肉型猪品种。原产英国南部，由美国选育而成。曾称为薄皮猪，1904 年统一名称为汉普夏猪。原属脂肪型品种，20 世纪 50 年代后逐渐向瘦肉型方向发展，成为世界著名的瘦肉型品种，广泛分布于世界各地。因其具有独特的毛色特征，在肩和前腿部为白色，其他部位为黑色，故有“银带猪”之称。

(1)品种特征　汉普夏猪体型大，毛色特征突出，全身主要为黑色，肩部到前肢有一条白带环绕,俗称白肩(带)猪。头大小适中,颜面直,耳向上直立,中躯较宽,背腰粗短,体躯紧凑,呈拱形。背最长肌和后躯肌肉发达。见图 2.49。

图 2.49 汉普夏猪

(2)生产性能 汉普夏猪繁殖力不高,产仔数一般在 9～10 头,但仔猪硕壮而均匀,母性好,体质强健。汉普夏公猪从 30～100 kg 日增重 845 g,料重比 2.53∶1。农场大群测试,公猪平均日增重 781 g,母猪平均日增重 731 g,胴体瘦肉率 60%以上。胴体性状很好,尤以胴体背膘薄、眼肌面积大、胴体瘦肉率高而著称。但肉质欠佳,肉色浅。

(3)引入及利用情况 我国于 20 世纪 70 年代后开始成批引入。由于其具有背膘薄、胴体瘦肉率高的特点,以其为父本,地方猪或培育品种为母本,开展二元或三元杂交,可获得较好的杂交效果。国外一般以汉普夏猪作为终端父本,以提高商品猪的胴体品质。

5.皮特兰猪

皮特兰猪原产于比利时的布拉帮特地区,育成历史较短,1950 年被确定为新品种,进行品种登记。1955 年首次引入法国北部地区,1960 年出口至德国,随后分布范围逐渐扩大。主要特点是瘦肉率高,后躯和双肩肌肉丰满。

(1)品种特征 皮特兰猪毛色呈灰白色并带有不规则的深黑色斑点,偶尔出现少量棕色毛。头部清秀,颜面平直,嘴大且直,双耳略微向前;体躯呈圆柱形,腹部平行于背部,肩部肌肉丰满,背直而宽大。见图 2.50。

(2)生产性能 皮特兰猪产仔数不多,但母猪母性好,不亚于我国地方品种;仔猪育成率较高,平均产仔数 10 头左右,产活仔数 9 头左右;断乳仔猪数 8.3 头。在较好的饲养条件下,皮特兰猪生长较快,6 月龄体重可达 90～100 kg,但 90 kg 后生长速度显著减缓。日增重 750 g 左右,料重比(2.5～2.6)∶1,屠宰率 76%,瘦肉

图 2.50 皮特兰猪

率可高达 70%。肉质欠佳，肌纤维较粗，氟烷敏感基因频率高，易发生猪应激综合征(PSS)，产生发白松软滴水肉(PSE 肉)。近年选育出的抗应激皮特兰，在适应性和肉质上都有大幅度改进。

(3)引入及利用情况　我国于 20 世纪 80 年代开始引进皮特兰猪，由于皮特兰猪产肉性能强，胴体瘦肉率很高，能显著提高杂交后代的胴体瘦肉率。但繁殖能力欠佳，故在经济杂交中多用做终端父本。

6. PIC 配套系

(1)配套系组成　PIC 配套系是以长白、大约克、杜洛克、皮特兰四大瘦肉型猪为基础，导入包括中国太湖猪在内的其他一些著名品种血统，选育形成 20 多个专门化品系后，进行最优化组合培育而成。其主要优点为：生长速度快，产仔多，成活率高，瘦肉率高，肉质细嫩，免疫力强，对环境适应性较好。

目前，国内引入繁育的有 PIC 曾祖代四个专门化品系，由父系 L64、母系 L11 及父系 L19、PIC 祖代母猪(由 L02 父系及母系 L03、L95 杂交而成)组成。L64 与 L11 杂交生成 PIC402 父母代公猪，L19 与 PIC 祖代母猪杂交生成 PIC 康贝尔母猪，PIC402 公猪与 PIC 康贝尔母猪杂交即生成 PIC 五系杂交商品猪。

(2)生产性能　父母代母猪初产活仔数平均为 11.3～11.7 头/胎，经产活仔数为 12.4～12.6 头/胎；商品猪育肥期 30～100 kg 阶段，日增重 900～1 150 g；出生到 90 kg 出栏平均为 155 d；育肥期料重比(2.5～2.6)：1；商品代育肥猪 90 kg 屠宰率为 73%～75%，胴体瘦肉率为 65%～68%。

7. 斯格配套系

(1)配套系组成　斯格猪配套系育种工作开始于 20 世纪 60 年代初，已有近 40 年的历史。他们一开始是从世界各地主要是欧美等国，先后引进 20 多个猪的优良品种或品系作为遗传材料，经过系统的测定、杂交、亲缘繁育和严格选择，分别育成了若干个专门化父系和母系。这些专门化品系作为核心群，进行继代选育和必要的血液引进、更新等，不断地提高各品系的性能。目前育成的4个专门化父系和3个专门化母系可供世界上不同地区选用。作为母系的12系、15系、36系3个纯系繁殖力高，配合力强，杂交后代品质均一。它们作为专门化母系已经稳定了近20年。作为父系的21系、23系、33系、43系则改变较大，其中21系产肉性能极佳，但因为含有纯合的氟烷敏感基因其利用受到限制。其他的3个父系都不含氟烷敏感基因，23系的产肉性能极佳；33系在保持了一定的产肉性能的同时，生长速度很快；43系则是根据对肉质有特殊要求的美洲市场选育成功的。目前我国主要引进23、33这两个父系和12、15、36这3个母系组成了五系配套的繁育体系，从而开始在我国繁育推广斯格瘦肉型配套系种猪和配套系杂交猪。

(2)生产性能　父母代母猪胎均产仔数为12.5～13.5头，一生产仔胎数可达6.8胎；育肥期25～100 kg阶段，平均日增重900 g；出生到100 kg出栏平均为150 d；育肥期料重比2.4∶1；商品代育肥猪100 kg屠宰率为75%～78%，胴体瘦肉率为66%～67.5%。

(二)国内可选用的培育品种

新中国成立以来，根据国民经济的发展和人民生活需要，有目的、有计划、有组织地进行了猪新品种的培育工作。特别是在20世纪70年代以后培育了一批具有较高生产性能、符合时代要求的品种，为当地的猪生产做出了积极贡献。

1.湖北白猪

湖北白猪是我国瘦肉型猪育种中具有标志性的一个成果。它是我国猪育成品种中产生经济效益和社会效益最明显的一个。

(1)产地与培育　湖北白猪是湖北省1986年育成的瘦肉型新品种，包括5个品系。原产于湖北省武昌地区，是以通城猪、荣昌猪、长白猪和大白猪为杂交亲本并以“大白猪×(长白猪×本地猪)”组合组建基础群选育而成。

(2)体型外貌　湖北白猪全身被毛白色，体格较大，具有较典型的瘦肉型猪体格。头稍轻、直长，两耳前倾或稍下垂，背腰平直，中躯较长，腹小，腿臀丰满，肢蹄结实；乳头7对。见图2.51。

(3)生产性能　成年公猪体重250～300 kg，母猪体重200～250 kg。该品种具有胴体瘦肉率高、肉质好、生长发育快、繁殖性能优良等特点。20～90 kg育肥期Ⅰ、Ⅱ、Ⅲ系平均日增重560～620 g，料重比(3.17～3.27)∶1；Ⅳ、Ⅴ系平均日增重622～690 g，料重比3.45∶1。胴体瘦肉率较高，90 kg屠宰胴体瘦肉率达60%左右。

湖北白猪适应性好，对高温、湿冷的耐受能力强，耐粗饲，与杜洛克猪具有很好的杂交效果，是生产商品瘦肉猪的优良母本。

图 2.51 湖北白猪

2.哈尔滨白猪

哈尔滨白猪是我国猪育种成型较早的育成品种之一。它的经济属性仍是兼用型(瘦肉率为 45%～55%)范畴,是我国地方品种的改进型品种。

(1)产地与培育 哈尔滨白猪简称哈白猪,产于黑龙江省南部和中部地区,以哈尔滨及其周围各县为中心产区,广泛分布于滨州、滨绥、滨北和特佳等铁路沿线。哈白猪是由民猪与约克夏、巴克夏杂交后形成杂种群进行选育,再引入苏白猪进行级进杂交后选育而形成。

(2)体型外貌 哈白猪体形较大,全身被毛白色,头中等大小,两耳直立,面部微凹;背腰平直,腹稍大但不下垂,腿臀丰满,四肢健壮,体质结实;乳头 7 对以上。见图 2.52。

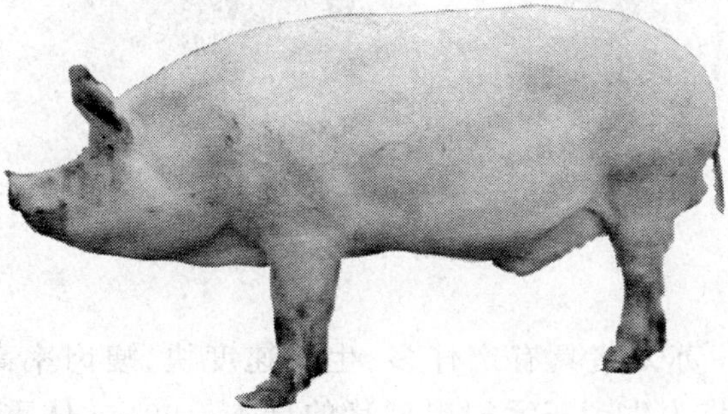

图 2.52 哈白猪

(3)生产性能 哈白猪成年体重,公猪 222 kg,体长 149 cm;母猪 176 kg,体长 139 cm。据对 380 窝初产母猪的统计,平均产仔数 9.4 头;1 000 窝经产母猪统计平均产仔 11.3 头。屠宰率 74%,膘厚 5 cm,眼肌面积 30.81 cm^2,后腿比例 26.45%;90 kg 屠宰胴体瘦肉率 45%以上。

哈白猪与民猪、三江白猪和东北花猪进行正反交，其杂种猪在肥育期的日增重和饲料转化率均呈现出较强的杂种优势，具有肥育速度较快，仔猪初生体重大，断乳体重高等优良特性。

3. 苏太猪

苏太猪是我国直接利用太湖猪作为遗传素材并导入瘦肉型猪血统来育成自主知识产权的瘦肉型品种，它对我国充分利用本土资源、提升经济价值有积极意义。

(1)产地与培育　苏太猪是由江苏省苏州市太湖猪育种中心以二花脸和枫泾猪为母本、杜洛克为父本，通过杂交选育而成。1999 年通过国家畜禽品种审定委员会审定。

(2)体型外貌　全身被毛黑色，耳中等大垂向前下方，头面有清晰皱纹，嘴中等长而直，四肢结实，背腰平直，腹小，后躯丰满，身体各部位发育良好，具有明显的瘦肉型猪特征。见图 2.53。

图 2.53　苏太猪

(3)生产性能　苏太猪具有产仔多、生长速度快、瘦肉率高、耐粗饲、肉质鲜美等优良特点，可作为生产三元瘦肉型猪的母本。90 kg 体重日龄为 178 d。屠宰率 73%，平均背膘厚 2.33 cm，胴体瘦肉率有 56%。母猪平均乳头 7 对以上。初产母猪平均产仔 11.68 头，经产母猪平均产仔 14.45 头，有一胎产 24 头的记录。以苏太猪为母本与大约克或长白公猪交配产生的苏太杂优猪，瘦肉率可达 60%，日增重 750 g 以上。可在我国大部分地区饲养，适宜规模猪场、专业户、农户饲养。

4.三江白猪

三江白猪是我国利用民猪血统并引入瘦肉型猪杂交选育而成,它基本上体现了瘦肉型猪的特征。但主要生产性能与引入品种有较大差距。

(1)产地与培育　三江白猪产于东北三江平原,是由民猪和来自英国、瑞典、法国的长白猪杂交选育而成的我国较早的一个瘦肉型猪品种。

(2)体型外貌　三江白猪被毛全白,毛丛稍密,头轻嘴直,耳下垂,背腰宽平,腿臀丰满;四肢粗壮,蹄质坚实;乳头 7 对,排列整齐。见图 2.54。

图 2.54　三江白猪

(3)生产性能　三江白猪继承了民猪亲本在繁殖性能上的优点,性成熟早,初情期约在 4 月龄,发情征状明显,配种受胎率高。初产母猪平均产仔 10.2 头,经产 12.4 头。6 月龄体重可达 84.6 kg,胴体瘦肉率 58%,特别适合于在寒冷地区饲养。在农场生产条件下饲养,表现出生长迅速、饲料消耗少、抗寒、胴体瘦肉多、肉质好等特点。

5.豫南黑猪

豫南黑猪是在对淮南猪群体继代选育的基础上,通过杂交育种,历时 23 年而育成的一个黑色瘦肉型猪新品种。2008 年 5 月 26 日经国家畜禽遗传资源委员会猪专业委员审定,符合国家猪新品种标准,2008 年 10 月 22 日农业部发布公告颁发新品种证书(农 01 新品种证字第 15 号)。

(1)产地与培育　豫南黑猪是以河南省地方优良品种淮南猪和美系杜洛克猪为基本育种材料,通过杂交选育而成。推广养殖区域主要在河南省信阳市的固始、新县、商城等地区。

(2)体型外貌　豫南黑猪体型中等,被毛黑色;头中等大小,颈短粗,嘴较长直,额部较宽有少量皱纹,耳中等大,耳尖下垂;背腰平直,腹稍大,腿臀丰满,肢蹄健壮结实。成年公猪体重 160 kg 以上,成年母猪体重 180 kg 以上。公猪睾丸发育良好,性欲旺盛。母猪乳房发育良好,乳头 7 对以上,排列整齐。见图 2.55。

图 2.55　豫南黑猪

(3)生产性能　豫南黑猪母猪 4～5 月龄有发情表现，体重达 80 kg 可初配。公猪 5 月龄性成熟，体重达 85 kg 可初配。后备公猪 180 日龄平均体重 89 kg，平均日增重0.58 kg；后备母猪 181 日龄体重 92 kg，平均日增重 0.59 kg。初产母猪平均窝产仔数 10.97 头，育成率 90%以上；经产母猪平均窝产仔 12 头，育成率 95%以上。

在中等营养水平下(前期 DE：12.98 MJ/kg，CP：16%；后期 DE：12.55 MJ/kg。CP：14%)，育肥期(30～90) kg，平均日增重 0.64 kg，料重比 2.94∶1。

育肥猪 90 kg 体重屠宰，平均屠宰率为 74.67%，胴体长 97.69 cm，眼肌面积 31.77 cm^2，胴体背膘厚 26.63 mm，后腿比例 31.07%，胴体瘦肉率 56.08%，肉色 3.44，pH 值 6.43，系水力 93.33%，肌内脂肪 4.11%。

豫南黑猪新品种保持了淮南猪繁殖力高、肉质好、耐粗饲、抗病性较好的优良特性，既适合集约化猪场饲养，也适合农村小规模饲养或散养；既适应高营养水平的饲养条件，也适应较低水平粗放饲养；在高营养水平条件下，能发挥其生产潜能，在低水平条件下也能表现出好的生产成绩。该品种对气候条件有较好的适应性，推广应用的范围比较广泛。

(三)一些非主流市场需求品种(部分优良地方品种)

目前，国内养猪业的主体是利用瘦肉型品种以生产猪肉来满足大众市场需求，规模化、高投入、高产出是其根本特征。但经济的发展及消费观念的变化，一些消费者已把目光放在绿色无抗(无抗生素)猪肉甚至是有机猪肉上。所以一些地方良种在当前高端猪肉生产中发挥着积极的作用。现根据一些地方良种的使用情况及现实作用，介绍一些影响较大、具有突出性能表现或特色的地方良种。

1. 太湖猪

太湖猪是中国乃至全世界上最有突出遗传种质特性的猪品种，它的超强繁殖性能被猪育种者所青睐。法国的大白猪、美国的猪配套系育种都成功导入太湖猪的血统，使猪的胎产仔数增加 1～3 头。实现了瘦肉型猪繁殖性能的突破。

(1)产地与分布　太湖猪产于长江下游的沿海沿江地区，共有 7 个类群。其中产于嘉定县的称"梅山猪"，产于松江县的称"枫泾猪"，产于嘉兴、平湖县的称"嘉兴黑猪"，产于武进和靖江县的称为"二花脸猪"。还有"横泾猪"、"米猪"、"沙乌头猪"。以上猪种因其有共同的来源，主要特征和特性也很类似，从 1974 年起统称"太湖猪"。

(2)体型外貌　体型中等，各类群间有差异。梅山猪较大，骨骼较粗壮，头大额宽，额部皱褶多、深，耳特大，近似三角形，软而下垂，耳尖齐或超过嘴角，形似大蒲扇；背腰宽平或微凹，腹大下垂；四肢稍高，卧系撒蹄，大腿欠丰满；全身被毛稀疏，腹部更少，被毛黑色或青灰色，梅山猪的四肢末端为白色，俗称"四白脚"，也有尾尖为白色的；后躯皮肤有皱褶，随着身体肥度的增强而逐渐消失。乳头一般 8～9 对。见图 2.56。

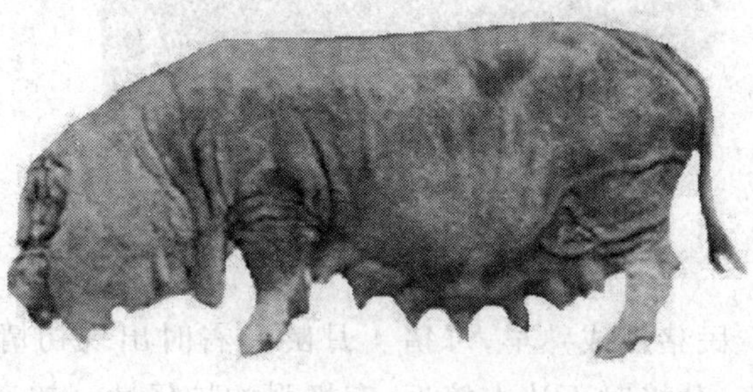

图 2.56　太湖猪

(3)生产性能　太湖猪以繁殖力高著称于世，是全世界已知猪品种中产仔数最高的一个品种，经产母猪每胎产仔 15 头左右，泌乳力高，母性好。成熟早，肉质好，性情温顺，易于管理。7～8 个月体重可达 75 kg，屠宰率 65%～70%，胴体瘦肉率 40%～45%。太湖猪分布范围广，数量多，品种内类群结构丰富，有广泛的遗传基础，肉色鲜红，肌肉内脂肪较多，肉质好。但纯种太湖猪肥育时生长速度慢，胴体中皮的比例高，瘦肉率偏低。今后应加强本品种选育，适当提高瘦肉率。进一步探索更好的杂交组合，在商品瘦肉猪生产中发挥更大的作用。

2.民猪

民猪是我国分布最广的地方优良品种，也是地方品种中体型较大、抗寒能力强的一个。在我国历史上的传统养猪进程中，民猪的饲养对北方尤其是年均气温较低地区的猪肉消费发挥了重要作用。

(1)产地与分布　原产于东北和华北部分地区，现分布于东北三省、华北及内蒙古地区。

(2)体型外貌　按体形大小及外貌特点可分为大(大民猪)、中(二民猪)、小(荷包猪)3种类型。体重150 kg以上的大型猪称大民猪，体重95 kg左右的中型猪称二民猪，体重65 kg左右的小型猪称荷包猪。目前的民猪多属于中型猪，头中等大，嘴鼻直长，额部有纵行皱纹，耳大下垂；体躯扁平，背腰狭窄稍凹，臀部倾斜，腹大下垂，四肢粗壮；被毛全黑，冬季密生绒毛，鬃毛发达，飞节侧面有少量皱褶；乳头7～8对。见图2.57。

图2.57　民猪

(3)生产性能　民猪性成熟早，母猪4月龄左右时出现初情期，母猪发情征状明显，配种受胎率高；分娩时不让人接近，有极强的护仔性。初产母猪产仔数11头左右，经产母猪13头左右。民猪有较好的耐粗饲性和抗寒能力，在较好的饲养条件下，8月龄体重可达90 kg，屠宰率为72%左右，胴体瘦肉率为46%左右。

民猪是我国东北和华北广大地区在寒冷条件下选育成的一个历史悠久的地方种猪。它具有繁殖力高、护仔性强、抗寒能力强、体质健壮、脂肪沉积能力强和肉质好的特点，与其他品种杂交均获得良好效果。新金猪、吉林省黑猪、哈白猪和三江白猪等都是用民猪和其他猪种杂交培育而成，但增重较慢，饲料转化率低，胴体脂肪率高。今后应继续加强本品种选育，进一步提高生长速度，提高胴体的瘦肉率。

3. 金华猪

金华猪是我国著名食品“金华火腿”的制作原材料，也可以说是金华猪成就了“金华火腿”。它代表了地方品种华中型猪的基本特征。

(1)产地与分布 金华猪原产于浙江省金华市的金华、东阳县的部分地区，主要分布于东阳、浦江、义乌、金华、永康、武义等县。

(2)体型外貌 体型中等偏小。额有皱纹，耳中等大、下垂，颈短粗，背微凹，腹大微下垂，臀较倾斜，四肢细短；毛色以中间白、两头黑为特征，即头颈和臀尾为黑皮黑毛，体躯中间为白皮白毛，在黑白交界处有黑皮白毛的“晕带”，因此又称“金华猪两头乌”或“两头乌”猪。乳头一般 8 对左右。金华猪按头型可分为寿字头型、老鼠头型和中间头型 3 种，现称大、中、小型。寿字头型体型稍大，额部皱纹较多较深，结构稍粗；老鼠头型个体较小，嘴筒窄长，额面较平滑，结构细致；中间型则介于两者之间，体型适中，头长短适中，额部有少量浅的皱纹，是目前产区饲养最广的一种类型。见图 2.58。

图 2.58 金华猪

(3)生产性能 金华猪繁殖力高，一般产仔 14 头左右，母性好，护仔性强，仔猪育成率高(94%)。在一般饲养条件下，肥育猪 8～9 月龄体重 63～76 kg，日增重 300 g 以上。体重 74 kg 时，屠宰率为 72%，胴体瘦肉率为 43%。金华猪具有性成熟早、繁殖力高、早熟易肥、屠宰率高、皮薄骨细、肉质细嫩、肥瘦比例恰当、瘦中夹肥、五花明显、适于腌制优质火腿等优点，著名的金华火腿就是由金华猪的大腿加工而成。但仔猪出生重较小，肥育猪在育肥后期生长较慢，饲料转化率较低，后腿欠丰满。今后，应按国家标准总局发的《金华猪标准》进行本品种选育，注意保存和提高该品种的优点，特别是与腌制优质火腿有关的肉质性状。同时，在产区建立杂交繁育体系，有计划地推广较优良的杂交组合，适当提高肥育猪的瘦肉率。

4. 香猪

香猪是我国西南地区存留的一个小型猪品种，由于其肉质的香、嫩而得名。香猪是作为烤猪的不可多得的原材料，但其生产性能不高。

(1)产地与分布　香猪的中心产区在贵州省从江县、三都县与广西环江县等，主要分布在黔、桂两省(区)接壤的榕江、荔波、融水及雷山、丹寨等县。

(2)体型外貌　体躯矮小，毛色多全黑，有“六白”或“六白”不全的特征。头较直，耳小而薄，略向两侧平伸或稍下垂，身躯短，背腰宽微凹，腹大丰圆垂下，后躯较丰满，四肢短细。乳头5～6对。见图2.59。

图2.59　香猪

(3)生产性能　香猪6月龄体高40 cm左右，体长60～75 cm，体重20～30 kg，相当于同龄大型猪的1/5～1/4，平均日增重仅120～150 g。成年公猪体重为37.4 kg，母猪体重为40.0 kg。母猪平均产仔数为4.5～5.7头。38.9 kg育肥猪屠宰率为65.7%，胴体瘦肉率为46.75%。体重达30～40 kg时为适宜屠宰期。

香猪早熟易肥，皮薄骨细，肉质鲜嫩，哺乳仔猪与断乳仔猪肉味香，无乳腥味与其他异味，加工成烤猪、腊肉，别具风味与特色。香猪是我国向微型猪方向发展，用作乳猪生产很有前途的猪种与宝贵基因库。

5. 荣昌猪

荣昌猪是我国地方良种西南型的典型代表，具有脂用型的基本特征。适应性好、耐粗饲等优点深受传统养殖户的喜爱。

(1)产地与分布　荣昌猪主产于四川荣昌和隆昌两县，后扩大到永川、泸县、泸州、合江、纳溪、大足、铜梁、江津、璧山、宜宾及重庆等10余县、市。

(2)体型外貌　荣昌猪体型较大，被毛除两眼周围或头部有大小不等的黑斑外，均为白色，是我国地方猪种中少有的白色猪种之一。荣昌猪头大小适中，面微凹，耳中等大、下垂，额面皱纹横行，有漩毛，体躯较长，发育匀称，背腰微凹，腹大而深，臀部稍倾斜，四肢细致，结实，鬃毛洁白、刚韧。乳头6～7对。见图2.60。

图2.60　荣昌猪

(3)生产性能　荣昌猪日增重313 g，以7～8月龄体重80 kg左右出栏为宜，屠宰率为69%，胴体瘦肉率42%～46%。荣昌猪肌肉呈鲜红或深红色，大理石纹清晰，分布较匀，初产母猪产仔数6.7头，经产母猪产仔数为10.2头。荣昌猪以其适应性强、杂交效果好、遗传性能稳定、胴体瘦肉率较高、肉质优良、鬃白质好等优良特性而驰名中外。1957年，荣昌猪被载入英国出版的《世界家畜品种及名种辞典》，成为国际公认的宝贵猪种资源。经全国家畜禽遗传资源管理委员会评审，荣昌猪以其"瘦肉率高、白色、特定遗传性状"，农业部在"七五"规划中把荣昌猪列为国家级重点保护的优良地方猪种。

除上述一些地方良种外，像山东的莱芜猪、河南的淮南猪、湖北的通城猪和清平猪、云南的撒坝猪等都在区域性的养殖生产中发挥作用。

(四)杂交利用

杂交是指不同品种、品系或类群间的交配。杂交所产生的后代称为杂种。杂种个体通常会表现出生活力和生殖力较强，生产性能较高，性状表型均值超过亲本均值，这种现象称为杂种优势。杂交的目的，就是为了加速品种的改良和利用杂种优势，在短时间内生产出高性能的商品育肥猪。杂交已成为现代化养猪生产的重要手段，对提高猪的生产性能及经济效益具有十分重要的作用。在养猪生产中常用的经济杂交模式有以下几种：

1. 二元杂交

二元杂交是利用两个品种或品系进行一次杂交，其杂种一代全部作为商品肉猪。这是最为简单的一种杂交方式，且收效迅速，只要购进父本品种即可杂交。一般要求父本和母本来自不同的具有遗传互补性的两个群体。在我国一般以地方品种或培育品种为母本，以引入猪种作父本。这种杂交方式的缺点是仅利用了生长肥育性能的杂种优势，而杂种一代被直接育肥，没有利用繁殖性能的杂种优势。见图 2.61。

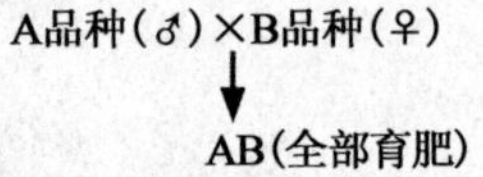

图 2.61　二元杂交示意图

2. 三元杂交

三元杂交又称三品种杂交，是由 3 个品种(系)参加的杂交。生产上多采用两品种杂交的杂种一代母猪作母本，再与第 3 品种的公猪交配，后代全部作商品猪育肥。三元杂交在现代养猪业中具有重要意义，其优点在于既能获得最大的个体杂种优势，也能获得效果十分显著的母体杂种优势。同时遗传基础比较广泛，可以利用 3 个品种(系)的基因互补效应。缺点是需要饲养 3 个纯种(系)，进行两次配合力测定。见图 2.62。

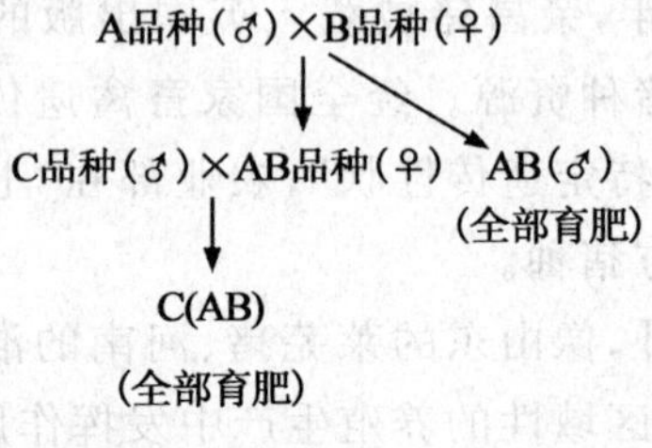

图 2.62　三元杂交示意图

3. 四元杂交

四元杂交又称四品种杂交或配套系杂交，采用 4 个品种(系)，先分别进行两两杂交，在后代中分别选出优良杂种父本、母本，再杂交获得四元杂种的商品育肥猪。由于父、母本都是杂种，所以双杂交能充分利用个体母本和父本杂种优势。另外，四元杂交又比三元杂交能使商品代猪有更丰富的遗传基础，同时还有发现和培育出“新品系”的可能。20 世纪 80 年代以来，由于四元杂交日益显示出优越性而被广泛利用。见图 2.63。

A品种(♂)×B品种(♀)　　C品种(♂)×D品种(♀)

↓　　　　↓

AB(♂)　×　CD(♀)

↓

ABCD(全部育肥)

图 2.63　双杂交示意图

4. 轮回杂交

最常用的有两品种轮回杂交和三品种轮回杂交。这种杂交方式是利用杂交过程中的部分杂种母猪作种用,参加下一次杂交,每一代轮换使用组成亲本的各品种的公猪。采用这种方式的优点是可以不从其他猪群引进纯种母本,又可以减少疫病传染的风险,也能充分利用杂种母猪的母体杂种优势,同时减少公猪的用量。缺点是不能利用父本的杂种优势和不能充分利用个体杂种优势;遗传基础不广泛,互补效应有限。另外,为避免各代杂种在生产性能上出现忽高忽低现象,参与轮回杂交的品种要求在生产性能上相似或接近。见图 2.64。

A品种(♂)×B品种(♀)

↓

B品种(♂)×AB品种(♀)

↓

A品种(♂)×AB品种(♀)

↓

B品种(♂)×AB品种(♀)

图 2.64　轮回杂交示意图

二、选种及引种

选种是猪育种及引种工作中必须面对的实际问题。作为种猪公司所进行的多体系的选种方法这里不再重复,在此只把生产实践中使用广泛的实用选择法做针对性的介绍。

(一)种猪的选定

对于大多数养猪业者而言,如何引进合格的种猪非常重要。除确保引种生物安全、加强检疫监控手段外,挑选高种质性能的个体是最高目标。

1.种公猪的选择

(1)品种来源　应选择来自种猪场、有档案记录,经过选育的生长速度快、饲料利用率高的优良纯种或杂种公猪,符合本品种的特征。

(2)生产性能　要求生长快,一般瘦肉型公猪体重达 100 kg 的日龄在 170 d 以下;耗料省,生长育肥期每千克增重的耗料量在 2.8 kg 以下;背膘薄,100 kg 体重测量时,倒数第 3 到第 4 肋骨、离背中线 6 cm 处的超声波背膘厚在 15 mm 以下。注意猪的生长速度、饲料利用率和背膘厚度因品种不同有一定差异,选种时根据该品种的具体标准而定不可一概而论。

(3)结实程度及体型外貌　要求肌肉丰满,骨骼粗壮,四肢有力,体质强健,肩部和臀部发达;头和颈较轻细,占身体的比例小,胸宽深,背宽平,体躯要长,腹部平直;要求生殖器官发育正常,睾丸发育良好,两侧对称一致,无单睾、隐睾或疝气,有缺陷的公猪要淘汰;对公猪精液的品质进行检查,精液质量优良,性欲良好,配种能力强。

(4)乳房发育　乳头应达到 7 对以上,乳头排列整齐、均匀,发育正常。应注意有没有影响繁殖的传染性疾病,如伪狂犬病、日本乙型脑炎、细小病毒病、繁殖和呼吸综合征等。

2.种母猪的选择

(1)品种来源　应选择来自种猪场、有档案记录,经过选育的纯种或杂种母猪,符合本品种的特征。

(2)乳房发育及体型外貌　乳房和乳头是母猪的重要特征表现,除要求具有该品种所应有的乳头数外(一般 7 对以上),还要求乳头排列整齐,有一定间距,分布均匀,无瞎、扣状和内翻乳头。外生殖器正常,阴户发育不良、偏小或阴户上翘往往是内生殖器官发育不良的表现,像这样的个体不能选留,并且要求体躯有一定深度。该母猪应产仔数多,泌乳力强,母性好;所生仔猪生长快、发育好、均匀整齐、无遗传缺陷。后备种猪在 6～8 月龄时配种,要求发情明显,易受孕。淘汰那些发情迟缓、久配不孕或有繁殖障碍的母猪。当母猪有繁殖成绩后,要重点选留那些产仔数高、泌乳力强、母性好、仔猪育成多的种母猪。根据实际情况,淘汰繁殖性能表现不良的母猪。

(3)结实程度　体型良好,头颈轻巧清秀,身躯长,后躯宽大丰满,肢蹄强壮。因为很多后备母猪要长时间站立,在配种时要支撑公猪的体重。具有典型的雌性特征。

(4)生产性能　可参照公猪的方法,但指标要求可适当降低,可以不测定饲料转化率,只测定生长速度和背膘厚。

3.后备种猪的选择

真正的种猪选择过程，不是一锤定音，一般要经过以下4个阶段的选择，最终才能进入基本生产猪群。

(1)断乳阶段选择 第一次挑选(初选)，可在仔猪断乳时进行。

挑选的重点：一是放在窝选和仔猪的个体选择上，但以窝选为主，它可以把父母双方都好的小猪选出来，被选留猪外貌较易趋向一致。二是把握好生产性能与外貌的关系，应以生产性能为主。

挑选的标准：选留的仔猪必须来自母猪产仔数较高的窝中，符合本品种的外形标准，生长发育好，体重较大，皮毛光亮，背部宽长，四肢结实有力，有效乳头数在7对以上。没有遗传缺陷，没有瞎乳头，公猪睾丸良好。

选留的数量：一般来说，初选数量为最终预定留种数量公猪的10～20倍，母猪5～10倍，以便后面能有较高的选留机会。

(2)测定结束阶段选择 第二次挑选(主选阶段)，可结合猪的性能测定进行。

猪的性能测定一般在5～6月龄结束，这时个体的重要生产性状(除繁殖性能外)都已基本表现出来。因此，这一阶段是选种的关键时期，应作为主选阶段。

选留方法：①根据性能测定选留。按照生长速度和活体背膘厚等生产性状构成的综合育种值指数进行选留或淘汰。②根据体型选留。凡体质衰弱、肢蹄存在明显疾患、有内翻乳头、体型有严重损征、外阴部特别小、同窝出现遗传缺陷者，可先行淘汰。要对公、母猪的乳头缺陷和肢蹄结实度进行普查。

选留数量：该阶段的选留数量可比最终留种数量多15%～20%。

(3)母猪配种和繁殖阶段选择 该时期选择主要目的是选留繁殖性能优良的个体。

淘汰不良个体选择方法：①后备母猪至7月龄后毫无发情征兆者；②在一个发情期内连续配种3次未受胎者；③断乳后2～3个月无发情征兆者；④母性太差者；⑤产仔数过少者。

(4)终选阶段选择 当母猪有了第二胎繁殖记录时可作出最终选择。选择的主要依据是种猪的繁殖性能。这时可根据本身、同胞和祖先的综合信息判断是否留种。同时，此时已有后裔生长和胴体性能的成绩，亦可对公猪的种用遗传性能作出评估。

(二)引种注意事项

引种是一项非常严谨的工作。引种者必须准备充分，科学对待每个环节。在了解及考察不同种猪场的基础上，综合各方信息选定种猪场并确定引入的品种类型及数量，提前向种猪场下订单(或签合同)，并大体约定引种时间。

1. 准备工作要充分

(1)猪场应准备好种猪隔离舍,饲喂功能齐全,面积充裕。做好消毒处理待用,同时预备种猪入场必须免疫的疫苗(猪瘟、口蹄疫等)及补液盐等。

(2)准备好运输工具,以单层运输为佳。配备分隔笼,每笼不超过 6 头,仔细消毒备用。为防止猪的肢蹄损伤,可在笼底铺垫麻袋片等柔性垫料。

(3)确定运输日期及具体运输时段(根据天气预报择日安排)。冬季选在天晴日、夏季安排在晚上或阴天进行,并携带遮盖用品。

(4)及时与种猪场沟通,约定到场选猪时间,要求种猪场准备好相关血统资料(二元母猪及终端父本无需准备)、近期猪群监测资料(即免除病原佐证资料)。

(5)规划好行车路线,尽量选择平坦道路或高速公路。

2. 到场选定种猪

(1)选猪时精力应集中,头脑清醒,否则会造成把关不严、看走眼的事情发生。

(2)在获得相关种群系谱资料的前提下,要在光线充足的时候对种猪进行挑选,注意动和静的观察,关注猪的神情及外表特征。选定后记住耳牌号(耳号)或涂色分离。

(3)为保证所选种猪的质量,应要求种猪场尽量多展示能够售卖的猪群,选择群体大时,挑选合格种猪的几率就比较大。

(4)选定的种猪在装车前应做好消毒处理,饲喂不要过饱,在饮水中添加维生素 C 及维生素 E 等保健品,能够有效增强种猪在路途的抵抗力。

(5)为保证种猪的顺利过渡,可随车顺带适量的原场饲喂日粮,以备到场过渡期使用,达到减少应激的目的。

(6)到县级动检部门开具种猪运输检疫证明手续三项(出境检疫证明、运输工具消毒证明、口蹄疫非疫区证明)后方可上路(注意:为避免对种猪的伤害,产地耳标不要打,可戴上)。

3. 种猪的运输

(1)种猪装车时做到小心、谨慎,不能造成肢蹄损伤或其他外伤。

(2)在冬季运输时,车厢四周做好挡风、防寒围护,不让寒风吹袭猪体;若在夏天白日运输时,在车厢顶部加防晒网,防止太阳的热辐射伤及猪体。

(3)路途运输时,车速在 80 km/h 左右即可。尽量做到不要急刹车或快速起步,以防猛烈碰撞伤及猪体。

(4)路途行程 2 h 左右进服务区停车检查,查看猪群状况及设施完好情况。在夏季应向车厢洒水降温或给猪补水。

4. 种猪入场隔离及驯养

(1)猪车入场前应全面消毒。

(2)猪卸车时,经过旅途颠簸的种猪很惶恐,不要粗暴驱赶,以免造成更大的应激。

(3)猪在入圈时应就猪瘟等一些重大疫病进行免疫处置,或与种猪场沟通后做相应免疫处置。

(4)入圈后的种猪先用补液盐或葡萄糖水补充体液,不要马上喂饲。待饮水结束后再将带来的原场日粮给猪喂饲,喂饲量有六成左右就可以了,2 d 后再恢复到自由采食;经过 3 d 的饲料过渡,逐渐改喂本场饲料。

(5)加强对猪群的观察,发现采食不积极、神情异常的猪要及时对症治疗。

(6)注意对猪的调教,强化管理,建立猪群有序的活动秩序。

(7)经过 1 个月左右的隔离驯养后,再将没有问题的种猪转入后备猪舍。需要继续隔离的猪仍留存喂养。

第三节 猪场的饲料供应

目前,一些集团公司及大型养猪企业已实现饲料配套生产并给猪场提供全价饲料,达到专业分工明确的水准;而一些规模不等的猪场为减少麻烦、控制饲料品质风险开始选用饲料生产商提供的全价饲料(今后有成为趋势化选择的可能),但更多的猪场仍是采购部分全价料(乳猪料)及预混料进行自行加工成全价料。

一、使用适当类型的配合饲料

按照配合饲料所含的营养成分,可将配合饲料分成全价配合饲料、浓缩料、添加剂混合料等类型。规模化猪场由于现有加工设备和技术力量的不同,有些猪场从市场购入全价料,也有的从市场上选购预混料或浓缩料,再配以本场自行加工的能量饲料和蛋白饲料。自配料养猪企业期望通过自己采购原料、配方设计及加工来获得饲料生产环节的利润,进而扩大自己的盈利空间。究竟哪种方式能够给自己带来最好的经济效益,猪场应综合考虑外购料的特点和审视自己的条件进行合理的判断。猪用配合饲料的类型及成分见表 2.12。

表 2.12 猪用配合饲料的类型及成分

组分	全价料	浓缩料	3%～4%预混料	1%预混料	微量元素预混料	维生素预混料
能量饲料	√	—	—	—	—	—
蛋白质饲料	√	√	—	—	—	—
钙磷、食盐	√	√	√	—	—	—
维生素	√	√	√	√	—	—
微量元素	√	√	√	√	—	√
氨基酸	√	√	√	√	√	—
药物	√	√	√	√	—	—
其他	√	√	√	√	—	—

(一)综合考虑外购料的特点

1. 正确认识全价料

选用全价料优点是使用方便,能够解决部分养殖户原料短缺不易采购的麻烦。但是"自购原料贵,买全价料便宜"的说法从商业角度是很难说得通的。饲料企业主要通过选择非常用原料替代常规原料来降低成本,但非常规原料一般来说营养价值相对比较低。

2. 正确认识浓缩料

使用浓缩饲料可以减少养殖户采购蛋白质饲料的麻烦。

浓缩料是一种通用料。表 2.13 是某饲料公司提供的小猪、中猪、大猪通用浓缩料使用配方。按照推荐的比例配成各阶段猪的全价料后,满足需要量是有一定误差的,是近似的满足,不能很好地适应精细化饲养的需要。与用预混料调配全价饲料相比,全价性相对差些。

表 2.13 小猪、中猪、大猪通用浓缩料使用推荐配方

适用阶段	配合比例/%		
	浓缩料	玉米	麸皮
15～30 kg	25	63	12
30～60 kg	20	65	15
60 kg 至出栏	15	67	18

标识含量与内在质量可能具有较大的误差。某饲料公司提供的生长育肥猪浓缩料产品成分保证值如表 2.14 所示。

表 2.14　某浓缩料产品成分分析保证值　%

编号	粗蛋白质	粗纤维	粗灰分	钙	总磷	水分	食盐	赖氨酸
Ⅰ	≥42.0	≤15.0	≤24.0	2.5～4.5	≥1.0	≤14.0	1.5～3.0	≥3.2
Ⅱ	≥40.0	≤15.0	≤24.0	2.5～4.5	≥1.0	≤14.0	1.5～3.0	≥3.0
Ⅲ	≥38.0	≤15.0	≤24.0	2.5～4.5	≥1.0	≤14.0	1.5～3.0	≥2.6

仅凭蛋白质含量保证值不能确定或判断其内在质量的优劣，因为蛋白质原料的组成很关键，蛋白质饲料的营养价值存在很大的差异(表 2.15)。浓缩料常使用杂粕等非常规蛋白质饲料原料，而杂粕的消化率远低于豆粕和鱼粉。

表 2.15　主要蛋白质饲料的营养指标

原料	消化能/(MJ/kg)	粗蛋白/%	赖氨酸含量/%	赖氨酸消化率/%	蛋氨酸含量/%	蛋氨酸消化率/%
豆粕	14.26	44	2.66	91	0.62	92
棉粕	9.41	43.5	1.97	68	0.58	74
菜粕	10.59	38.6	1.3	75	0.63	86
花生粕	12.89	44.7	1.32	87	0.39	88
鱼粉	12.97	62.5	5.12	93	1.66	94
肉粉	11.30	54	3.07	77	0.8	84

3. 生长育肥猪采用全价颗粒料的优势

用户使用方便。全价饲料制粒过程经过 85℃高温制粒，熟化程度高，有利于动物消化吸收，产生糊香的味道，所以采食量高，而且生长育肥猪饲喂完全颗粒会使日增重提高 2%～5%，饲料效率改善 5%～10%。

对疾病方面的控制应比粉料好。全价饲料经过熟化微粉、高温灭菌，一般的细菌都被杀死，而且解决了玉米的霉变问题。此外，颗粒料不会像粉料那样容易被风吹走，颗粒料粉尘少，减少猪呼吸道疾病。

生长育肥猪采用全价颗粒料可以减少浪费。

毫无疑问，外购全价颗粒料会增加成本，应进行综合效益的评判。

(二)自配料应审视自己的条件进行合理的判断

1. 目前猪场的一般选择

养猪场使用何种类型的配合饲料，要根据养猪场规模大小、经济条件和技术条件等来确定。一般来说，购买全价配合饲料养猪成本高，除哺乳仔猪补料外，一般养猪场不购买全价颗粒料养猪；其次是使用浓缩料；再次是使用预混料。

2. 自用量

自用量决定采购量，采购量大则价格低。

3. 养猪场的技术力量

检测原料质量的技术水平：养猪场应具有通过肉眼和化验室的严格化验辨别劣质饲料的能力，如豆粕的蛋白实际含量可能与标识含量存在较大差异，甚至有极少数原料供应商，有意或无意挑选一些超水分或发霉变质的玉米打粉或掺低价值的原料，如麸皮掺石粉、沸石粉、统糠等。

专业的营养知识和专门的饲料配方设计能力：不懂动物营养学等方面的知识和相关的营养标准，又缺乏必要的调制检验设备，将导致所配制的饲料与猪的营养需要不相符。

饲料加工工艺：饲料加工要经过原料粉碎、配料、混合、膨化、液体添加等工艺流程，每个步骤均需专门的设备。高性能的常压液体喷涂设备、真空喷涂设备是液体饲料添加的技术保证，膨化和制粒需要专门的设备。此外饲料加工涉及饲料交叉污染的控制、清洁卫生饲料质量控制，因此需要采用无残留的运输设备、料仓、加工设备和正确的清理、排序、冲洗等技术和独立的生产线等来满足日益高涨的饲料安全卫生要求。

二、猪场饲料供应计划的编制

做好饲料供应计划是保障饲料供应的前提，是养猪生产均衡发展的需要。

(一)全价饲料消耗指标

全价饲料消耗指标是根据猪的品种和营养需要以及饲养管理环境条件总结出来的，适宜目前瘦肉型猪的喂料，推荐量见表2.16 。

表 2.16 瘦肉型良种猪用料类别及用量推荐表

猪只类别		体重或日龄	料别	日均给料量/(kg/头)	日喂次数
种公猪		125 kg 以上	公猪料	非交配期 2.5 交配期 3	2
种母猪	怀孕阶段	1～21 d	妊娠料	1.6～1.8	2
		22～84 d	妊娠料	2～2.2	2
		85～111 d	后期妊娠料或哺乳料	2.5～3.5	2
		112 d	后期妊娠料或哺乳料	1.8～2.2	2
		113 d	后期妊娠料或哺乳料	1.2～1.7	2
		114 d	后期妊娠料或哺乳料	0.8～1.2	2
	哺乳阶段	产仔当天		停料	
		第 2 天	哺乳料	1	3
		第 3 天	哺乳料	1.5	3
		第 4 天	哺乳料	2	3
		第 5 天	哺乳料	自由采食	3
		第 6 天	哺乳料	自由采食	3
		第 7 天	哺乳料	自由采食	3
		第 8 天至断乳	哺乳料	自由采食	3
	空怀待配阶段	断乳至干乳	哺乳料	1.8～2	2
		干乳至发情	哺乳料	2.5～3	3
哺乳仔猪		断乳前	乳猪料	自由采食	5～7
保育生长肥育猪		断乳至 15 kg 体重	乳猪料	自由采食	4～7 或自动下料
		15～30 kg 体重	小猪料	自由采食	3～4 或自动下料
		30～70 kg 体重	中猪料	自由采食	2～3 或自动下料
		80～100 kg	大猪料	2.5～3	2～3
后备公猪		75 kg 前后	用生长肥育猪料饲喂	2	2
后备母猪		75 kg 前后	用生长肥育猪料饲喂	2.5	2

注:有条件的猪场后备公母猪应使用专门配制的后备猪饲料,尤其是 75 kg 以后阶段的后备种猪,应减少促生长添加剂的使用,维生素应选用种猪用多维。

(二)饲料供应计划编制

1. 全价日粮需求量

根据全价饲料消耗指标和各类猪的存栏量,可以计算各类猪的饲料需求量。计算公式:全价日粮需求量=猪群头数×日粮定额×饲养天数,计算出各类猪群的每天、每周、每季(计13周)、每年(计52周)的饲料需要量,并填入表2.17中。

表2.17 万头商品猪场全价日粮需要量计算结果 kg

猪群	饲粮需要量			
	每天	每周	每季	全年
种公猪				
后备公猪				
青年母猪				
空怀配种母猪				
妊娠前期母猪				
妊娠后期母猪				
哺乳期母猪				
哺乳期仔猪				
断乳保育仔猪				
生长猪				
育肥猪				

2. 全价日粮供应量

根据计算结果,按饲料损耗率0.5%计,安排各种全价日粮供应量计划,并填入表2.18。

表2.18 全价日粮损耗量与供应量 kg

猪群	日均用量	日供应量	周需要量	周供应量
种公猪				
后备公猪				
青年母猪				
空怀配种母猪				
妊娠前期母猪				
妊娠后期母猪				
哺乳期母猪				
哺乳期仔猪				
断乳保育仔猪				
生长猪				
育肥猪				

3. 各类的饲料和原料采购量的计算

明确猪场采用配合饲料的类型是确定采购何种饲料和原料及数量的前提。按照配合饲料所含的营养成分，可将配合饲料分成全价配合饲料、浓缩料、添加剂混合料等类型。规模化猪场由于现有加工设备和技术力量的不同，有些猪场养猪饲料全部从市场购入全价料，也有的从市场上选购预混料或浓缩料，再配以本场自行加工的能量饲料和蛋白饲料。

如果购买全价配合饲料，根据全价日粮供应量即可。如果使用浓缩料，则根据浓缩料在全价料中的使用方法计算出浓缩料采购量及能量饲料。如果使用预混料要根据全价料供应量、饲料配方中各种原料的使用比例，计算各类饲料中玉米、大豆粕、麸皮等大宗原料及食盐、钙磷饲料和预混料的用量，然后将各类饲料中同类原料合并，即为该类原料的采购量（表 2.19）。

表 2.19 各类的饲料和原料采购计划

猪群	全价料供应量/kg	配方中玉米比例/%	玉米使用量/kg	配方中豆粕比例/%	豆粕使用量/kg
种公猪					
后备公猪					
青年母猪					
空怀配种母猪					
妊娠前期母猪					
妊娠后期母猪					
哺乳期母猪					
哺乳期仔猪					
断乳保育仔猪					
生长猪					
育肥猪					
合计					

三、饲料原料的采购与储藏

（一）主要饲料原料的营养价值、采购要点及使用注意事项

1. 玉米

（1）营养价值　能量高，且主要是淀粉，粗纤维少（2.0%），消化率高；粗蛋白含量低（7.2%～8.9%）且品质差，赖氨酸、色氨酸、蛋氨酸含量低；含有较高脂肪

(3.5%～4.5%)，亚油酸含量在2%左右，是谷物类饲料最高者，若玉米占日粮50%的比例，可满足畜禽亚油酸的需要量；黄玉米含有胡萝卜素和叶黄素，也是维生素E的良好来源，B组维生素中除硫胺素含量丰富外，其他维生素含量很低，不含维生素D；钙含量低，磷含量虽然高，大部分以植酸磷的形式存在，对猪利用率低。

(2)采购要点　颗粒饱满均匀，金黄色。无杂质、霉变、异味、黑头。水分≤13.0%，容重大于680 g以上。关注玉米的霉变情况(黄曲霉毒素<50 μg/kg)。不同来源和不同储藏时间的玉米质量差异很大。不同来源的玉米代谢能的含量变异达2 090 kJ/kg，粗蛋白变异在6.7%～8.7%。储藏5个月与储存2个月的玉米相比，粗蛋白降低0.6%，淀粉和油的含量也有降低趋势。

(3)使用注意事项　粉碎后的玉米不宜久贮，1周内喂完为好。禁止饲喂霉变玉米，注意去毒。黄曲霉毒素损害猪的免疫免疫系统，具有致癌作用。赤霉烯酮可使卵巢病变，抑制发情，减少产仔数，初产母猪流产，公猪性欲降低。生长育肥猪不宜过量使用，否则会出现软脂。一般用量60%左右。

2. 小麦

(1)小麦替代玉米的优点　一是小麦的蛋白质和氨基酸含量高，蛋白质品质优于玉米，可以节省蛋白质原料的费用；二是小麦的非植酸磷含量高(小麦0.21%，玉米0.1%)，可以减少磷酸氢钙的使用量；三是小麦的粗脂肪含量低(小麦1.70%，玉米3.60%)，在一定程度上可改善猪的胴体品质；四是小麦对猪的适口性很好；五是霉菌毒素含量低。见表2.20。

表2.20　玉米和小麦的粗蛋白和赖氨酸含量　　%

饲料	粗蛋白	赖氨酸
玉米	12～14	0.33～0.38
小麦	8～9	0.24～0.27

(2)使用注意事项

粉碎粒度：用做粉料时不能粉碎太细，过细的小麦因为太黏而影响猪的采食量，在母猪阶段还容易引起胃溃疡等疾病。小麦粉碎的粒度为700～900 μm，一粒小麦粉碎成4～5个碎粒为宜。这样既可获得较高的消化率，又可获得较高的饲料报酬率，还具有较好的饲料流动性。

能量含量：就其本身来说，小麦与玉米的能量含量相差不太大，但猪对小麦能量的消化率却低于玉米。我们国内普遍采用植物蛋白原料，日粮的能量水平偏低。因此，在大量使用小麦后，要通过添加脂肪粉等能量饲料来提高能量水平。

小麦的抗营养因子：非淀粉多糖含量高，要添加小麦专用酶来帮助消化分解，小麦酶的使用量应根据小麦的用量不同而不同，同时应注意所使用酶制剂的生物活性酶的含量。

3. 小麦麸

(1)营养特点　小麦麸又称麸皮，是小麦加工的副产品，主要由种皮、糊粉层、少量胚和胚乳组成。小麦麸的营养价值主要取决于面粉质量，生产上等面粉时，有相当一部分胚乳与胚、种皮等组成麦麸，这种麦麸的营养价值高。如果对面粉质量要求不高，不仅胚乳在面粉中保留较多，甚至糊粉层也进入面粉，这样的麦麸营养价值低。因此，麦麸的营养价值差别较大，粗纤维为 8.5%～12%，粗蛋白质 12.5%～17%，氨基酸组成好于小麦。由于麦粒中 B 族维生素多集中在糊粉层和胚中，故麦麸中 B 族维生素含量高。麸皮中钙少磷多，钙与磷比例极不平衡。

由于粗纤维含量较高，因此能量较低(ME 为 10.5～12.6 MJ/kg)，可以调节日粮的能量浓度。由于含适量粗纤维和硫酸盐类，具有轻泻作用，产后母猪喂给适量的麸皮粥可以调节消化道机能。

(2)采购要点　麦麸的营养价值差别较大。注意麸皮的掺假。

由于在加工面粉过程中小麦有喷水，采购时应特别注意麸皮的水分及新鲜度，应特别关注麸皮的结块及霉菌毒素。

(3)使用注意事项　通常生长肥育猪日粮麸皮 15%～25%，断乳仔猪日粮用量大会引起拉稀，一般不超过 10%。妊娠母猪日粮占 25%～30%。

4. 豆粕、去皮豆粕、膨化大豆

(1)营养特点　大豆饼粕在所有饼粕类蛋白质饲料中公认质量最好。蛋白质含量 40%～47%，赖氨酸含量 2.45%～2.70%，赖氨酸含量是所有饼粕类饲料中最高者，但蛋氨酸含量少；粗纤维 5%左右，能值较高；富含烟酸与核黄素，胡萝卜素与维生素 D 含量少；钙不足；适口性好。

去皮豆粕的蛋白质含量高(48%)，蛋白质溶解度好，有较高的氨基酸消化率、低尿酶活性、高消化能、高代谢能，是豆粕中的首选。与普通豆粕相比，去皮豆粕不仅蛋白高 3～5 个百分点，而且能量也高于普通豆粕 209 J 以上。

膨化大豆富含蛋白质、油脂、矿物质和维生素，具有极高的营养价值，质优价廉，氨基酸平衡性好，是配制乳猪料和哺乳母猪料的重要高能高蛋白饲料原料，可提高仔猪的采食量，提高养分消化率，减轻过敏反应，加快生长速度，有利于改善仔猪的生长性能和哺乳母猪的泌乳能力。

(2)采购注意事项　豆粕采购标准：水分(最高)13%、粗蛋白(最低)43%、尿素酶活性 0.05%～0.3%、KOH 溶解度 70%～85%。

膨化大豆因工艺不同，有干法和湿法之分，其主要区别在感官、膨化程度、香味和水分等方面。膨化大豆的蛋白和脂肪含量因产地不同而异,但两者一般呈负相关。采购膨化大豆时要询问膨化大豆加工工艺是湿法还是干法(表2.21),询问膨化大豆的原料是进口大豆还是国产大豆(表2.22)。

表2.21 不同工艺生产的膨化大豆对比

工艺	颗粒	手感	水分	豆香味
湿法	较细	较软	10%~12%或更高	较淡
干法	较粗	较硬	7%左右或更低	较浓

表2.22 国产和进口膨化大豆对比

产地	蛋白	脂肪	色泽	备注
国产	36%~38%	17%~19%	金黄色	色泽除因大豆品种、产地区别外,还与杂质含量有关,杂质多则颜色偏暗
进口	34%~36%	19%~21%	较暗	

此外目前市场上出现了大量掺入玉米、玉米胚芽或豆粕进行膨化的掺假膨化大豆,所以要求膨化大豆供应商提供蛋白、脂肪含量和尿酶活性等指标。

(3)使用注意事项　大豆饼粕在日粮中用量一般在20%左右。膨化大豆在断乳仔猪料和哺乳母猪料中添加6%~24%。

5.杂粕

棉籽饼粕含有棉酚等有毒成分,在生产中一般提倡脱毒处理。脱毒最好与榨油结合起来,这样可以减少用户的麻烦。没有条件的地方也可以不脱毒直接饲喂,但要限量使用,在生长肥育猪日粮中用量10%以下,种猪最好不使用。

菜籽饼粕中含有硫代葡萄糖苷,降解后主要形成异硫氰酸酯和恶唑烷硫酮等有毒成分,影响适口性,并能够引起动物甲状腺肿大,抑制生长,在使用时提倡脱毒处理。但是,脱毒方法较麻烦,生产中应用并不多,主要通过控制喂量来安全使用菜籽饼粕。大量研究表明,在生长肥育猪日粮中,前期(15~35 kg)用6%以下、中期(35~60 kg)用10%以下、后期(60~90 kg)用12%以下是安全的,对日增重、采食量、饲料利用率无明显不良影响。对种公猪、妊娠母猪最好不用。

芝麻饼粕粗蛋白质含量达40%以上,蛋氨酸含量也较高,可达0.8%以上,并且无毒。但芝麻饼粕具有苦涩味,适口性较差,生长肥育猪日粮中用量10%以下,并需补加赖氨酸。

花生饼粕的粗蛋白质达41%~47%,有甜香味,适口性好,但是蛋白质中氨基酸组成不佳,其品质不如大豆粕,并且花生饼粕极易感染黄曲霉菌,产生黄曲霉毒素。因此,在使用时要注意使用新鲜无霉变的。肥育猪日粮中用10%为宜,哺乳仔猪最好不用，其他阶段宜在4%以下。

6. 鱼粉

鱼粉是以全鱼或鱼类食品加工后所剩的下脚料为原料，经过干燥、脱脂、粉碎或者经蒸煮、压榨、干燥、粉碎而制成。因原料不同其营养价值有很大差别。秘鲁、智利进口鱼粉蛋白质含量62%～65%，且品质好，含硫氨基酸2.5%，赖氨酸4.9%；脂肪含量不超过8%；维生素A、维生素D和B族维生素多，特别是维生素B_{12}含量高；矿物质量多质优，钙4.0%，磷2.85%；食盐含量低于4%；还含有未知生长因子。

不同鱼粉的质量差别很大，某公司对不同来源鱼粉的检测结果见表2.23。

表2.23 不同鱼粉的胃蛋白酶消化率 %

鱼粉样品	秘鲁鱼粉	国产鱼粉1	国产鱼粉2	掺假鱼粉
胃蛋白酶消化率	93	91	88	69

尽量选择白鱼粉，选择红鱼粉时要注意控制组胺、酸价等指标在正常范围内。

优质鱼粉为金黄色，鱼松状，芳香鱼腥味，不带霉变味、焦味。在鱼粉中可能掺入血粉、羽毛粉、皮革粉、尿素、硫酸铵、菜粕、棉粕、钙粉、虾头粉、肉松粉、肉骨粉等。

使用时避免食盐中毒；鱼粉不饱和脂肪酸含量高，易酸败，久贮不用或少用，易引起幼猪腹泻；慎用生鱼粉或生鱼，以防维生素B_1缺乏；由于鱼粉价格比较高，一般只适用于幼猪、种猪。用量：2%～8%，不超过10%，最好控制在3%以内。

7. 石粉、磷酸氢钙及预混料采购

看石粉、磷酸氢钙、预混料中重金属含量是否超标，有效养分含量是否达标。表2.24显示几种维生素的标识含量与实际含量有出入。物理性状是否符合预混料要求，显微镜检对于原料质量的评判至关重要。

表2.24 几种维生素的标识含量与实际含量 %

原料	标识含量	实测值	差别
生物素W002676	2	1.76	－0.24
生物素W002677	2	2.14	＋0.14
生物素W002678	2	1.96	－0.04
生物素W002676	2	0	－2
生物素W002676	2	0	－2
维生素B_{12}	1	0.56	－0.44
氯化胆碱	60	28	－32

(二)猪场成品饲料和饲料原料的分析测试

最好把钱花在主要的营养成分如蛋白质、钙和磷的监控上。通常情况下,不必测试维生素、微量元素(锌、铁等)、氨基酸和药物添加剂的含量。这些成分的分析成本高,分析结果又不精确。成品饲料和饲料原料建议分析的营养成分见表2.25。

表2.25 成品饲料和饲料原料建议分析的营养成分

项目	建议分析的成分
成品饲料	水分、粗蛋白、钙、磷,以及颗粒直径
饲料原料	
谷物	水分、粗蛋白、赖氨酸(仅限于高赖氨酸玉米)
豆粕	水分、粗蛋白
大豆	水分、粗蛋白、尿酶(熟化大豆)
干乳清	水分、粗蛋白、灰分、盐分
预混料	生物素或胆碱(仅限于母猪日粮)

(三)饲料原料和成品饲料的贮存与管理

采购符合生产需要的原料入库后,贮存与管理不善,如高温、高湿同样直接影响原料质量。原料一旦受污染、发霉、变质、虫蛀都降低了饲料中营养成分的含量,导致料肉比偏高,猪场直接生产成本上升,利润空间下降。

(1)超越安全水分值的饲料,严禁入库。相对湿度在70%以下所达到的平衡水分称贮藏的安全水分。生产中,不同饲料原料和不同地区的安全水分是不同的,如大豆饼粕13%、菜籽粕12%、米糠粕13%、麸皮13%、冬小麦12.5%、春小麦13.5%、稻谷14%、玉米18%(东北、内蒙古、新疆)、玉米14%(其他地区)、鱼粉12%、浓缩饲料14%、预混合饲料12%、配合饲料10%~14.5%。对超越安全水分值的饲料,原则上应拒绝入库,如要入库必须进行烘干、晾晒处理。

(2)建造标准的库房,提供适宜的储存条件。根据原料(包括添加剂等)特性创造适宜的温度与湿度,确保采购原料不变质。存放玉米、豆粕、棉粕、次粉等大宗原料库房,要求能通风、防雨、防潮、防虫、防鼠及防腐等。存放微量元素、维生素、药品添加剂等原料库房除能通风、防雨、防潮、防虫、防鼠及防腐外,还要求防高温、避光。

(3)严格原(饲)料储存的管理。①仓库堆料应该整齐有序;②原料入库后及时登记;③分类堆放的原料,按照“先进先出”的原则,去旧储新;④袋装饲料原料存放应做好防潮工作，底层应垫木板和防潮性能好的物品，减少原料与墙层、地面温度差异，防止原料结块或局部水分过高而发霉变质；⑤在原料仓库不同位置悬挂温湿度计，对于易变质的饲料，每天注意其湿度和温度，有选择性地进行鼓风，特别是原料水分超过14%时应每天鼓风，而在相对湿度高于80%以上的阴雨天气，禁止鼓风；⑥防止原料日晒雨淋，减少原料中脂肪酸氧化和维生素的破坏损失；⑦及时投放鼠药，减少老鼠对原料造成污染；⑧定期组织打扫饲料加工设备和仓库，有条件时可做熏蒸消毒。

(4)加工好的饲料要尽快用完。配合饲料的安全储藏期见表2.26。

表2.26 配合饲料的安全储藏期 d

水分含量/%	粉料成品			颗粒料成品		
	20℃	10℃	0℃	20℃	10℃	0℃
18	4	6	12	4	6	14
16	8	18	22	9	20	26
14.5	24	30	40	25	36	46
13	30	45	60	32	53	68
12	36	60	75	38	68	85

四、猪的营养特点与饲料的科学配方

(一)各阶段猪的营养特点

1. *后备母猪的营养特点*

后备母猪的主要任务是培养生殖机能和健壮的体况，其营养要求既不同于育肥猪，也不同于哺乳母猪，应该有专门的后备母猪料。

(1)后备母猪营养需要

①适宜的能量水平。后备母猪的生理特点是体况尚未成熟，能量摄入一方面要满足自身生长发育需要，同时要为保持良好的体况打下基础；另一方面又不能过肥，以免影响生殖系统发育和造成肢蹄负担。

②适当的蛋白水平是保证初情期的需要。后备猪6～8月龄前应适当提高蛋白质水平，尤其是3～5月龄前要特别注意保持较高的蛋白质水平和较好的蛋白质品质，给予较优厚的饲养，使骨骼和肌肉都能得到充分的发育，缺乏蛋白质会推迟性成熟。

③充足的钙磷保证骨骼的充分发育。后备母猪在培育初期,多是采食生长猪料,而生长猪料中钙磷的含量较低,使后备母猪一直处于缺钙磷的状况,再加上后备母猪后期多采用限制饲喂的方式,所以必须供给其钙磷含量较高的饲料。

④生物素对后备猪的肢蹄具有特殊的意义。生物素缺乏,会导致猪出现蹄裂,增加母猪的淘汰比例,但生物素缺乏在当时不易显现,往往不引起人们注意。

⑤大量的维生素 A 和维生素 E。这两种维生素对生殖器官的发育成熟有利,其需要量不但远大于育肥猪,还大于妊娠和哺乳母猪。

⑥后备母猪的日粮营养尤其是能量水平不宜过高。用过高营养标准培育出来的后备猪,体质较差,以后的繁殖力也会受到影响。采取中等偏上的营养水平来培育后备猪,虽然增重速度稍慢一些,但发育良好,体质健壮结实,在繁殖力和利用年限上具有一定的优越性。

(2)后备母猪的适宜营养水平　后备母猪的营养推荐表见表 2.27。

表 2.27　后备母猪的营养推荐表　　%

指标	培育阶段/kg			
	20～50	51～67	68～114	115 以上
粗蛋白	18	17	16	15
赖氨酸	1.0	0.9	0.8	0.7
钙	0.85	0.8	0.75	0.75
总磷	0.75	0.7	0.65	0.65
有效磷	0.49	0.45	0.4	0.4

2. 怀孕母猪的营养特点

(1)怀孕母猪宜采用大容积、高质量、低水平饲料。母猪妊娠后新陈代谢旺盛,饲料利用率提高,蛋白质的合成增强,母猪自身的生长加快,营养过剩,腹腔沉积脂肪过多,容易发生死胎或产出弱仔,适宜采用大容积、高质量、低水平饲料。同时低水平的饲料也使母猪在哺乳期时有很好的食欲,太肥的母猪哺乳期就没有很好的食欲,哺乳期时没有很好的食欲将会导致母猪体重下降,延长断乳到发情的间隔,减少怀孕率,减少胚胎成活率。

适当增加粗饲料的用量。高纤维日粮能提高繁殖性能,减少母猪疾病;低纤维日粮促进革兰氏阴性菌繁殖,增加内毒素,内毒素抑制催乳素分泌,导致产后无乳或泌乳减少。

多用微量因子丰富的饲料如啤酒糟、发酵饲料等,充分补充维生素 A、维生素

E、叶酸、生物素，适宜补充常用矿物元素铁、锌、碘、硒。保证维生素 A、叶酸、铁，有利于保证产仔数。

在怀孕后期饲喂母猪较高水平的脂肪会增加泌乳母猪乳汁中乳脂的含量，从而会帮助仔猪的成活。

(2)妊娠后期便秘问题。妊娠期限位栏饲养导致的活动减少，肠道蠕动迟缓，加剧了便秘的发生。妊娠期饲料使用阴离子盐，是目前较好的解决便秘问题方法。目前生产上最常用的，就是使用硫酸钾镁(3～5 kg/t 全价饲料)，这样增加了肠道内的渗透压，从而增加了食糜通过肠道的速度。另外，足够量的血液钾离子浓度，有抑制血液过高钠离子浓度的效果，血钠浓度降低，相应地也会提高血钙浓度，确保围产期母猪健康。

(3)细分阶段饲喂使日粮更符合猪的营养需要。妊娠前中期与后期分开饲喂可以改善饲料效率。母猪在怀孕的前 70 d，每天需要可消化赖氨酸 6.83 g，后 40 d 需要可消化赖氨酸 15.3 g。如果用一种日粮喂怀孕母猪，后期可能氨基酸缺乏，母猪动员体内的储备满足胎儿的氨基酸需要。

初产母猪日粮蛋白水平比经产母猪高 2 个百分点。初产母猪的孕期体重增长任务高于经产母猪，而采食量偏低。第一、二胎妊娠母猪的氨基酸需要高于经产母猪，如果有条件，将初产母猪单独饲喂，适当提高日粮氨基酸的水平，这样更加合理。

(4)妊娠母猪的营养需要量见表 2.28。

表 2.28 妊娠母猪的营养需要量(建议)

营养素	营养指标	营养素	营养指标
消化能/(MJ/kg)	12.96	尼克酸/(mg/kg)	25
粗蛋白/%	13.0	核黄素/(mg/kg)	6
赖氨酸/%	0.55	胆碱/(mg/kg)	300
钙/%	0.85	泛酸/(mg/kg)	30
磷/%	0.70	叶酸/(mg/kg)	1
盐/%	0.50	生物素/(mg/kg)	300
维生素 A/(IU/kg)	10 000	锌/(mg/kg)	125
维生素 D/(IU/kg)	1 500	铁/(mg/kg)	100
维生素 E/(IU/kg)	35	镁/(mg/kg)	25
维生素 B_{12}/(mg/g)	25	碘/(mg/kg)	0.5

(5)妊娠母猪日粮配方实例见表2.29。

表2.29 妊娠母猪日粮配方示例 %

原料	麸皮配方	青糠配方
玉米	56	66
豆粕	10	10
麦麸	30	
青糠		20
预混料	4	4

3.泌乳母猪的营养特点

(1)现代泌乳母猪必须饲喂高营养水平的日粮。现代高产母猪每天泌乳量已达8～14 kg,180 kg左右的母猪在20 d左右分泌了相当于它自身体重的乳汁。哺乳期母猪营养排出量比其他任何生命阶段都要高得多。母猪泌乳性能对乳猪的生长至关重要。乳汁量每提高4 kg相当于哺乳仔猪体重提高1 kg。用优质的哺乳母猪饲料转换成充足、优质的母猪乳水喂养小猪,综合成本是最便宜、最合算的,小猪的生长速度也是最快的,带来的负面作用也是最少的。

①能量　能量是哺乳母猪日粮中最难满足的因素,多数情况下母猪的能量供给或摄入不足,结果是母猪动用自身脂肪储存,失重严重时导致断乳到再发情间隔延长。添加脂肪可改善饲料适口性,提高采食量,为泌乳提供更多的能量,同时可提高乳汁的脂肪含量。

②蛋白质　初产母猪粗蛋白质控制在17.0%,经产母猪为16.0%,赖氨酸是哺乳母猪重要的氨基酸,在能量满足泌乳需要的情况下,赖氨酸是限制泌乳的第一要素,NRC推荐的赖氨酸需要量为0.97%。应根据仔猪断乳窝重和母猪采食量,确定泌乳母猪日粮的赖氨酸含量。

③维生素　维生素对于发挥哺乳母猪的繁殖性能和泌乳性能十分重要,维生素缺乏可影响母猪断乳后再次发情和配种。维生素 B_2 缺乏后引产后泌乳下降,叶酸缺乏可引起泌乳机能紊乱,母猪日粮中添加维生素E可提高母猪和仔猪的免疫力,提高断乳仔猪数。

④矿物质　钙0.85%～0.9%,总磷0.6%,有效磷0.35%。母乳中矿物质含量最高的是钾,占矿物质总成分的29%,所以哺乳饲料中要及时补充钾离子,确保母、仔猪最佳生理需求。母猪日粮中微量元素缺乏将导致母乳中微量元素的缺乏,仔猪将无法通过母乳获取所需的营养物质。

(2)现代哺乳母猪的日粮营养水平见表2.30。

表2.30 现代哺乳母猪的日粮营养水平(建议)

	能量/(MJ/kg)	粗蛋白/%	赖氨酸/%	钙/%	磷/%
哺乳母猪(低采食量)	13.8	18	1.0～1.1	0.9	0.8
哺乳母猪(高采食量)	12.96	16	0.9	0.8	0.7

(3)哺乳母猪日粮配方实例见表2.31和表2.32。

表2.31 哺乳母猪日粮配方示例一 %

配方类型	玉米	豆粕	麸皮	鱼粉	蚕蛹粉	预混料
豆粕配方	64	26	6			4
蚕蛹粉配方	65	20	6		5	4
鱼粉配方	65	20	8	3		4

表2.32 哺乳母猪日粮配方示例及主要营养指标

原料	经产	初产
添加量/%		
玉米	61.5	66
豆粕	15	28
麦麸	10	2
膨化大豆	5	
鱼粉	3	
乳多灵	5	
油脂	1.5	
预混料	4	4
营养指标		
消化能/(MJ/kg)	14.00	14.00
粗蛋白/%	16.8	18.1
赖氨酸/%	0.90	0.98

4.仔猪的消化生理及营养特点

(1)仔猪的消化生理特点

①初生仔猪即有唾液分泌但唾液淀粉酶活性较低。仔猪的唾液分泌量、干物

质和含氮量均随年龄的增长而增长，尤以断乳转为采食植物性饲料时更为显著。不过由于哺乳期仔猪胃内酸性较弱，唾液淀粉酶在胃内仍能进行作用。

②胃的分泌机能弱。仔猪的胃体中，壁细胞的分泌功能很弱，分泌的盐酸很少，哺乳仔猪的胃液酸度主要由乳糖发酵产生的乳酸来维持。壁细胞分泌游离盐酸的能力到40～50日龄才能显著提高。仔猪胃液中的消化酶主要是胃蛋白酶和凝乳酶。凝乳酶在仔猪哺乳期作用明显，而胃蛋白酶，虽然1日龄仔猪胃液中就含有胃蛋白酶原，并且在3～6周内不断增加，但是由于缺乏盐酸，不能被激活。至40～50日龄时随盐酸分泌量增加，消化能力逐渐增强。

③肠内消化特点。在胃液缺乏盐酸时期，仔猪胃内的消化作用很小，食物主要在小肠内靠胰液和肠液消化。仔猪胰腺在出生时已发育完全，并能分泌足够数量的碱性胰液，其中的消化酶也具有很高的活性，且随年龄的增长分泌量不断增长。胰液中的消化酶主要有胰蛋白酶、胰凝乳蛋白酶、糜蛋白酶、胰淀粉酶、胰脂肪酶。初生仔猪胰液中胰脂肪酶已有很高含量，但它的活性在30日龄前并不充分，30日龄后活性渐增。初生仔猪肠腺中已能旺盛的分泌肠液。乳糖酶的活性幼期较高，最初，1～2周可能增加，以后逐步下降。仔猪断乳后，由于停止摄取母乳，乳糖酶分泌迅速下降。蔗糖酶和麦芽糖酶的活性幼期很低，因此仔猪10日龄内难以利用蔗糖，以后随年龄增长，活性逐渐增加。初生仔猪虽有胆汁分泌，但分泌量很少。3周龄内胆汁分泌缓慢增加，随后在仔猪体重7 kg左右时，胆汁分泌量迅速增加。由于胆汁中的胆酸盐是胰脂肪酶的激活剂并能乳化脂肪，促进食物中脂肪的分解和吸收。因此，幼龄仔猪分泌胆汁量很少，可能是胰脂肪酶不能充分表现活性的原因，也使脂肪的消化和吸收受到一定的限制。

④肠道微生物区系。仔猪肠道微生物繁殖迅速，出生后2 h，粪便中已可检出大肠杆菌和链球菌。乳酸杆菌出现较慢，出生后48 h构成优势菌群。仔猪胃肠道内pH值在4.5以下时，适于乳酸杆菌生存，乳酸杆菌为优势菌群。但由于断乳或其他因素引起pH值上升时，大肠杆菌迅速增殖，引起仔猪腹泻，同时胃肠道内产酸的乳酸杆菌数量减少，又会导致pH值上升。

⑤小肠的过敏反应。小肠的功能单位是绒毛，如果绒毛顶端被损害，成熟的吸收细胞丢失，不成熟的隐窝细胞产生净分泌的后果，造成严重的绒毛细胞更新和消化吸收紊乱，黏膜功能性表面积减少，吸收能力下降。断乳后微生物和饲料抗原成分（大豆球蛋白、β-球聚蛋白）都可以造成绒毛高度减少（绒毛萎缩）和隐窝深度增加（隐窝增生），产生过敏反应。绒毛萎缩、吸收细胞减少，隐窝增生、分泌细胞增多，从而造成吸收减少而分泌增加，引起渗透性腹泻。

(2)教槽料

①教槽料的概念 教槽料俗称补料或者开口料,是给初生 7 d 到断乳后 14 d 左右的小猪饲喂的一种含有高营养成分的专用饲料。教槽料不仅仅是给乳猪补充营养,促进乳猪生长发育,提高乳猪断乳体重,而更重要的是让乳猪逐步适应植物性饲料,最大限度地减少乳猪断乳后面临的饲料品种、饲喂方式、生存环境、营养代谢等变化所产生的各种应激,保证小猪继续多吃快长,在最短的时间内出栏。

②教槽料配制技术

教槽料建议营养指标:仔猪生长代谢旺盛,对营养处于高度依赖状态,教槽料的营养水平很高。消化能 15.4 MJ/kg,粗蛋白 20%～22%,赖氨酸 1.38%～1.50%,钙 0.9%,总磷 0.75%,有效磷 0.55%。

蛋白原料的选择:注意仔猪对豆粕的消化能力与承受能力,考虑去皮豆粕的使用,在经济允许的条件下应尽可能提高早期断乳仔猪日粮中容易消化的动物蛋白的比例。教槽料适宜蛋白质原料包括乳制品、血制品、鱼粉、肠膜蛋白粉、大豆制品等。

乳清粉和乳糖的应用:仔猪哺乳期母乳中的糖类主要为乳糖,且胃内乳糖酶活性很高,而蔗糖酶和麦芽糖酶的活性还很弱。故断乳仔猪日粮中添加乳糖,给仔猪从母乳向以淀粉为主的饲料一个逐渐过渡过程。且乳糖还是乳酸杆菌的最佳营养源,可以增加肠道乳酸杆菌(有益菌)的数量。据报道,在断乳仔猪饲料中添加 5% 左右的乳清粉可以提高仔猪的生产性能。

油脂:幼龄仔猪对外源油脂利用能力较差,教槽料中宜采用低水平油脂,一方面可适当提高教槽料能量浓度和提供必需脂肪酸,另一方面可提高制粒效果,控制粉尘及改善适口性。对于仔猪日粮中所用脂肪类型需加以仔细考虑。

酸化剂的应用:在仔猪饲料中添加酸化剂,既可以激活胃蛋白酶原提高消化率,又可降低胃内的 pH 值,促进乳酸菌、酵母菌等有益微生物的繁殖,抑制大肠杆菌、梭菌、沙门氏菌等病原菌的繁殖。酸化剂的选择,一般以磷酸、偏磷酸、柠檬酸、延胡索酸等复合酸添加效果比较好。

外源酶制剂的添加:考虑在饲粮中添加外源酶制剂以补充内源酶的不足。饲料中添加含 α-淀粉酶、β-葡聚糖酶、蛋白酶、脂肪酶的复合酶可以大大提高饲料的消化率。

L-谷氨酰胺:肠细胞的主要燃料,是断乳仔猪的条件必需氨基酸。在仔猪日粮中添加 L-谷氨酰胺,可以促进谷氨酰胺的净吸收,但谷氨酰胺自身不稳定,水溶解度和吸收率低,限制了其在仔猪饲料中应用。而谷氨酰胺二肽稳定性好,以肽形式吸收时，吸收率较高，可克服游离谷氨酰胺的缺陷，但其价格昂贵。

饲料药物添加剂的应用：因早期断乳仔猪胃肠道抗病力弱，有大量的有害菌繁殖，适量添加抗生素是必要的。对饲料药物添加剂的要求是：符合国家农业部颁发的《饲料药物添加剂使用规范》；选择对仔猪毒性低、副作用小的药物品种；添加的药物抗菌谱广，在肠道吸收低；最好以两种药物配伍使用。

③教槽料配方实例　教槽料配方见表 2.33。

表 2.33　教槽料配方实例　%

原料	配比
玉米（CP 8.0%）	51.28
大豆粕（CP 43%）	27.62
进口鱼粉（CP 60.%）	6.00
乳清粉（CP 4%）	6.00
维乐妥酸化剂	5.00
豆油	1.29
磷酸氢钙	1.08
石粉	0.46
盐	0.25
植酸酶 5 000	0.01
乳猪预混料	1.00

④教槽料的选择　评价教槽料一般看使用后，乳猪采食量、生长速度是否持续增加，腹泻率是否降低。采食教槽料后乳猪表现为“喜欢吃、消化好、采食量大”，尤其是教槽料结束过渡到下一产品后的 1 周内，营养性腹泻率低于 20%，饲料转化率为 1.2∶1 左右，日均增重 250 g 以上，采食量日均为 300 g 以上。

5.生长育肥猪的营养特点

(1)日粮设计基本思路　合适的能量设计，严格强调氨基酸平衡。氨基酸和能量是生长育肥猪最重要的营养素。猪生长育肥阶段的增长率和增重对氨基酸和能量需要量的影响可能比对其他营养素的影响更大。瘦肉的快速增长需要更多的氨基酸用于肌肉组织的蛋白质合成，另外瘦肉的沉积对能量的需求比沉积脂肪所需的能量要低。

育肥饲料采用低钙、高有效磷、适度粗饲料，尽量减少对适口性有影响的因素如霉变、杂质等，充足有效的维生素、微量元素供应。

(2)建议的猪营养水平 肥育前期，日粮消化能常用范围为 12.6 MJ/kg，粗蛋白 15%，能氮比(19～20)：1；后期消化能为 11.76 MJ/kg，粗蛋白 13%，能氮比(20～21)：1。营养水平的高低，直接影响增重速率，并导致胴体形态结构和饲料利用率的差异。

(3)生长育肥猪日粮配方实例 小猪、中猪、大猪日粮配方实例见表 3.34。

表 3.34 小猪、中猪、大猪日粮配方实例 %

阶段	配方类型	玉米	豆粕	麸皮	预混料
15～30 kg	良种猪配方	65	26	5	4
	普通猪配方	60	21	15	4
31～60 kg	良种猪配方	65	21	10	4
	普通猪配方	60	16	20	4
60～100 kg	良种猪配方	65	16	15	4
	普通猪配方	60	11	25	4
	限饲瘦肉猪	58	18	20	4

6. 种公猪的营养特点

体重 75 kg 以前的后备公猪饲养管理与生长猪相同，体重 75 kg 以上的后备公猪逐步改喂公猪料。

在良好的环境条件下，种公猪日粮的安全临界为：消化能 12.55 MJ，蛋白质 13%，赖氨酸 0.5%，钙 0.95%，磷 0.80%。

要根据品种、体重大小、配种强度、圈舍、环境条件等进行适当的调整。

饲养种公猪能够保持其生长和原有体况即可，不能过肥。过于肥胖的体况会使公猪性欲下降，还会产生肢蹄病。每天单独喂 2～3 次，日饲喂量为 2.3～3.0 kg。

种公猪日粮配方实例见表 2.35。

表 2.35 种公猪日粮配方实例 %

配方类型	玉米	豆粕	麸皮	鱼粉	蚕蛹粉	预混料
豆粕配方	66	20	10			4
蚕蛹粉配方	67	14	10		5	4
鱼粉配方	68.5	16	10	1.5		4

(二)应用最新猪的营养研究成果设计饲料配方

1. 采用最新饲养标准

最新饲养标准的发展趋势是：提供更为确切的能量指标并与生产目标相对应；提供理想蛋白质模式或理想氨基酸模式；提供总氨基酸、表观回肠末端可消化氨基酸、真回肠末端可消化氨基酸需要量；提供有效磷需要量、最新维生素需要量、微量元素需要量；提供必需脂肪酸、胆碱的需要量；提供动物生长模型，用于预测和控制动物的生长过程。

猪的营养标准比较权威的有美国 NRC 标准和中国瘦肉型猪饲养标准，也可以制定本场的饲养标准。

2. 利用净能体系

猪的饲料成本中约 50% 的饲料花费用于给猪提供能量，因此从效益的角度看来，能量是最重要的营养素。筛选可用的能量体系以充分满足猪的需求就是情理之中的事。

净能体系则是一种更好的能量体系，因为它表示出可从饲料中获得的实际能量，即表示可被动物利用和代谢的能量，比消化能和代谢能更好地反映了饲料尤其是农副产品和高纤维含量原料的营养价值。观察净能值就会发现，作为能量来源，不同原料的供能能力确实大不相同(表 2.36)。

表 2.36 营养物质的能量价值 MJ/kg

饲料原料	消化能	代谢能	净能	净能：代谢能
玉米	14.74	14.30	10.01	0.70
高粱	14.13	13.96	9.43	0.68
大豆粕	15.40	14.13	8.44	0.60
菜籽粕	12.06	11.04	6.73	0.61
小麦麸	12.85	12.65	6.52	0.52
苜蓿草粉(脱水，17%蛋白质)	7.65	6.90	3.80	0.55

净能体系考虑了不同养分间 ME 代谢利用的差异。不同饲料营养成分的热增耗差异很大，热增耗的数量：粗蛋白＞日粮纤维＞淀粉＞脂肪。

采用净能设计的饲粮粗蛋白质水平一般低于采用消化能或代谢能设计的饲粮(表 2.37)，这是因为净能体系考虑了过量氮的分解与排泄损耗的能量。

表 2.37 25～50 kg 阶段分别采用净能和代谢能设计的饲料配方比较

原料组成	代谢能体系/%	净能体系/%	营养指标	代谢能体系	净能体系
小麦	58.44	69.78	代谢能/(MJ/kg)	14.1	14.03
野豌豆	20.0	6.44	净能/(MJ/kg)	10.78	10.78
大豆粕(CP 48%)	11.17	9.33	粗蛋白/%	18.8	18.14
肉骨粉(CP 42%)	2.70	2.73			
双低菜籽粕(CP 37%)	0.22	4.03			
牛油	5.00	5.00			
赖氨酸	0.53	0.77			
苏氨酸	0.12	0.15			
DL-蛋氨酸	0.10	0.07			
其他	1.72	1.70			

采用净能体系在经济上也划得来，尤其在高成本背景下特别适合。采用净能体系后，无论是以吨成本为基础还是以猪单位生产成本为基础的饲料成本都下降了。当然，饲料成本方面的优势还取决于一定时间内每种饲料原料的价格，不过即便将这一成本优势打对折，节省成本也是很受欢迎的。

虽然目前净能体系的应用，由于缺乏饲料原料净能含量方面的足够数据而受到局限，但营养研究者一直在进行饲料原料净能值的积累工作，相信不久净能体系将会在生产中得到应用和普及。

3. 理想蛋白质体系

过去猪的日粮配合是在粗蛋白质基础上进行的，粗蛋白质体系多用于以玉米和豆粕为主要组分的日粮，但当日粮中存在其他原料组分时，这一体系则不再适用。目前正为生产者所接受和采用的是氨基酸基础上的"理想蛋白质体系"，因为以氨基酸为基础进行日粮配合时，赖氨酸与其他氨基酸之间的比例可与猪肌肉组织中的比例相同，与猪的实际需要量十分吻合，从而更有利于日粮营养物质的利用。随着营养学对不同时期的生长猪、不同阶段的妊娠母猪以及不同泌乳量的哺乳母猪理想氨基酸需要量的研究，结合对不同饲料原料中氨基酸生物学利用率的深入了解，人们已经充分确立并广泛接受了按理想蛋白质的概念来提供氨基酸的方法。此外，合成氨基酸的利用，也为理想蛋白质体系的应用提供了条件，使日粮配合更具可操作性。

4. 以生长肥育猪胴体无脂瘦肉增重为重要输入变量给出营养需要量

为不同基因型的猪进行日粮配制时，必须知道其瘦肉沉积率、瘦肉沉积模式和采食量。如果猪场没有此类资料，就需要收集 2～3 周的采食量资料，以及上市猪的屠宰资料，这有助于为特定猪群配制更合适的日粮。当前，评估瘦肉沉积的最有效的方法是，待猪屠宰后，分别测量和计算背膘厚度以及里脊面积，当测定完胴体的有关数据后，就可以利用相应的公式计算日瘦肉沉积量。

五、猪场饲料储存和加工设备的选用

1. 原料的储存设备

应根据各类原料的特性配备相应的储存设备。玉米、小麦等谷物原料流动性好、易处理，量大的情况下一般存放于立筒仓内。饼粕类、鱼粉等有机类流动性差，品种多，一般存放于库房内；油脂、氨基酸等液体原料存放于储罐内；药物、微量组分等需特殊处理和储放设施，用时按配比直接投入混合机内。

2. 初清设备

(1)筛选设备　小于筛孔的物料穿过筛孔为筛下物，大于筛孔的物料不能过筛而被清理出来。常用的除清筛分振动式和离心式两种。常见的有圆筒(锥)除清筛、圆筒粉料离心筛和回转分级筛。

(2)磁选设备　清除原料中的铁钉、螺丝、垫圈、铁块等磁性杂质。

3. 饲料粉碎机

(1)猪场宜选用普通线速度的锤片式粉碎机。锤片式粉碎机分立式锤片式粉碎机和卧式锤片式粉碎机。原理是原料因重力作用从粉碎机顶部落入粉碎室，原料在破碎区与锤片的顶端接触，由于两者之间巨大的速度差，形成锤片对物料的快速打击，造成原料破碎。因为猪饲料颗粒不宜太细，猪场宜选用普通线速度的锤片式粉碎机。

(2)选择粉碎机应考虑猪场饲料生产量。粉碎机型号的大小决定了产量的大小，根据粉碎工艺的配置，选定的粉碎机产量应大于设计产量的 10%。

(3)根据节能情况选择。猪场饲料粉碎能耗占饲料加工总能耗的 40%以上。根据有关部门的标准规定，锤片式粉碎机在粉碎玉米用直径 1.2 mm 筛孔的筛片时，每度电的产量不得低于 48 kg。目前，国产锤片式粉碎机每度电的产量已大大超过上述规定，优质的已达每度电 70～75 kg。

(4)根据粉尘与噪声选择。饲料加工中的粉尘和噪声主要来自粉碎机。选型时应对此两项环卫指标予以充分考虑。如果不得已而选用了噪声和粉尘高的粉碎机应采取消音及防尘措施，改善工作环境，有利于操作人员的身体健康。

4. 饲料混合机

一般多使用卧式螺旋混合机。目前国内饲料生产仍以常规的叶带卧式螺旋混合机为主，这种混合机混合周期较长，混合均匀度要达到93%，混合时间至少需要3～6 min。近年来，随着高性能电脑配料秤电子技术的迅速发展，配料周期已逐渐缩短为2 min左右，且有继续缩短的趋势。从这一点看，目前常规使用的叶带卧式螺旋混合机已无法与越来越先进的电脑配料秤配合使用。

双轴桨叶混合机有强烈、高效的特点，混合时间短，设计混合时间1～3 min，1∶1 000投放比例均匀度大于95%。卧式筒体内两根搅拌轴等速反向旋转，轴上特殊角度布置的叶确保物料径向、环向、轴向三向抛洒运动，形成复合循环，在极短的时间内达到均匀混合。

选择混合机应考虑如下指标：混合机均匀度、混合时间、混合机残留问题、混合机是否漏料、混合机的故障率等。混合机均匀度是混合机性能重要指标，混合均匀度用变异系数CV值表示，变异系数越小，混合均匀度越好。

5. 饲料加工成套生产线

根据猪场的具体情况如饲料加工量、当地资源等针对性的选用成套生产线。

(1)饲料加工设备生产率的确定　应当根据饲养量、对饲料的需求量，按年生产日300 d单班计，确定设备的生产率。若以后对饲料的需求量增加，可通过增加生产班次、添置设备来满足。

(2)对设备适应性的要求　所谓设备的适应性，系指对饲料资源、饲料品种、生产批量、厂房及人员的适应程度，要考察设备的主要技术参数(表2.38)。

表2.38　某饲料加工成套生产线的主要技术参数

型号	生产率/(t/h)	年单班产量/(t/年)	装机容量/kW	配料形式	配料仓数/个	主车间尺寸(长×宽×高)/m
PSJ2500A	2.5	5千	113.2	人工	1	10×8×12
PSJ2500B	2.5	5千	123.07	电脑	8	15×9×12
PSJ5000A	5	1万	168.75	人工	2	10×9×12
PSJ5000B	5	1万	214.29	电脑	8	15×10×12
PSJ10000	10	2万	386.05	电脑	12	20×12×18
PSJ15000	15	3万	557.6	电脑	16	25×12×20
PSJ20000	20	4万	630	电脑	24	32×14×21
PSJ20000	20	4万	705.95	电脑	20	30×15×25
PSJ30000	30	6万	1 056.9	电脑	20	40×20×30
专用生产线	≥30	≥6万		电脑	11～15	25×18×23

六、猪饲料加工质量控制

(一)原料的清理

原料应进行清杂除铁处理。清理标准:有机杂质不得超过 50 mg/kg,直径不大于 10 mm;磁性杂质不得超过 50 mg/kg,直径不大于 2 mm。为确保安全,在投料坑上应配置条距 30～40 mm 的栅筛以清除大杂质。此外,在原料粉碎之前,还应进行去杂、除铁。要经常检查清洗设备和磁选设备的工作状况,看有无破损及堵孔等状况。还要定期保养各种机械设备,清理仓斗内的残留料。

(二)粉碎

玉米、小麦、稻谷等谷实饲料,都有一层硬种皮或兼有粗硬的颖壳,喂前粉碎或压片,可减少咀嚼消耗的能量,也有利于消化。猪饲料的粉碎粒度,一般要求在 0.4～0.8 mm,过粗会降低饲料利用率和猪生产性能;过细会降低生产率,增加能耗,使猪易患胃溃疡。适宜的粉碎粒度如表 2.39 所示。为规范生产,建议猪饲料粉碎使用两种孔径的筛片:乳仔猪、哺乳母猪用 1.2～1.5 mm 孔径的筛片,中大猪、怀孕母猪、公猪用 2.5～3.5 mm 孔径的筛片。

表 2.39 各阶段猪适合的玉米粉碎粒度、筛片孔径要求一览表 mm

阶段	粉碎粒度	筛片孔径要求
乳仔猪	0.5	1.2～1.5
哺乳母猪	0.4～0.6	
中猪	0.7～0.8	2～2.5
育肥猪	0.5～0.6	
妊娠猪	0.7～0.8	
公猪	0.6	

(三)饲料称重

称量工作前应先检查、校正称量器具。称量前要核对名称,检查原料是否有异常。称量后立刻在配方表上作记号,记录名称、编号和生产日期。称量时要遵循大称量用大秤,小称量用小秤,保证误差要求,提高配料精度(0.5 kg 、0.005 kg)。

有些饲料混合设备计量的不是饲料的重量,而是容积,这种情况下就需要随饲料原料的容重以及流动性的变化经常校正。比如,豆粕和商品浓缩料的容重可在 590～800 kg/m^3,谷物和预混料的容重也都会发生变化。除非经常对混合设备进行校正,否则日粮的营养成分就会不稳定。如果设备是按容积混料的,那么每次进了新的原料之后都要重新测量容重。方法简单，只要找个边缘整齐、已知容量的容器，把饲料装进去，放到精度较好的秤上称一下，就可以计算出容重。如果某种饲料原料填满容器所需的重量发生了变化，就说明容重发生了变化。任何一种饲料原料的容重变化超过了5%，就应该对混合设备进行重新校正。

（四）投料与混合

原料的混合是将粉碎后的大宗原料、液体饲料（如豆油）和饲料添加剂（如预混料）按照饲料配方的比例进行混合。

向混合机中添加饲料原料的正确顺序，有助于生产质量好的均一日粮。建议的添加顺序如下：①添加30%～40%的谷物原料；②添加维生素和微量元素预混料（以及其他添加量较少的原料）；③添加蛋白质原料；④添加其余谷物原料；⑤混合；⑥添加液体原料和油脂；⑦最终混合。

生产饲料的混合时间，因混合机型号、混合机的批次、混合能力、混合设备的维护状况而不同。只有当不同批次混合样品之间的变异小于10%（取样应该在混合机排空时定期采集）时，混合机方可使用。卧式混合机在最后一项饲料原料加入之后3～4 min，即可达到变异系数小于10%的标准，而单螺旋垂直式混合机需要8～12 min。当混合机的搅拌带或者螺旋磨损较大时，或者饲料量超出混合机能力时，变异系数可能加大（20%～30%）。混合机的每分钟转数（RPM）与物料混合时间之间直接相关，RPM越大，需要混合的时间（达到变异系数小于10%）越少。搅拌机装料过多也会造成混合不均匀。每次装料的量应该按照制造商推荐的标准。

预混合：有些原料的添加比例不到2%（每吨饲料20 kg），如结晶氨基酸、1%预混料等，如果直接加到搅拌机里是很难混匀的，应该预先用少量玉米或豆粕混一下，然后再加到搅拌机里。一般说来，如果采用水平式或鼓式搅拌机，那么添加比例不足1%的原料应该预混合。

原料的分离：分离指的是一种或多种饲料原料或某种原料的一部分和成品饲料的其他部分分离开来。这种问题可出现在从搅拌机到喂料器的输送环节当中。造成分离的主要因素包括颗粒大小、颗粒形状以及密度。饲料的平均颗粒直径控制在0.75～0.8 mm效果最好。

（五）制粒和膨化

饲料的制粒和膨化一般由专业饲料生产厂家完成。首先是要控制饲料的调质质量，即控制调质的温度、时间、水分添加和淀粉的糊化度，使调质后的状态最适合挤压膨化；第二是要控制膨化颗粒饲料的熟化度、密度、粉化率、冷却温度和水分、颗粒的均匀性、一致性和耐水性。要实现这些要求,必须配备合理的蒸汽供汽与控制系统和调质、挤压膨化、膨胀、干燥、冷却、筛分设备,并根据产品的不同要求科学调节控制参数,获得满意的产品。猪饲料制粒相关工艺参数见表 2.40。

表 2.40 猪饲料制粒相关工艺参数

饲料品种	料型/mm	环模压缩比	制粒调质温度/℃
教槽料	＜2.5 颗粒或破碎	(6～8)∶1	60～65
保育料	＜3.0 颗粒或破碎	(7～8)∶1	70～75
小猪料	3.0 颗粒	(7～8)∶1	70～75
中\大猪料	3.5～4.0 颗粒	(7～8)∶1	70～75
母猪料	3.5～4.0 颗粒	(7～8)∶1	70～75

(六)液体添加技术

液体添加的质量控制技术:随着饲料加工技术的不断发展,许多添加剂都会以液体的形式加入粉状、颗粒状和膨化饲料中,以最大限度地保留这些添加剂的活性,降低饲料成本。液体添加,一是要实现液体添加量的精确控制,二是要实现液体在饲料中的均匀分布或涂敷,三是要确保液体添加剂喷涂之后的稳定性或效价期。采用高性能的常压液体喷涂设备、真空喷涂设备及控制技术是保证。

油脂添加:油脂含有很高的热量,比碳水化合物和蛋白质的热量高 2 倍。将油脂添加到饲料中不仅可以降低粉尘,改善适口性,而且也能延长食糜通过消化道的时间,使能量充分吸收,提高饲料利用率,还能给猪提供必需脂肪酸和能量,产生额外热效应,改善饲料的营养价值。猪饲料脂肪的添加比例为 3%～5%。

(七)防止饲料的污染

1.防止虫害

由于饲料原料在贮藏时常常受到微生物污染,使原料质量下降,严重影响了后续的加工生产。因此,饲料原料贮藏关键点的检测与控制应给予足够的重视。为了防止饲料原料的微生物污染,原料入库必须按规定的要求进行堆放,做好防潮、防霉变、通风等措施。同时,在储存过程中,由品管部门定期有步骤地对原料进行质量检查,发现问题及时解决,不留质量隐患。成品仓库可配有除湿机,配合饲料比其他原料都易感染虫害、菌类。

物料平衡水分、相对湿度与虫害滋生的关系见表 2.41。

表 2.41 物料平衡水分、相对湿度与虫害滋生的关系

物料平衡水分/%	空气相对湿度/%	虫害生长情况
<8	<30	难以生长
8～14	30～70	可感染害虫、螨类
14～20	70～90	较易感染害虫、霉菌
20～25	90～95	易感染害虫、霉菌、细菌
>25	>95	极易感染各种虫菌

2.防止饲料的沙门氏菌污染

饲料的致病性细菌污染主要是沙门氏菌污染和肉毒梭菌污染，特别是沙门氏菌污染最为常见。易受沙门氏菌污染的饲料是动物源性饲料，应从原料选择、生产加工、运输贮藏乃至销售饲喂各个环节加以控制，并正确使用防腐抗氧化剂。

3.霉菌毒素的控制

霉菌毒素：谷物和长期贮存的饲料中有多种霉菌毒素，影响养猪生产的霉菌毒素主要有 5 种。黄曲霉毒素是对猪威胁最大的霉菌毒素。黄曲霉毒素由土壤中的一种微生物——黄曲霉产生，是花生及其加工副产品中的主要有毒物质。当玉米和其他谷物生长在干燥、炎热气候下时，也会产生黄曲霉毒素。黄曲霉毒素是一种有毒物质，当其含量大于 100 μg/kg 时，可以造成肝脏损伤、减慢生长、使饲料转化率变差。黄曲霉毒素还能致癌。喂给低日龄猪只的玉米中黄曲霉毒素含量不应超过 20 μg/kg，种猪的全价日粮当中黄曲霉毒素不应超过 100 μg/kg，体重大于 45 kg 的肥育猪全价日粮中黄曲霉毒素不应超过 200 μg/kg。

玉米赤霉烯酮：由粉红镰刀菌生成。猪采食含有玉米赤霉烯酮的饲料后，会发生外阴肿胀，直肠、子宫等器官的脱垂，假妊娠，伪热症以及其他雌激素样症状。

4.饲料的防霉技术

严把饲料采购关防止买入霉变玉米、严格储存条件，防止饲料霉变。建议养猪场安装一个初清设备，即在玉米投入粉碎前过筛一下，将玉米中粉尘、小霉粒、杂质、大部分的霉变部分过筛出去，减少霉菌毒素的危害。这是去除霉菌毒素最重要也是最经济的方法。

使用霉菌毒素吸附剂。常见的霉菌毒素吸附剂种类有铝硅酸盐、酵母或酵母的细胞壁、葡甘露聚糖等。因为霉菌毒素是一大类具有不同的功能基团的复杂的有机化合物，不同的霉菌毒素具有完全不同的理化性质。任何一种单一的吸附剂都不能将所有霉菌毒素都吸附(因为不同霉菌毒素分子有不同的理化性质)，但是

通过将不同类型的吸附剂进行适当配比或对吸附剂进行改性将是一个很好的方向。

5. 重金属铅、砷、汞、镉超标

重金属是造成猪饲料污染的常见物质。市场所售微量元素添加剂中的铅、砷、汞、镉含量常高于国家的控制标准。

第三章 猪生产岗位技能

知识目标

- 掌握不同阶段猪的生长发育规律及生理特性。
- 了解并掌握不同时期猪对环境条件及管理的需求。

技能目标

- 具备完成猪生产不同岗位技能的能力。
- 会组织、协调并完成猪生产不同环节的工作任务。

在现代化猪生产过程中，各个生产环节的各项技能是生产管理者必须应该掌握的，也是猪生产的核心内容所在。本章将重点介绍猪生产中的主要岗位技能，并对岗位工作目标及内容做简要描述。

第一节 后备种猪、空怀母猪及种公猪的饲养管理岗位技能

在猪生产过程中，为便于生产组织及人力资源配置，大多情况下将后备种猪、空怀母猪及种公猪置于同一生产环节来组织生产，那么该环节的饲养管理岗位技能也是围绕这三种对象来开展。

一、岗位技能

(一)后备猪的饲养管理技术

1. 后备猪的生长发育规律

后备猪处于强烈的生长发育阶段，各组织器官还需进一步发育，组成胴体的骨、肉、脂、皮四大部分生长强度是不均衡的。骨骼在生后 2～3 月龄至体重 30～

40 kg 时是生长强度高的时期，同时肌肉组织也在生长和发育；体重 50～60 kg 时，肌肉组织充分发育；90～100 kg 阶段，肉质得到改善，又称为肉质改善期，即肌细胞中干物质相对增多，肌肉组织生理生化功能完善；在体重 100 kg 以后，脂肪组织又强烈地生长，胴体的背膘厚度增加，腹部脂肪和肌间脂肪沉积量增加。皮肤的生长是随体积的增大而增加，但皮肤厚度的增加，除品种特点外，其最旺盛时期还是在脂肪沉积之后，所以在养猪生产中有小猪长骨、中猪长皮(指内脏)、大猪长肉、肥猪长膘的规律。表 3.1 说明对后备猪的饲养目的明显不同于相同阶段的育肥猪。

表 3.1 育肥猪和后备母猪营养需要的区别

组织器官	育肥猪	后备母猪
体内脂肪	育肥猪需要较高的瘦肉率，尽量降低皮下脂肪	后备母猪需要必要的体脂储备，否则繁殖性能会下降
骨骼	不太重要	较宽大的骨架，较好的骨骼强度。需要充足的钙、磷储备
内脏器官	希望内脏尽量少，以提高出肉率	对繁殖性能影响很大，包括生殖系统的良好发育

2. 后备猪的生长发育控制

根据猪的生长发育固有的特点和变化规律，在猪的生长发育过程中进行人为的控制和干预，可以改变猪的生长发育过程，满足生产中的不同需求。后备猪与商品猪不同，商品肉猪生产主要是利用猪出生后早期骨骼和肌肉生长发育迅速的特性，充分满足其生长发育所需的营养，采取自由采食的饲喂方式，使其能够具有较快的生长速度和发达的肌肉组织，实现提高猪瘦肉产量、品质及生产效率的目的；商品猪生长期短，6 个月左右，体重达到 90～110 kg 即可屠宰上市。后备猪是作为种用的，不仅生存期长达 3～5 年，而且还担负着周期性强和较重的繁殖任务。

后备猪的培育与商品肉猪生产的目的和途径皆有不同，后备母猪培育则是利用猪各种组织器官的生长发育规律，控制其生长发育所需的饲养条件，如饲料营养水平、饲料类型等。因此，饲养过程中，应根据后备种猪生长发育规律，按相应的饲养标准配制营养全面的饲粮，在不同阶段控制饲料类型、营养水平和饲喂量，保证或抑制某些组织器官的生长发育，从而培育出良好、体质健壮，消化、繁殖等机能完善，具有较高种用价值的后备猪。

后备猪生产发育控制的实质是控制其各组织器官的生长发育，外部反映在体重、体型上，因为体重、体型是各种组织器官生长发育的综合结果。构成猪体的骨骼、肌肉、皮肤、脂肪等四种组织的生长发育阶段过程中，肌肉居中，出生至 4 月龄相对生长速度逐渐回升，以后下降，脂肪前期沉积很少，6 月龄前后开始增加，8～9 月龄开始大幅度增加，直至成年。不同品种性别的猪种有各自的特点，但总的规律是一致的。后备母猪生长发育控制的目标是使骨骼得到较充分的发育，肌肉组织生长发育良好，脂肪组织的生长发育适度，同时保证各器官系统的充分发育。

3.后备猪的管理

(1)合理分群。为使后备猪生长发育均匀整齐，性成熟前应按性别、体重进行分群饲养，即公母分开和大小分开。后备母猪一般为群养，每圈可养 4～6 头，每头猪占地 1.5～2.0 m^2。到达性成熟后应单圈饲养，以防互相爬跨，损伤阴茎，食欲减退，生长迟缓。小群饲养有两种方式，一是小群合槽饲喂，这种方法优点是操作方便，缺点是易造成强夺弱食，特别是后期限饲阶段；二是单槽饲养小群运动，优点是吃食均匀，成长发育整齐，但圈栏、食槽、设备等投入增大。

(2)适度运动。运动既可强健后备猪的体质，增强四肢灵活性和坚实性，使猪反应灵敏，动作灵活，还可促进后备猪骨骼和肌肉的正常发育，防止过肥，保持匀称结实的体型。后备公猪有性欲要求后，多运动不仅增进食欲，增强体质，而且还能避免自淫。

运动有运动场内自由运动、驱赶运动和放牧运动等形式。目前大多数猪场均采用前者，有条件的猪场可大胆采用放牧运动，使后备猪经常获得新鲜的空气、充足的阳光、丰富的青绿饲料，提高后备母猪的发情比例；其次，放牧运动还可从土壤中获得大量矿物质和微量元素，增强疾病的抵抗能力，降低营养元素缺乏症的发生比例。如后备公猪要合群运动，必须从小开始，并应保证猪群稳定，避免经常打斗。

(3)及时调教。后备猪从小就要加强调教管理，一要严禁粗暴对待猪只，建立人与猪的和睦关系，如进行口令和触摸等亲和训练，以利于将来采精、配种、接产、哺乳等操作管理；二要训练猪只养成良好的生活习惯，特别是每天的工作日程不要随便发生变动，如定时吃料、定点排泄、定时睡觉，定时圈舍清扫、冲洗、消毒等；三是在后备公猪达到配种年龄和体重后，应及时进行配种和采精的调教。

(4)定期称重。不同品种的后备猪各阶段体重的增长有一定的差别，应根据各自品种的体重要求定期称重，最好每月称重一次，6 月龄时还应进行体尺测量及背膘厚度测量，并统计其饲料消耗量。根据定期称量的个体重即可掌握后备猪生长发育状况，再依据本品种选种标准，适时调整饲粮饲养水平和饲喂量，从而达到控制后备猪生长发育的目的。后备猪还需要加强防寒保温、防暑降温、清洁卫生等环境条件的管理。

(5)隔离与适应。对引入公猪的隔离与适应程序是猪场保持健康发展的一项必要措施，特别是蓝耳病阳性场引进阴性猪时此项工作显得尤为重要，否则公猪极有可能出现无精、死精、精液稀薄的情况。在实际操作中隔离的时间最少不应低于2周，以4周为宜，如果引种的原有猪场为蓝耳病阳性，则需隔离8周以上。隔离期完毕后如果猪只正常就进入适应期，可一直持续到配种。

适应的目的是使新进的种猪与原有猪群的微生物环境达到平衡，主要采用接触原场猪只的粪尿，用其他猪只与新公猪邻近关养，用产房的新鲜死胎（剖开）、胎衣、木乃伊拌料喂给新公猪吃等方式。

4.后备猪的使用

后备猪发育到一定月龄和体重时，便有了性行为和性功能，称为性成熟，此时公母猪具有了繁殖能力。性成熟时间与品种、饲养管理水平和气候条件有关。公猪使用时间：9～10月龄，体重达120～140 kg，开始使用时1周不能多于2次，使用次数过多会使母猪受胎率和产仔率下降；母猪使用时间：早熟的地方品种生后6～8月龄、体重50～60 kg可配种，晚熟的培育品种（如法系白猪）应在8～9月龄，体重达110～130 kg，而且经过了两次真正的发情周期，否则就不宜配种。

配种过早，其生殖器官仍然在发育，排卵数量少，产仔数少，仔猪初生体重小，母猪乳腺发育不完善，泌乳量少，造成仔猪成活率低。配种过晚，由于饲养日期长，体内会沉积大量脂肪，身体肥胖，会造成内分泌失调，使母猪发生繁殖障碍，如不易发情、产仔数少、分娩困难等。最理想的初配时机是使年龄和体重同时达到标准要求。如果后备母猪的饲养管理条件较差，虽然月龄达到初配时期而体重较小，最好适当推迟初配年龄；如果饲养管理条件较好，虽然体重达到初配体重要求，而月龄尚小，最好通过调整饲粮营养水平和饲喂量来控制体重，待月龄达到要求再进行配种。

公猪的年替换率在40%～50%之间。如果公猪管理不当，出现无精、死精、精液稀薄或调教不成功的情况，对猪场将造成很大的损失。每年应选留30%的后备母猪充实母猪队伍，以提高和改善整个猪场母猪群的生产力。

（二）空怀母猪的饲养管理技术

广义上说，空怀母猪指已达配种适龄尚未配上种的后备母猪以及母猪从仔猪断乳后直至发情配上种的哺乳母猪，包括断乳母猪、流产母猪、返情母猪、长期不发情母猪。在实际生产中，一般把母猪从仔猪断乳到怀孕这段时间称为空怀期，也称配种准备期。

饲养空怀母猪的目的，是保持正常的种用体况（不肥不瘦），能正常发情、排卵，并能及时配种受孕。

1.空怀母猪的特点

（1）断乳到再次发情时间间隔短。母猪空怀期比较短暂，正常情况母猪一断乳就进入空怀期。经产母猪断乳后 2～5 d，初产母猪断乳后 3～7 d 就开始发情并可配种。有些在 7 d 后 10 d 内也配种完毕，只有少数的母猪由于个别原因发情延迟。所以，在这样短暂的几天内，一定要加强空怀母猪的饲养管理，挖掘和利用这一潜力，使母猪多产卵子，多受胎；对于初产母猪，还要在断乳后根据情况采用注射 PMSG 的方法进行药物催情，以解决初产后发情延迟和二胎产仔少的问题。

(2)发情受断乳时间和膘情的影响。根据研究证实，母猪促乳素与催情素呈相互抑制的关系，母猪一般在分娩后 3 周泌乳量最高，在泌乳量较高的第 4～5 周龄断乳，乳水分泌受到抑制使促乳素急剧下降，从而刺激催情素释放，母猪容易发情。母猪过肥或过瘦都会影响催情素的释放从而影响母猪发情。越是乳水多的母猪，断乳后越容易发情，正常的母猪从断乳到发情一般只有 3～7 d。

2.空怀母猪的饲养技术

(1)促使母猪尽快干乳。在仔猪断乳前几天，母猪还能分泌相当多的乳汁(特别是早期断乳的母猪)，为了防止断乳后母猪患乳房炎，在断乳前后 2 d 要减少配合饲料喂量，给一些青粗饲料充饥，促使母猪尽快干乳。另外，对于断乳时过度消瘦的母猪，断乳前可以不减料，断乳后及时优饲增加喂料量，使其尽快恢复体况，及时发情配种。

(2)合理供给营养。在正常的饲养管理条件下的哺乳母猪，经过 21～35 d 的哺乳，多数母猪比较瘦弱，如不及时复膘，发情将会推迟或发情微弱，甚至不发情。即使发情，排卵数也减少，卵子发育也不健全，甚至出现配不上种的现象。因此，空怀期应加强母猪营养，迅速增膘复壮，争取发情配种时达到 8 成膘情，进入下一个繁殖周期。断乳前后都要少喂料，断乳后不宜采用短期优饲的方法，并要加强运动。

①满足营养需要，合理搭配饲料。饲料配合注意饲料的多样化，合理搭配，确保饲料的全价性。注意各种添加剂的使用，平时注意供给一些青绿多汁饲料，因为青绿饲料中不仅含有多种维生素，还含有一些具有催情作用、类似雌激素的物质，以促进母猪的发情。

②根据体况调整饲喂量。空怀母猪多采用湿拌料、定量饲喂的方法，每日喂 2～3 次，中等膘情以上者每天饲喂 2.5～3 kg。对于断乳前体况相当好甚至过肥母猪，断乳前两天应减料，断乳当天不喂料，断乳后第 2 天至配种增加饲喂量，使母猪体况尽快恢复。日喂量加至 2.5～3 kg，一旦配种后，立即降至 1.8～2.0 kg/d，按膘情喂料。对那些在仔猪断乳后极度消瘦而不发情的母猪，可让其自由采食，使其较快地恢复膘情，并能较早地发情和接受配种。后备母猪则可在配种前 7～10 d 开始加料，加料时间一般为 1 周左右。增加喂料量对刺激内分泌和提高繁殖机能有明显效果。

在生产中人们通常用目测评分对母猪体况进行评估，这是一种相对较为粗糙但很实用的方法。该法主要是通过肉眼观察尾根部、臀部、脊柱、肋骨的脂肪存积量与肋部丰满程度判断母猪的营养状况。膘情评定采用五分制：1 表示很瘦，2 表示瘦，3 表示标准，4 表示肥胖，5 表示过肥。具体评分方法详见母猪体况评分表（表 3.2）和母猪体况示意图（图 3.1）。

表 3.2 母猪体况评分表

项目	1	2	3	4	5
脊椎	明显看见	可看见	看不见	难摸到	很难摸到
尾根	有深凹	有浅凹	没有凹	没有凹，有脂肪	脂肪很多
骨盆	明显	可见	看不见需摸	难摸到	很难摸到

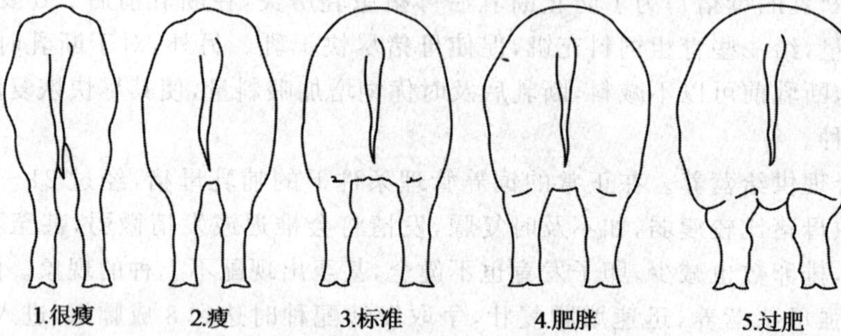

图 3.1 母猪体况示意图

（3）空怀母猪的管理技术。空怀母猪在 1 周左右时间完成配种，然后观察 4 周，确定妊娠后（可采用公猪试情或妊娠诊断仪）转入妊娠猪舍，没有配上的转入下批继续参加配种。要使空怀母猪正常发情配种，提高妊娠率，缩短产仔间隔，加强空怀母猪的管理是不可忽视的工作。

①合理分群，小群饲养。要求按体质强弱、品种等分群饲养，对体弱和四肢有病的母猪单栏饲养，注意加料。

一般将断乳后的母猪移到空怀母猪舍，将 4～6 头同时断乳或相近的母猪饲养在一个圈内，仔猪在原地再生活 2～5 d。空怀母猪舍一般都接近公猪舍，以刺激母猪发情。实践证明，小群饲养母猪可促进发情，特别是首先发情的母猪由于爬跨和外激素的刺激，可以诱导其他空怀母猪发情，而且便于饲养管理人员观察发情母猪，也方便用试情公猪试情。

②加强管理，促进发情。加强运动，增加光照，保持舍内的空气新鲜，有条件的可结合放牧，这样母猪既得到了运动，吃到了青绿饲料，呼吸了新鲜空气，还进行了日光浴。因此，放牧运动对促进母猪的发情排卵作用很大。

在空怀母猪舍，要每天上、下午用试情公猪各试情 1 次，这样不仅可以找出发情母猪，还可以刺激母猪发情。断乳时过度消瘦的母猪或发生繁殖障碍后的母猪常出现断乳后不发情的现象，在采用疫苗接种、抗生素防治的同时，要采取有效的措施促进发情配种，如补料催情、母猪合群运动、乳房按摩和公猪诱情等方法。若以上方法无效时可采用激素催情，先注射前列腺素，经 3～5 d 待母猪阴部呈现肿胀时，再用孕马血清 1 000 IU 注射，母猪一般可在注射后 3～5 d 出现发情，此时就可以配种。另外，也可应用中药催情或向子宫内注入清宫促孕宝催情。如果空怀是持久黄体所致，可考虑应用氯前列烯醇治疗。

③保持猪舍的清洁卫生，做好冬季保温、夏季防暑工作。每天上、下午各清扫 1 次圈舍，平常认真训练母猪定点排粪尿。安装饮水器的一侧为排泄区，对非排粪区的粪尿要及时清扫。寒冷的冬季和炎热的夏季对猪的健康都有不利影响，甚至影响发情配种。因此，防寒防暑也是不可忽视的工作。

④认真观察，及时输精。饲养人员要认真观察母猪发情表现，协助配种员做好配种工作。在实践中掌握好发情规律，严防漏配。每日早、中、晚 3 次寻查发情猪只，并做好标记。母猪一旦出现站立反应后开始输精，隔 8～12 h 再输一次，也可配种 3 次。输精时间控制在 5～10 min。对配完种的母猪群，18～19 d 后，饲养员要每天引导公猪到猪舍刺激母猪，使一些未孕的母猪如期返情(配种后 21 d 左右)，并及时配种。对于未孕而又没如期返情的母猪可借助妊娠诊断仪，在第 25～30 天将其查出，赶回配种舍，促其发情。对于一个正常返情的母猪，错过第一次返情，最少会造成 21 d 的非生产天数，在管理上这是不能容许的。

⑤淘汰不合格的母猪，保持母猪群合理的结构。种猪的年淘汰更新率在 1/3 左右。理想的母猪群胎次结构是：第 1 胎母猪占 20%，第 2 胎占 18%，第 3 胎占 17%，第 4 胎占 15%，第 5 胎占 14%，第 6 胎占 10%，第 7 胎以上占 6%。对患有瘫痪和四肢病的母猪应及时进行治疗，对离乳后经催情处理后不发情、连续 3 个情期配种不孕、患子宫炎经药物处理 2 个情期不愈、连续 2 胎产仔数在 6 头以下、哺乳性能差及长期患有肢蹄疾病的母猪应及早淘汰。

⑥严格遵守配种计划，不乱配或错配。详细做好档案记录，随猪群转移而完整移交。

(4)发情与适时配种

①母猪的发情周期　种用母猪非妊娠条件下，每间隔一定时期均会出现一次

发情，通常将这次发情开始至下次发情开始或这次发情结束至下次发情结束所间隔的时期，称为发情周期。猪的发情周期为18～23 d，平均为21 d。不同品种间存在差异，地方品种一般为18～19 d，杂种为19～20 d，国外品种如大约克夏为20～23 d。

②母猪发情持续期　母猪发情持续期为2～5 d，平均为2.5 d。春季和夏季发情持续期稍短，而秋季、冬季稍长。国外引进品种稍短，老龄母猪发情较短，青年母猪则稍长。

③产后发情时间　正常情况下母猪断乳后1周左右发情，是配种的最佳时间。另外，母猪在产后还有另外两次发情机会，第1次为分娩后3～4 d，只有发情征状或发情轻微，不排卵，不能配种；第2次是分娩后27～30 d，有卵子排出，条件允许可以配种，但因在哺乳期，应特别注意。

④母猪适时配种时间的判定　公、母猪交配期主要根据母猪发情、排卵规律、精子和卵子在母猪生殖道中存活时间来确定。

精子在母猪生殖道内能存活约24 h，卵子在卵巢释放后约6 h内受精是可能的。公猪配种时排出的精子要经过2 h左右，才能到达受精部位即输卵管上1/3处。所以，适宜配种的时间为母猪排卵前2～4 h，即母猪发情开始后的20～34 h。在生产中，用手压母猪的背部或臀部，母猪呆立不动，或用试情公猪爬跨出现呆立不动时即为配种适期。首次配种应在静立反射开始后12～16 h完成。

一般母猪发情后24～42 h开始排卵，排卵持续时间为10～15 h，排出的卵在输卵管内能存活6～18 h，保持有受精能力的时间为8～12 h。精子在母猪生殖道内能存活约24 h，保持有受精能力的时间为10～20 h，配种后精子到达受精部位（输卵管壶腹部）所需的时间为2 h左右。据此计算，适宜的交配或输精时间是在母猪发情后20～30 h。交配过早，当卵子排出时，精子已丧失受精能力；交配过晚，当精子进入母猪生殖道内，卵子已失去受精能力。两者都会影响受胎率，即使受精也可能因结合子活力不强而中途死亡。

在实际生产中，一般无法掌握发情和能够接受公猪爬跨的确切时间。为避免错过最适配种时间，应每天早、晚两次利用试情公猪对待配母猪进行试情（或压背反射）。只要母猪可以接受公猪爬跨或出现压背反射，即配第1次。第1次配种后经10～16 h，再配第2次。一般一个发情期内配种两次即可。

流产母猪第1次发情不要配种，生殖器官有炎症的母猪治愈后才配种，每个情期配种2～3次，断乳后7 d内应有90%以上母猪发情配种才认为正常。

另外，不同品种和年龄的母猪，发情持续时间与排卵时间不同。就品种而言，本地猪发情后宜晚配（发情持续期长），引进品种发情后宜早配（发情持续期短），杂种猪居中间。就年龄而言，一般老龄猪排卵较早，青年猪排卵较晚，所以就有“老配早，小配晚，不老不小配中间”的说法。

观察和记录母猪的发情周期规律，有利于判断母猪的生殖健康状况、进行妊娠诊断和营养调控。

(5)配种方式的选择。母猪配种方法有人工授精和自然交配两种。人工授精法适用于有条件的大型猪场，自然交配法适用于小型猪场。对自然交配法而言，又可以分为以下 4 种方式，具体使用哪一种方式，视猪的实际情况而定。

①单次配种　在母猪的一个发情期内，只用一头公猪交配一次。此方式适用于能很好地掌握母猪的发情规律、适时配种的情况下，能获得较高的受胎率，并减轻了公猪的负担。

②重复配种　在母猪一个发情期内，用同一头公猪先后配种两次。一般在发情开始后 20～32 h 配一次，间隔 12 h 再配一次。多数猪场均采用此法，既可增加产仔数，又不会混乱血统关系。

③双重配种　母猪在一个发情期内，用不同品种的两头公猪或同一品种的两头公猪，先后间隔 5～10 min 各配一次。商品猪场可采用此法。

④多次配种　一头母猪一个发情期内用同一头公猪(或不同公猪)交配 3 次或 3 次以上。在生产中，3 次配种适合于初产母猪或某些刚引入的国外品种。3 次以上的配种并不能提高产仔数，因为配种次数过多，造成公、母猪过于劳累，会影响性欲和精液品质。

(6)促进母猪发情排卵的方法

①用试情公猪追爬不发情的空怀母猪，通过公猪的外激素、气味和接触刺激，促进母猪发情排卵。这种方法简便易行，效果明显。

②把不发情的空怀母猪合并到有发情母猪的圈内饲养，通过爬跨和外激素刺激，促进母猪发情排卵。

③对不发情母猪按摩乳房可促进发情。方法是每天早晨喂食后，进行 10 min 的表层按摩，即在乳房两侧前后按摩。当母猪出现发情症状后，改为表层和深层按摩各 5 min。配种当天早晨，全部进行 10 min 的深层按摩，即在每个乳房周围用五个手指按摩。

④将不发情母猪放入大圈内饲养，增加活动空间和范围，或驱赶运动，可促进新陈代谢，改善膘情，有利于发情。若能结合光照，并在运动场上添加一些青绿饲料，效果更好。

⑤将产仔数过少或泌乳能力差的母猪，在仔猪吃完初乳后，全部寄养给同期产仔的其他母猪哺育，这些母猪可提前回乳，进而发情配种，增加年产仔窝数。

⑥目前用于促进母猪发情的激素很多，比较有效且价格便宜的有孕马血清促性腺激素(PMSG)和人绒毛膜促性腺激素(HCG)。使用孕马血清促性腺激素时，可进行皮下注射，每日 1 次，连续 2～3 次，第 1 次 5～10 mL，第 2 次 10～15 mL，第 3 次 15～20 mL，注射后 3～5 d 即可发情。

(三)种公猪的饲养管理技术

饲养种公猪的目的是为了提供高质量的精液给母猪配种，以获得大量优质高产的仔猪。公猪质量不佳、品种不好以及配种时机把握不好等因素，不仅会造成母猪产仔减少或不孕，而且会影响后代质量，使生产力降低。因此，种公猪的好坏是科学养猪、提高母猪产仔数、降低饲养成本、提高经济效益的一项重要保证。

1. 种公猪的饲养

(1)营养需要　种公猪的营养水平和饲料喂量，与品种类型、体重大小、配种利用强度等因素有关。营养水平过高可使种公猪变得肥胖，过低可使其消瘦，两者均会影响种公猪的配种能力。因此，设计种公猪的日粮配方时，主要考虑提高其繁殖性能。一方面要求日粮中的能量适中，含有丰富的优质蛋白质、维生素和矿物质；另一方面要求日粮适口性好，体积小。

(2)饲养方式　根据公猪全年配种任务的集中和分散，分为两种饲养方式。

①一贯加强的饲养方式　在常年均衡产仔的猪场，母猪实行全年分娩时，公猪需负担常年的配种任务。因此，全年都要按配种期的营养水平和饲喂量来饲养。配种期的营养标准为：每千克配合饲料含可消化能 12.97 MJ，粗蛋白质 15%，日喂量 2.5～3.0 kg。

②配种季节加强的饲养方式　母猪如实行季节性分娩时，种公猪的饲养管理分为配种期和非配种期。配种期饲料的营养水平和饲料喂量均高于非配种期，饲养标准增加 20%～25%。一般在配种季节到来前 1 个月，在原日粮的基础上，加喂鱼粉、鸡蛋、多种维生素和青饲料，使种公猪在配种期内保持旺盛的性欲和良好的精液品质，提高母猪的受胎率和产仔数。在寒冷季节，环境温度降低时，饲养标准也应提高 10%～20%。

(3)饲喂技术

①饲料品种要多样化，品质好，适口性强，易消化。注意公猪的日粮体积应以小为好，不应有太多的粗饲料，以防止形成草腹，影响配种。

②经常注意种公猪的体况，不得过肥或过瘦，根据情况随时调整日粮。

③日粮调制宜采用干粉料、颗粒料和湿拌料为好，加喂适量的青绿多汁饲料，并供给充足清洁的饮水。

④饲喂要定时、定量，每天 2 次，每次喂得不可过饱，有八成饱即可。

⑤如果饲养的种公猪头数少，在当地买不到专门的公猪料而自己又没有能力配制时，可用哺乳母猪料代替公猪料，但不宜采用其他猪群的饲料，如生长肥育猪料等。

2. 种公猪的管理

(1)加强运动。运动可使公猪愉悦，进而促进食欲、增强体质、提高抗病力、提高性欲和精液品质，并能避免肥胖。因此，除大风大雨及中午炎热外，每天应坚持让种公猪运动，保证上、下午各运动 1 次，每次行程 2 km。夏季可在早、晚凉爽时进行，冬季可在中午运动 1 次。

(2)刷拭、修蹄及做好卫生防疫。每天定时用刷子刷拭猪体，热天结合淋浴冲洗，可保持皮肤清洁卫生，促进血液循环，少患皮肤病和外寄生虫病。这也是饲养员调教公猪的机会，可建立人与猪的亲和关系，使种公猪温顺听从管教，便于采精和辅助配种。要注意保护猪的肢蹄，对不良的蹄形进行修蹄，蹄不正常会影响活动和配种。

根据当地疫病流行情况，每年春、秋 2 次有选择地进行猪瘟、猪丹毒、猪肺疫、猪伪狂犬病、猪呼吸与繁殖障碍综合征、猪链球菌病、乙脑等预防注射工作。每年进行 3～4 次的血清学常规检测，每头公猪都应进行猪瘟和猪伪狂犬等检测，淘汰野毒呈阳性的公猪，避免通过配种环节感染给阴性的母猪。加强消毒工作，防止交叉感染，定期做好灭蚊、灭蝇工作，按时驱除体内外寄生虫。体外用 1%～1.5%敌百虫每 2 个月喷一次体表，应使用喷雾器喷湿猪体全身。体内寄生虫每年春、秋驱虫两次。猪患热性病，精子活力降低，特别是睾丸阴囊局部高烧往往会出现所射精子全部为死精的现象，配种时应注意。

(3)保证合适的种用体况。公猪种用体况是指不过肥不过瘦，七八成膘为宜。对于七八成膘的判定方法是外观既看不到骨骼轮廓(髋骨、脊柱、肩胛等)又不能过于肥胖，用手稍用力触摸其背部，可以触摸到脊柱为宜。也可以在早晨喂饲前空腹时根据其腰部下方及膝褶斜前方呈扁平或略凸起判断，若凸起太高说明公猪偏于肥胖，相反此部位凹陷则过于消瘦。偏肥、偏瘦均会影响种公猪使用，应及时调整日粮营养水平和运动强度等。

(4)定期检查精液品质。实行人工授精的公猪，每次采精都要检查精液品质，本交的精液至少每月检查一次，目的是掌握公猪的使用情况，发现问题后及时调整营养、运动和配种强度。

(5)单圈饲养。种公猪好斗，应单圈饲养，减少因打斗造成不必要的伤害，也可防止相互爬跨，频繁射精，降低种用价值。另外，圈应建在场内的上风向，否则公猪容易闻到母猪气味而兴奋不安、爬圈，过度地消耗公猪的体力和精液，造成公猪未老先衰，降低公猪的使用年限；有时会造成公猪的自淫现象，大大降低精液品质，严重影响母猪受胎率。

(6)养成良好的生活习惯。通过建立正常的饲养管理制度，如饲喂、饮水、放牧、采精或配种、运动、刷拭休息等各项作业都应在大体固定的时间内进行，利用条件反射养成规律性的生活习惯，除了便于管理操作，减小劳动强度外，还能增进健康，减少应激，提高配种能力。

(7)防止公猪咬架。公猪好斗，特别是成年公猪，如偶尔相遇就会咬架。公猪咬架时应迅速放出发情母猪将公猪引走，或者用木板将公猪隔离开，也可用水猛冲公猪眼部将其撵走。

(8)适宜的环境条件。公猪的最适温区为18～20℃，相对湿度为60%～80%，睾丸正常温度应比体温低2～3℃。在管理中，相对于防寒保温来说，在夏天对公猪有效的防暑降温更为关键，因为温度升高将导致生殖上皮变性，雄性激素合成受阻，精子受损，生精机能下降，精液品质下降。30℃以上就会降低精液品质，并在4～6周后降低繁殖配种性能，主要表现为返情率高和产仔数少，因此将圈舍温度控制在30℃以内是十分重要的。

(9)合理利用

①掌握好适宜的配种年龄及体重，不可过早或过晚。我国地方品种8～9月龄，体重80 kg以上进行初配；培育及引入品种10月龄以上，体重110～120 kg进行初配。对初配公猪还要进行调教，使用体型相似、易接受爬跨的经产母猪进行调教训练，或用已被其他公猪配过种但仍处于静立发情的母猪训练。注意适当配种强度，如公猪长期不用，同样性欲降低，精液品质差。

②掌握适宜的配种强度。配种次数频繁，会导致种公猪性欲降低、精液品质差，严重影响母猪受胎率。初配公猪每周配种2～3次为宜；成年公猪每天不超过2次(间隔8 h以上)，每周不超过10次，连续配种3 d，中间休息1 d。

③合适的公母比例。一般用本交进行季节性配种的猪场，公与母的比例为1∶(15～20)，分散配种的猪场，公与母的比例为1∶(20～30)。本地猪公母配种比例可按1∶50确定，人工授精的猪场公猪尽量少养、精养。可根据需要确定饲养品种和数量，人工授精公母比例为1∶(300～1 000)，具体按种公猪精液的数量和质量确定。

④严格淘汰。公猪的淘汰要根据年龄、使用频率、性欲和精液品质综合考虑。公猪较母猪生长快，成熟晚，公猪的睾丸会一直生长到12月龄，这时才能看做是成年公猪，使用年限以1～1.5年为宜。实行人工授精的规模化猪场，应建立每头公猪的采精评估表，定期对采精公猪进行评估，根据精液气味和色泽、射精量和有效

精子数、精子活力、精子畸形率等，对精液品质差的公猪尽早淘汰。淘汰性欲低的公猪。

(10)异常状态的处理

①防止公猪发生自淫。公、母圈远离，相互听不见声音；公猪圈要严密，不让其看到外面的事情；单圈饲养，圈墙要高，使其爬不上墙头，加强运动，让其有一种劳累感；建立正确的饲养管理制度。

②防止公猪血尿。若公猪血尿应立即停止配种，休息 1 个月，休息期间饲喂较好的蛋白质饲料和青绿多汁饲料，恢复健康后严格控制配种次数，否则再发生尿血就不好调理了。

③解决公猪低性欲问题。过肥减料撤膘，加强运动，加喂青绿多汁饲料；公猪过瘦加强营养，尽快恢复膘情；初配公猪，配种不要过晚；用发情好的母猪逗引公猪，增强其性欲；使用药物治疗，注射脑垂体前叶激素、维生素 E，提高其性欲。

3.配种方法及要求

本交又可分为自然交配和人工辅助交配。自然交配是把公、母猪放在一起饲养，让其自然交配，这种配种方式在养猪生产上已很少采用。人工辅助交配是在母猪发情时，将母猪赶到配种栏，配种员必须自始至终守在旁边，一旦开始爬跨，用手把母猪尾巴拉开，另一手引导阴茎插入阴道。如有必要，可用脚(腿)顶住母猪，以防止在交配过程中公猪抽动过猛母猪承受不住而中止交配。

人工辅助交配时，配种场地和周围要安静，无噪声干扰，配种前首先将公猪的包皮和母猪的外阴部用 0.1%的高锰酸钾溶液擦洗消毒，驱赶公猪时不要过于粗暴。如果在室外配种，要求地势平坦，地面坚实而不光滑；公、母猪的搭配要合理，根据母猪的体况、大小、四肢的情况来选择公猪。确保交配过程稳定，时间尽可能长些。当公猪射精完后，立即将公猪赶走，以免进行第 2 次交配，这种方法能合理地使用公猪。另外，在炎热的季节，配种应在当天清凉时候(早、晚)进行，刚配完种的公猪不能用水喷射猪体。

(四)猪的人工授精技术

1.公猪的调教

公猪性成熟后即可开始调教，由于各个品种不同，性成熟的年龄差异较大。外来品种 7～8 月龄性成熟，8～9 月龄开始调教训练；国内品种 4～6 月龄性成熟，7～8 月龄开始训练采精。调教方法有以下几种：

(1)观摩法　应先让青年公猪观摩成年公猪交配或采精，激发性冲动，经旁观 2～3 次大公猪和母猪交配后，再让其试爬假台畜进行试采。

(2)发情母猪引诱法　用发情明显的后备母猪或青年母猪让新公猪爬跨，等新公猪阴茎伸出后用手握住螺旋阴茎头，有节奏地刺激阴茎螺旋体部可试采下精液。

(3)外激素或类外激素喷洒假台畜法　用发情母猪的生殖道分泌物或尿液、大公猪的精液、包皮冲洗液喷涂在假台畜背部和后躯，引诱新公猪接近假台畜，让其爬跨假台畜。

训练公猪采精必须细心和有耐性，应亲切、温和地对待受训公猪，不能采用粗暴的方式，确保受训公猪不会失去信心。调教成功后要连采几天，以巩固其建立起的条件反射，一定不能将受训公猪放入群养母猪中，特别是当母猪正在发情时。在调教阶段的配种可能不会受精，因此所配母猪需要用另一头成年公猪来重复配种，以确保其受孕。

训练公猪采精的人员应固定，以免更换人员时，公猪感到不适应或由于不良刺激导致采精失败。

2. 采精

(1)采精的方法　采精分假阴道法和徒手法两种。

①徒手采精法　由于不需要器械，方法简便，可分段收集精液，因此最近几年世界各国普遍流行。采精前，剪去公猪包皮周围长毛，采精员戴上消毒过的胶皮手套，蹲在假台猪右侧后方，手要握成空拳，待公猪爬跨假台猪伸出阴茎时将阴茎导入空拳内，轻握阴茎的螺旋部，使龟头露出手掌外，并以拇指压其顶端，且有节奏地轻握。当公猪阴茎充分伸出，用无名指和小拇指轻轻摩擦阴茎前端，随阴茎充分勃起时顺势牵伸向前，手指有弹性、有节奏地调节压力，待公猪射精时收集精液。待公猪爬跨母猪后，用0.1%高锰酸钾溶液将公猪包皮附近洗净消毒，并用生理盐水冲洗干净。

②假阴道采精法　采精员右手紧握假阴道或将假阴道固定在假台猪后部，术者蹲在台猪右侧，当公猪爬上台猪背侧时，轻握包皮对准假阴道入口，待阴茎伸出自然插入。此时，采精员要有节律地挤压双链球，调节好假阴道内的压力，增加公猪快感。如公猪伏卧假台猪上不动，尾根和肛门有节律地收缩，即为射精，此时，应将假阴道后端的胶漏斗斜向下方拉直，以利精液流入集精瓶，避免精液发生倒流现象。假阴道法是借助模仿母猪阴道功能的器具，只能采集全成分精液，要求设备多，清洗费时费力，现在采用较少。

(2)准备工作

①采精场地准备　采精场地应开阔、明亮、安静、平坦、清洁。采精场地外围应设有高1.2 m相距约30 cm的铁柱防护栏，人可侧身穿过，公猪则不能越过，避免公猪狂躁时伤人。有条件要建2间采精室，一间用于采(输)精和洗涤器材，另一间

用于精液处理。在采精时用录放机播放公、母猪自然交配时的“哼哼”声最佳。

②台猪准备　台猪要尽量满足种公猪的要求，选择体格大小适当，性情温顺，发情旺盛的母猪。也可采用假台猪，假台畜的制作应结实、稳定、高度可以调节，便于公猪爬跨。假台畜用钢木结构时，外面选盖一厚层弹性泡沫塑料，中间垫一层麻布，外用厚帆布或用剥制熟化后的猪皮更好。假台畜后面垫一块长 1.5 m、宽 1.2 m 的弹性橡胶垫，可防滑，保护公猪四肢，又易用水冲洗消毒。

③器械的清洗和消毒　器械用 2% 的碳酸氢钠（小苏打）液洗刷一遍，也可用品质好的洗涤液洗涤，再用清洁水冲洗 2～3 遍，最好用蒸馏水。清洗完毕后进行消毒，玻璃类、金属类用 75%酒精进行消毒，纱布、毛巾先煮沸后再恒温干燥灭菌（120℃，15～30 min）。输精胶管采用煮沸消毒或蒸汽灭菌，水温计采用酒精棉球消毒，稀释液采用隔水煮沸 10～15 min 或直接煮沸消毒。

④假阴道的准备　假阴道由外壳、内胎、集精杯、胶皮漏斗、气卡、双链球、胶塞组成。采精前应做好检查、清洗、安装、消毒、灌水、调压、涂油和测温等准备工作。

(3)精液收集　采精应在早晨未饲喂空腹时采精。如已饲喂必须在喂后 1 h 采精。公猪射精时卧伏在假台畜上不动，前肢拥抱假台畜，不断发出“哼哼”声，肛门不断收缩，即为射精表现。

公猪射精量为 150～500 mL，总精子数 560 亿～1 600 亿个。公猪射精时间为 6～10 min，出现 2～4 个射精波。第 1 次射精 1～3 min，射精量少，占 5%～10%。首先射出的 10～20 mL 精液中含微量尿液，细菌含量达 1 000 万/mL，精子数极少，pH 值为 8.4～9.0，此时不宜接取精液。第 2 次射精为 2～6 min，射精量占总量的 30%～50%，乳白色含大量精子和胶状物质。此时应立即以右（左）手持集精杯，放在稍离开阴茎龟头处将射出的精液收集于集精杯内。第 3～4 次射精时间为 3～8 min，射精占总量的 40%～60%。最后射出稀薄如水的液体，精子含量很少，含大量胶体物质，也不必接取。射完精后，待公猪退下采精台时，采精员应顺势用左（右）手将阴茎送入包皮中。不得粗暴推下或抽打公猪。

集精瓶内部应垫上一个塑料薄膜袋（可用保鲜膜代替），集精瓶应有 600 mL 容积，能保持 37～38℃的双层套杯，中间充 40～42℃温水即可保温。由于精子对温度（低温）十分敏感，防止精液突然降温引起不可逆的休克，采精后精液温度不得低于 35℃。精液由窗口递给实验室人员，只要称量塑料薄膜袋内精液重量，就可换算成体积或直接记录精液重量。

公猪采精通常每周 2 次，成年猪隔日采精，输精紧张时有时每天 1 次；青年猪（1 岁）和老年猪（4 岁以上）3 d 1 次。

3. 精液品质检查

精子是对外界环境最灵敏的指示剂。轻微的毒物、毒性对猪的反映还不明显的时候，精液品质早已有了显著的变化。精液品质检查的目的是：①鉴定精液品质的优劣，确定精液是否可以利用；②根据检查结果，了解公猪的营养水平和生殖器官的健康状况；③了解公猪的饲养管理和繁殖管理对公猪的影响；④依据检查结果，确定稀释倍数，确定保存和运输的预期效果；⑤通过检查了解外界环境对公猪生殖力的影响，如高温的影响、空气和水源污染对公猪精液品质的影响等。

显微镜检查可以主观判断精子的活率（活动精子的百分率）、密度、正常形态率（或畸形率），检查室的温度要保持在15℃以上，精液用3～4层纱布过滤。

(1)精液量、色泽、气味和pH值　猪的精液正常色泽为乳白色或灰白色，略有腥味。出现脏物如毛、血、尿、脓，说明精液污染或生殖道患炎症，应立即将精液废弃，精液pH值为6.8～7.2。

(2)精子活力　指以直线前进运动的精子数占总精子数的比率。一般采用0.1～1.0"十级"评分制评定。从采精到输精，要做3次检查，即采出后、稀释后、输精前。方法是在载玻片上放一滴精液，用盖玻片压上，在400倍显微镜下观察，正常情况下直线前进运动的精子占总精子数在60%～95%之间，若直线前进运动的精子数占100%则评为1分，90%评为0.9分，80%评为0.8分，依此类推。鲜精活力要求最少不低于0.6分。

4. 精液稀释

在自然交配时，公猪一次只能配种一头母猪，而人工采集的公猪精液经过稀释处理后，通常情况下可配种20～30头母猪，而母猪的妊娠率不会降低。每次给发情母猪输入的精液中含有20亿～30亿个活动精子，可保证母猪的妊娠率。如一次采精量为300 mL，精子密度2.8亿个/mL，精液稀释保存2～4 d活力为65%，一次输精达到25亿个以上的活动精子，那么将300×2.8×65%/25可得稀释倍数，可将该精液稀释为22头份。一般情况，同一种稀释液，精子密度越大，所消耗能量越多，保存时间越短。

(1)精子密度　可通过电子精子计数器、分光光度计、显微镜血球计数板等方式测定。切记每份精液中所含精子的数量一般不低于1亿个精子。

(2)稀释液的配制　乳粉卵黄稀释液：先将10 g乳粉溶于少量水中调成糊状，再加蒸馏水100 mL，用纱布过滤，95℃水浴10 min，待冷却后加入卵黄15 mL，青霉素10万IU，链霉素10万IU。葡萄糖（蔗糖）稀释液：先将5 g葡萄糖溶于100 mL蒸馏水中，过滤后煮沸消毒，待冷却后加入磺胺粉。配制稀释液时，要求凡与精液直接接触的用具都必须严格消毒，使用前用少量同温稀释液冲洗，现配现用。卵黄、抗生素在临用时加入。

(3)稀释方法　将稀释液沿瓶壁徐徐倒入原精液中，并轻轻摇动盛精液的容器。稀释后的精液要防止剧烈震荡、日光直射和其他异物进入。树立无菌观念，周围环境清洁，温度从严掌握。常温保存法为15～25℃，低温保存法为0～5℃。

5.精液处理注意事项

在精液处理过程中小心保护、精心操作是十分重要的，否则精子活力迅速下降，受胎率降低。

(1)处理精液过程中要在无菌罩或超净工作台内进行，防止外界微生物侵入。

(2)避免精子所处环境过热过冷，防止温度突然变化。

(3)杜绝精子和水或有毒、有害化学物质接触。

(4)避免阳光、日光灯直接照射，最好在蓝色光线下操作。

(5)减少精液和空气接触，分装入瓶时最好灌至瓶颈，以减少接触空气面积，并可在其上层覆盖一薄层液体石蜡阻断空气更好。需长期保存的精液，上层充入氮气，效果更好。

(6)搅拌精液应缓慢、均匀，不可激烈搅拌或震动。

(7)实验室内严禁抽烟和使用挥发性有害液体(如苯、乙醚、汽油、香精等)。

(8)储存方法：3～4 h内的储存不用降温，放在常温保存即可。5 h以上的储存，可将已经自然降温的精液容器封严，放在15～20℃保温箱或保温瓶中储存，应在24 h之内用完。

(9)运输时精液容器应装满封严，并用毛巾包好，以免运输中振荡产生泡沫，尽量缩短运输时间，控制温度变化。冬季用保温箱调节箱内温度在20～25℃，防止忽高忽低。应避免直射阳光，烟、酒气味。

6.输精

输精的有效时期是在静立发情开始后12～24 h，输精员一手张开母猪阴门，一手持输精管插入阴道。先向斜上方推进10 cm左右，再向水平方向插进，边插边捻转，边抽送边推进，待插入30～50 cm(视母猪大小)，感到再不能推进时，便可缓慢地注入精液。如果发现精液逆流，可暂停一下，活动输精管，再继续注入精液，直至输完，再慢慢地抽出输精胶管。输精时间应和自然交配一样，一般为3～10 min，时间太短不利于精液的吸收，太长则不利于工作的进行。母猪每天至少要两次检查静立反应，特别是用鲜精进行人工授精的母猪。输精应当在母猪熟悉的环境中进行。输完后让母猪在正常的环境下安静地停留几小时，然后再让母猪离开配种场。一次配种记录包括2次输精，都应当认真做好记录。

(五)母猪繁殖障碍的处理措施

母猪繁殖障碍又称繁殖障碍综合征，是指母猪达到生育年龄而不能发情配种，或屡配不孕或异常分娩(流产、死胎)的总称。近年来，随着养猪生产集约化、工厂化的快速发展，饲养头数多，密度大，周转快，猪繁殖障碍性疾病已越来越多，很多猪场母猪的年配种分娩率只在60%～70%，个别大规模猪场母猪的年配种分娩率仅达50%左右，种猪繁殖性能受到很大影响，因此搞好猪场猪繁殖障碍疾病的防治已成为一项重要任务。

母猪繁殖障碍有传染性疾病引起的，也有非传染性因素引起的。

1. 传染性疾病导致的繁殖障碍及防制

传染性因素主要是病毒、细菌、螺旋体、衣原体和寄生虫以及以上各种病原混合或继发感染等。其中危害最大的主要是由病毒引起的，目前引起猪繁殖障碍疾病的病毒有猪细小病毒(PPV)、日本乙型脑炎病毒、伪狂犬病毒、猪繁殖与呼吸综合征病毒(PRRS)、猪瘟病毒、肠病毒等。这些疾病因素都可以导致母猪不发情或者流产、返情、产木乃伊胎、死胎、弱仔等繁殖障碍。

(1)传染性疾病种类

①细小病毒　本病在我国许多养殖场存在，病毒能通过胎盘感染使胎儿死亡，是猪繁殖障碍的主要原因之一。猪是唯一的易感动物，不同年龄、性别都可感染。受感染母猪特别是初产母猪分娩出木乃伊胎、死胎、弱仔猪，由于病毒感染时间不同和胎儿死亡的时间不同木乃伊胎的大小、多少很不一致。母猪本身没有明显症状，怀孕母猪预产期延长和发情延迟是常见临床现象。在本病发生后，猪场可能连续几年不断出现母猪繁殖失败。本病除经交配、人工授精或胎盘感染以外，也可通过被污染的饲料和环境经呼吸道和消化道感染。有些具有免疫耐受性的仔猪可能终身带毒和排毒。

②乙型脑炎　本病又称为日本乙型脑炎，是由日本乙型脑炎病毒感染引起繁殖障碍性疾病。此病在亚洲地区广为流行，由于本病疫区范围较大，是一种人畜共患传染病，危害严重，被世界卫生组织列入重点控制传染病之一。蚊子是本病的主要传播者，因此本病多发生于蚊子盛行的夏、秋季节。怀孕母猪患该病时妊娠后期突然发生流产。流产的胎儿呈木乃伊化，有的死胎，常见脑水肿，有的全身水肿，也有胎儿正常并发育良好，同一窝仔猪大小差别大。母猪流产后对继续繁殖无影响。公猪感染常见睾丸炎，多发生单侧性睾丸肿大，肿胀消退后变小、变硬。发病时体温升高，数日后自然康复。

③猪伪狂犬病　本病在我国广泛存在，是由伪狂犬病毒引起的家畜和野生动物一种急性传染病。哺乳仔猪感染该病后突然发病，体温升高，精神委顿，间有呕

吐和腹泻，表现神经症状和败血症死亡；成年猪呈隐性感染无明显症状；妊娠母猪发生流产，产木乃伊、死胎和弱仔猪等繁殖障碍，并在出生后几天内死亡；种猪导致不育。剖检幼龄病猪有时可见扁桃体坏死，肾脏点状出血和脾、肝有坏死灶。

④猪呼吸和繁殖障碍综合征　本病以生殖和呼吸道疾病为特征，因为部分病猪的耳朵一过性发绀，也称蓝耳病。于20世纪90年代开始在美国和欧洲一些猪场中流行，近几年来有全球蔓延趋势，给各国养猪业造成严重损失。本病由PRRS病毒引起的，接触性传染、流行。本病主要侵害繁殖母猪和仔猪，而肥育猪发病温和。猪场可见妊娠母猪流产、早产或到预产期分娩出死胎和大小不均木乃伊胎儿、弱仔。哺乳仔猪主要症状为肌肉震颤，后肢麻痹，共济失调，咳嗽、打喷嚏，昏睡，有的仔猪耳部发紫。产后一周内死亡率明显增高，可达40%～80%，断乳后仔猪常见呼吸困难，生长延缓，有的甚至死亡。感染的母猪有明显排毒，在鼻分泌物、粪、尿均含有病毒。耐过猪可长期带毒和不断向体外排毒。猪场卫生条件差、气候恶劣、饲养密度大，可促进本病的流行。因为本病可造成严重经济损失，因此在非疫区严禁从疫区引进活猪和公猪的精液。

⑤猪SMEDI综合征　SMEDI是死产（Stillbirth）、木乃伊化（Mummification）、胚胎死亡（Embryonic death）及不育症（Infertility）的缩写。1951年在美国纽约州流行，1965年分离并鉴定该病原为猪肠道病毒（PEV）。主要症状与细小病毒类似，表现为母猪产死胎、木乃伊胎、胚胎死亡和不孕症，母猪本身一般没有明显症状。

⑥猪瘟　当猪瘟病毒低毒力毒株感染妊娠母猪时，起初常不被觉察，病毒可侵害子宫的胎儿，造成母猪流产，胎儿死亡、木乃伊或畸形，死产或产出不久即死去的弱仔，也可产出肉眼正常的仔猪。在生产中，注意给妊娠母猪应用猪瘟弱毒疫苗免疫时，不应剂量太大，否则会导致妊娠母猪体温升高，部分母猪发生流产和产死胎。

⑦衣原体病　由鹦鹉热衣原体引起的多种动物和禽类的一种传染病，也是一种人畜共患传染病。病猪和带菌猪经粪、尿、乳汁及流产胎儿、胎衣和羊水排出衣原体，污染环境，经消化道、呼吸道传播，也可经配种或人工授精、吸血昆虫、带菌尘埃传播本病。本病主要表现妊娠母猪流产、胎儿死亡、产死胎或弱仔、空怀母猪不育等。公猪发生睾丸和附睾炎症、阴茎炎和尿道炎，精子活力明显下降，使母猪受胎率下降。

⑧布鲁氏杆菌病　本病是由布鲁氏菌引起的人畜共患传染病。在家畜中，牛、羊、猪最常发生，而且可由牛、羊、猪传染给人和其他动物。受感染的妊娠母猪，可引起胎膜炎、流产、不育和睾丸炎等。母猪流产或分娩时将大量布鲁氏菌随胎儿、胎水和胎衣排出污染环境。可通过消化道、皮肤及黏膜而传染，交配和吸血昆虫也

可以传播本病。人是由患病的动物而传染,相互之间不传染。感染公猪常见睾丸和附睾炎,全身发热,局部疼痛,不愿配种。

⑨其他疾病　猪弓形虫病也会导致妊娠母猪发生流产和产死胎或产出发育不全的仔猪;猪圆环病毒病又称断乳仔猪多系统衰竭综合征,该病毒还能造成严重的繁殖障碍。

(2)防制　以上传染病引起母猪繁殖障碍的症状都很相似,从临床症状很难确诊,所以确诊由哪种传染病引起的显得非常重要。猪繁殖障碍性疾病的防治必须树立多学科共同协作的观念,应用全面的分析方法,对猪繁殖障碍产生原因进行彻底的分析,一方面必须从猪场所处的位置、栏舍的结构、种猪的引进等方面考虑对猪繁殖障碍性疾病的防治问题;另一方面,还必须从饲养学、营养学、生态学以及经营管理等方面进行剖析,不断总结经验和教训,不断控制繁殖障碍疾病的蔓延和扩散,最终逐步达到缩小甚至消灭繁殖障碍性疾病的发生。具体来说,应从以下方面加以防治。

①建立健全合理的免疫程序。猪患繁殖障碍综合征的主要病因是病原性因素。目前已知的病毒、细菌、衣原体、寄生虫有数十种,不可能也没有必要全部列入免疫等程序中,但应把危害较重的乙型脑炎、细小病毒、伪狂犬病、蓝耳病和布氏杆菌病等纳入猪场整体免疫程序中。有条件的猪场首先对全场的猪群进行血清学调查。如果没有注射过上述几种危害较重疾病的疫苗,猪群出现血清阳性率高的情况,可将该猪场列为传染病的污染场。此时应提出针对这种传染病制定合理的免疫程序,实行有计划、有步骤的程序化免疫。

②严格疫苗接种操作规程,确保接种密度和质量。规模化猪场应注意预防接种的重要性和必要性,应高密度、高质量坚持连续3～5年的预防接种,就有可能达到控制和净化该病。另外,对不同的疾病,采用不同的免疫方式,如对母猪繁殖障碍与呼吸综合征、伪狂犬病等,弱毒疫苗有散毒的危险,所以只能限在疫区污染猪场使用。没有本病的猪场可以不用疫苗。乙型脑炎一般在每年蚊虫出现前进行免疫,猪瘟弱毒疫苗不能在母猪怀孕期接种。免疫后猪群应该定期检测抗体消长情况等。

③加强抗体监测。可采取免疫前监测和免疫后监测两种方式。

免疫前监测:为防止母源抗体对疫苗免疫效果的影响,对某些传染病定期进行母源抗体监测,选择无母源抗体或母源抗体滴度较低的时间接种疫苗,提高对疾病的抵抗能力。规模猪场应每年至少进行一次母源抗体监测,以便随时了解和掌握本场猪群母源抗体水平,确定初免时间,适时进行预防接种。让初生乳猪吃足含有较高浓度母源抗体的初乳,对防止此病的发生起着十分重要的作用。

免疫后监测:不论使用何种疫苗,在猪群免疫后两周左右抽样采血分离血清,检测血清抗体消长情况。这种措施可以及时了解疫苗的效果。如果发现血清抗体很低或无上升,说明疫苗有问题,或母源抗体的影响。再经1周左右检测1次,若血清抗体还是没有上升,就应立即进行免疫。通过血清抗体的监测也能知道免疫母猪血清抗体持续时间,这样才能使母猪群保护良好免疫状态。

④严把引种检疫关。加强对传染性疾病的检疫,严防带毒种猪进入猪场。引种时应认真了解种猪场的免疫程序和疫情,严禁到疫区引种。引进后应在场外隔离观察检疫2周,并进行相关的监测,坚持淘汰血清阳性猪,保留血清抗体阴性猪群,经过临床观察无症状出现,多次检疫证实血清抗体为阴性,接种有关疫苗产生免疫力后,才可入场饲养。一旦发生可疑病猪,兽医人员不能确诊时,应迅速集病料或将未经治疗的病猪,送兽医部门进行检验,待确诊后,对症按规定防制,才能收到事半功倍效果。并坚持自繁自养,严禁向疫区引进种猪和公猪的精液。

⑤搞好后备母猪同化工作。要求购进4月龄的母猪,进场半个月后实施老母猪粪便返饲工作,坚持3个月使后备母猪再少量多次与这些病原接触后产生自然免疫,避免其伤害。有条件的猪场可在返饲1.5个月后挑选少数老母猪与后备猪混群更有助完成自然免疫的过程。购入4月龄种猪也有利必须免疫的接种,有充足的时间安排免疫间隔。

⑥搞好环境卫生,加强生物安全措施。一是建立严格的消毒制度。切实做好消毒工作,定期对猪舍地面、墙壁、设施及用具进行消毒,杀灭病畜或带毒猪排出体外的病原微生物,切断传播途径,净化猪场环境。二要保持舍内空气流通,加强冬季保温、夏季防暑降温。三是加强粪尿、病死猪管理。对正常猪的粪、尿发酵或沼气处理,对患病猪的粪尿、乳、流产的胎儿、胎衣、羊水及病死猪进行焚烧等无害化处理。四是消灭鼠、蝇、蚊传播媒介,严防狗、猫、飞鸟等其他动物进入栏舍。

2.非传染性因素导致的繁殖障碍及防制

非传染性因素主要由非传染性疾病、饲养管理、环境等因素所致,表现为青年母猪初情期迟缓、经产母猪断乳后不发情、配种后不受孕、发情微弱以及卵巢囊肿,同时也会导致妊娠母猪死胎、流产等。传染性因素是造成母猪繁殖障碍非常重要的因素。

(1)非传染性因素种类

①非传染性疾病

霉菌毒素:饲料被霉菌毒素污染导致母猪繁殖障碍比传染性因子更具普遍性,危害很大。比如玉米赤霉醇可使小母猪阴唇红肿,阴道黏膜充血肿胀出现假发情,后备母猪从阴门流出石灰样恶露,子宫黏膜角质化,使受精卵着床失败,返情或空怀增多甚至始终不发情而被淘汰；对妊娠母猪可引发死胎、流产、卵巢炎，最终卵巢萎缩；对经产猪而言，赤霉菌导致受孕率下降，屡配不孕母猪增多，死胎增多，产仔数减少，流产胎儿无任何肉眼可见病变，胎儿大小一致。

卵巢发育不全：多发于长期患慢性消化系统病、慢性呼吸系统病、寄生虫病的小母猪。由于卵巢发育不全，使得卵巢内没有大的卵泡发育以致不能分泌足够的激素引起发情。

卵巢囊肿：是猪卵巢疾病中最常见的疾病，分卵泡囊肿和黄体囊肿。猪主要形成黄体囊肿，其临床症状就是不发情。

另外，人工授精操作不当及器具消毒不彻底，母猪在分娩时产道损伤、感染、胎衣不下或胎衣碎片残存，引起母猪生殖系统发生炎症。肢蹄病、乳房炎、胃溃疡、肝病、肾病等这些疾病均可造成母猪繁殖障碍。

②饲料营养性因素　有些猪场不是使用母猪专用饲料，而是选用生长育肥猪饲料饲养母猪，由于饲料营养配合不科学，引起营养缺乏或过剩对繁殖造成不良影响。母猪过肥会导致不发情或排卵数减少，过瘦则会推迟发情。母猪在哺乳期对营养需求大，如饲喂营养量不能满足泌乳需求，就会调动体脂泌乳，当断乳时体脂消耗过多，就会抑制生殖腺的活动，延迟发情时间直到营养恢复。营养因素对后备猪的繁殖性能同样重要，如饲料中长期缺乏维生素 E、生物素等养分，性腺发育受到抑制，性成熟会延期到来。

③饲养管理因素　不良的饲养管理因素会造成母猪的繁殖障碍，如对怀孕母猪频繁移动，饲养员动作粗暴、恐吓，合圈饲养造成相互抢食攻击等由饲养人员施于母猪的不科学的饲养管理方式。

④环境因子　夏季无防暑措施，环境温度、湿度长期超过妊娠母猪适宜范围（温度为 14～24℃）。比如，舍温升至35℃以上时，泌乳母猪的内分泌机能容易发生紊乱，从而导致雌激素分泌不足，体内促排卵素减少，不利于母猪发情。有害气体浓度控制不好，猪舍卫生条件差，氨气浓度高等，均会导致母猪死胎、流产几率增加。后备母猪单圈饲养、异性刺激不够等对发情有不利影响，过分拥挤及频繁打斗可导致初情期延迟。水泥地面平养因热应激发生繁殖障碍的比例比在限位栏与产床中母猪低得多。

⑤长期、过量使用药物　饲养过程中长期、过量使用药物会抑制母猪的生殖腺的活动，特别是激素类药物会影响母猪的生殖腺活动。

(2)预防处置

对于非传染性因素导致猪场存在繁殖障碍，加强饲养管理是必然措施。

①营养供给合理。营养的不合理会导致母猪的繁殖障碍。在配制饲料时，必

须根据母猪的各阶段营养需要进行合理配置饲料，提高日粮中的维生素和矿物质等营养成分，特别要确保矿物质元素钙、磷、铁、铜、锌、锰、碘、铬、硒和维生素E的正常供应，确保限制性氨基酸特别是赖氨酸的平衡。

②严格控制饲料质量，防止发霉变质。严格控制原料的含水量，能量饲料含水量应不超过14%，大豆及其饼粕不超过13%，棉籽饼粕、菜籽饼粕、鱼粉、骨粉及肉骨粉等原料的含水量应不超过12%。注意饲料产品的包装、贮存与运输，饲料产品包装袋要求密封性能好，如有破损应停止使用，贮存地点应避光、干燥。使用优质防霉剂，预防原料或成品饲料霉变。

③减少应激。这里的应激包括温度应激、转料应激、人的动作施加给猪的应激等。应激对母猪的繁殖性能是有影响的，特别是在配种后0～30 d内要避免大的应激，以免造成流产、复发情、不发情、屡配不上等繁殖障碍。

④防暑降温。当夏季舍温升至35℃以上时，可采用滴水降温，湿帘-负压抽风降温，使用遮阳网。采用喷水降温一定要配合良好的通风，遮阳网用于覆盖猪舍运动场，具有日增重高、饲料转化率高、无蚊蝇、疾病少等优点。同时在饲料中添加抗热应激药物，可增强母猪的抗热应激能力。

⑤催情

激素催情：对不发情母猪，可使用乙烯雌酚、垂体前叶促性腺激素、绒毛膜促性腺激素、三合激素、氯前列烯醇等激素，根据正确的诊断结果，合理使用，对症治疗，可有效促使母猪出现正常发情。采用激素催情的母猪因适配时间不稳定，第一次配种应采用本交方法。

加强对母猪的管理：在饲料中添加维生素和矿物质，增加青饲料补充维生素，可促进发情。增加母猪运动和光照时间，避免母猪过于肥胖而不发情。每天用试情公猪刺激不发情的母猪，15～20 min/次，连续3～4 d，或将母猪赶在同一圈内，通过公猪的爬跨等刺激，使母猪脑下垂体产生卵泡素，促进母猪发情排卵；每天上午将母猪赶出圈外运动1～2 h，加速血液循环，促进发情；将久不发情的母猪，调到有正在发情的母猪圈内，经发情母猪的爬跨刺激，促进发情排卵，一般4～5 d即出现明显的发情。

⑥做好生产统计进行后期统计分析（如返情比例、配种-分娩率、弱仔比例、木乃伊胎比例、死胎比例、产仔率等），以分析是营养性因素还是疾病性因素，指导饲养管理。

综上所述，当猪场发生繁殖障碍时，应该分析原因，找出问题所在，通过治疗和改善饲养管理，去除结症，最终达成生产目标。任何单一的防治方法都不可能对母猪繁殖障碍进行有效的控制，各种防制措施是相互关联的，应全面执行。归纳起来可以通过加强防疫和疾病防制、做好环境卫生工作，杜绝传染源污染猪场的环境。提高管理水平，改善饲养环境，满足猪在各个生产阶段的生理和心理需要。根据不同时期调配饲料营养，加强母猪营养水平监控，适时调整营养水平，满足不同时期母猪的生产需要。

二、岗位设置及职责

由于养猪业的发展所吸纳的技术成就贯穿整个工艺流程，而养猪场创立的时间早晚不同使自动化设备(设施)应用程度差别较大，因而劳动定员及岗位设置有不小差异，猪场岗位工作内容也不尽相同。所以，在一般意义上讲，饲养员不只是饲养猪，更重要的是管理猪，这才有饲养管理员之说。

(一)饲养管理员

在猪生产实践中，鉴于适度规模猪场中后备猪、空怀母猪及公猪的饲养数量和管理的便利性，饲养管理员的岗位职责要承担上述 3 种类型猪的日常饲养管理工作。

1.岗位工作目标

(1)后备猪 23 周龄体重达到 100 kg 以上。

(2)后备母猪 130 kg 时应有两次以上发情，且背膘厚度不低于 7 mm，90%以上个体完成配种任务。

(3)后备公猪使用前合格率在 80%以上。

(4)种公猪每周采精 2～3 次，每次平均采精数达到 400 亿个，活力达到 0.6。

(5)在技术员指导下，针对断乳母猪不同体况制定相应的用料方案，力求断乳 1 周内的母猪发情比例达到 50%以上。

(6)圈舍卫生及猪体表卫生达到规定标准，按规范要求做好腾空妊娠舍的清理、消毒处置工作。

(7)工作台账记录完整、规范(转群、配种、饲料使用、药品及疫苗的使用记录等)。

(8)工作过程中无重大责任事故发生。

2.岗位主要工作内容

在规模化猪场生产过程中，由于猪场的建设时期不同及设施配套的自动化程度的差异，不仅设置的饲养管理岗位数量有较大差异，而其工作的内容亦有较大的变化。下面就介绍自动化程度不高的猪场的相关工作岗位内容。

(1)喂料

①喂料前清扫走道、清扫内圈，将走道上的不霉变饲料扫到食槽内。

②喂料以每天 2 kg 料为标准，根据公母猪的体况肥瘦和食欲适量地增加或减少。

③记录较差食欲、厌食的猪只。

(2)清理粪便和检查猪群

①将栏内的粪便及垃圾清理到粪场。清理粪便的同时检查饮水器是否能够正常使用，如不能使用及时维修。

②在清理粪便同时检查复发情。应在母猪的后面逐头检查，特别注意配种后 18～21 d 的母猪。

③检查患病、跛行、流产、子宫阴道炎的猪只并做必要记录。

(3)给水。猪只吃完料后保证猪只足够的饮水，要及时修复坏的饮水器及水管，以免把栏舍弄湿，要节约用水，不可放长流水。

(4)将分娩舍送来的仔猪粪便喂给后备母猪。

(5)下午上班再次检查猪群及治疗病猪。

(6)转群、调整猪群，合理安排圈舍

①将配种受胎 21 d(含 21 d)以上的母猪逐头清洗并消毒后转至妊娠母猪舍，禁止多头母猪同时清洗，避免打架。给将要进入妊娠舍的母猪喷洒杀螨灵。

②将赶走猪的空栏重新调整、清洗消毒，检查饮水器及其他设施，为要断乳的母猪做准备。将断乳的母猪体表消毒后按体况分栏归置饲养，对应确认料型及日饲喂量。

③单栏饲养的公猪放出公猪栏轮换运动，运动的同时把公猪赶到已配种 18～21 d 的妊娠母猪栏前以检查有无复发情的。根据配种栏里母猪的大小体况调整圈舍，分类安放断乳母猪。必须尽快将断乳母猪放进公猪栏对面的栏内饲养，并尽快恢复一致的体况。适时将发情母猪放在不发情母猪圈内以促发情。

④将断乳母猪按体格的大小、肥瘦、强弱分为 4～5 头一批进行充分洗刷后喷洒消毒液并赶入空配舍待配栏内，给断乳母猪、体况较差的母猪增加喂料 1～2 kg。

(7)检查设备。对舍内各种设备进行必要的保养和维修。调节室内温度，注意室内通风。冬季注意检查门窗有无贼风并注意保暖；夏天注意通风，中午高温季节用水管冲洗公母猪以降温，并采用喷雾降温或滴水降温。

(8)每天上、下午记录舍内温度。注意温度计的悬挂位置及高度，有损坏应及时更换。

(9)给要交配的后备猪、复发情及棘手母猪进行下午配种。

(10)配种前需要注射的疫苗，有猪瘟、伪狂犬、蓝耳病、口蹄疫、细小病毒等。

(11)给公猪做体表卫生及修蹄。

(12)给断乳及新进公、母猪抽血送检。

(13)工作做完后熄灯。

(二)配种员(兼统计员)

配种员(兼统计员)是猪场生产中非常重要的岗位。一定要选择有执行力和定力、责任心强、性情平稳的人经过严格培训后方能上岗,同时要在待遇上倾斜。除做好配种工作外,可作为带班人及统计员来管理饲养员,对饲养员工作过程进行监督及业绩的核查、统计。

1.岗位工作目标

(1)本环节饲养员上岗、轮替的管理和协调,保证工作时岗岗有人。

(2)能够完全执行已制定的选配计划及配种方案。

(3)按计划完成每周配种任务,保证全年均衡生产及全进全出的繁殖节律。

(4)情期配种受胎率在85%以上。

(5)排查事故隐患,制止大的责任事故及技术事故的发生。

(6)保证人工授精各个环节的操作规程的标准化。

(7)执行公猪管理制度的常态化。

(8)指导饲养管理员对饲养设备、设施的规范使用,生产中关键设备无故障率达到100%。

(9)统计报表、卡片的规范填写与及时报送。

2.岗位主要工作内容

(1)每天提前到岗巡查猪舍,及时发现存在的问题。

(2)上岗前给饲养员交代发现的问题及处置的办法。

(3)每天上午9时、下午4时巡查待配母猪,确认当天应该配种的母猪并做好记录。

(4)将公猪赶到断乳4 d后的母猪栏外试情或交配(或人工授精),并用公猪检查上上周配种的母猪有无复发情者。

(5)对已配过的母猪作第2次配种,必要时作第3次交配。

(6)对复发情、棘手母猪的配种采用每天上、下午各交配1次,连续2～3 d。

(7)后备母猪的发情配种采用早、晚各配1次,连配3～4次。

(8)将未发情的断乳母猪、怀孕阴性及计划配种的后备母猪用公猪刺激发情。

(9)填写公母猪交配记录,同时对每次交配予以三级评价,即根据公母猪交配的稳定情况,交配时间的长短,评“优秀”、“优良”和“差”三级,并填注每周配种记录表上母猪号码后边,分别以优、良和差表示。

(10)母猪配种记录卡每组使用不同颜色,不同颜色的配种卡交替使用。

(11)将后备母猪移近公猪,调教后备公猪并进行人工授精训练。

(12)给公猪采精,检查公猪精液质量。

(13)及时安排转出妊娠母猪的时间,安排并监督饲养员做好圈舍、设备的消毒工作;及时安排转入断乳空怀母猪的时间,并对母猪体表消毒处理、杀灭寄生虫的工作。

(14)针对不同体况的断乳空怀母猪与技术人员协商后制定对应的饲养方案。

(15)统计、填写各种报表,按时上交周报表及电脑统计数据等。

第二节　妊娠母猪的饲养管理岗位技能

妊娠母猪的饲养管理是种猪生产中相对难度较小的一个环节,也是种猪生产期最长的一个环节。妊娠期的母猪在雌激素的作用下,不仅使机体的基础代谢水平降低,还促进细胞利用营养源的功能,同时机体的免疫力水平也得到加强,母猪群的安全稳定性较好。如果选用饲养工艺得当,会减少很多对母猪生产不利的影响因素。

一、岗位技能

(一)妊娠诊断

妊娠诊断是母猪饲养中一项重要内容,对于提高母猪的繁殖效率和养猪业的经济效益具有重要意义。配种后,应尽早诊断出母猪是否妊娠。诊断出的未妊娠母猪,要查明原因,及时补配,尽量缩短空怀期,降低饲养成本;确定妊娠的母猪应加强饲养管理,保证母体和胎儿的健康,提高产仔数和仔猪成活率。目前常用的妊娠诊断方法有返情检查法、观察法、超声波法、尿液检查法等。

1.返情检查法

根据母猪配种后 18～24 d 是否恢复发情来判断是否妊娠。生产中,一般配种后母猪和空怀母猪都养在配种猪舍,在对空怀母猪查情时,用试情公猪对配种后 18～24 d 的母猪进行返情检查。若母猪出现发情表现,说明没有妊娠;若没有发情表现说明已经妊娠。但生产实践中,个别母猪会出现假发情。假发情是指母猪配种受胎后,在下一次预定发情期仍有轻微的发情表现。假发情与真发情不同,发情表现不明显，一般只有阴户略见红肿，母猪稍不安，但不影响采食；假发情母猪对公猪的反应不那么明显，一般拒绝交配。有些猪场饲养管理较差时，如母猪营养不良、炎热、饲料含有霉菌毒素等，母猪会出现乏情，会造成部分母猪出现假阳性的诊断结果。在饲养管理较好的猪场，这种方法的准确率能达到 90%以上，如在配种后 38～45 d，进行第 2 次检查，能提高准确率，因此这种方法是生产中比较实用的方法。

2. 观察法

母猪妊娠后，合成代谢增强，基础代谢降低，在行为和体况等方面会出现一系列变化，可通过观察母猪的性情、睡眠、采食、被毛、皮肤、体形变化等来判断母猪是否妊娠。如果母猪配种后性情变得温顺、安静，行动小心，喜欢睡觉，食欲旺盛，皮毛变得光亮，体重有增加的迹象，尾巴下垂，阴户缩成一条线，这些都是母猪已经妊娠的表现。随着胎儿的生长发育，母猪的腹围会增大，一般在妊娠 60 d 左右，腹部隆起较为明显，75 d 后部分母猪可看到胎动，随着临产期接近，胎动会越来越明显。此法不需要任何仪器与试剂，完全靠检验者的经验来进行判断，虽然简便，但是准确率不高，一般最早在配种后 4 周左右才能进行判断。

3. 超声波法

超声波法是把超声波的物理特点和动物组织结构的声学特点密切结合的一种物理学诊断法。目前在养猪生产中应用的主要有 A 型和 B 型超声波妊娠诊断仪。

(1)A 型超声诊断法　A 型超声波妊娠诊断仪体积小、携带方便、操作简单、价格便宜、诊断准确率较高，其发射的超声遇到充满羊水而增大的子宫就会发出声音以提示妊娠。一般在母猪配种后 30 d 和 45 d 左右进行 2 次妊娠诊断，探测部位在母猪两侧后肋腹下部、倒数第 1 对乳头的上方 2.5 cm 处。在此处涂上足量耦合剂（如植物油），然后将妊娠诊断仪探头紧贴在测定部位，拇指按压电源开关，对子宫进行扫描。如果仪器发出连续的“嘟嘟”声即判定为阳性，说明母猪已妊娠；若发出断续的“嘟嘟”声则判定为阴性，说明母猪没有妊娠。操作过程要注意：如果检测部位毛多时，应先剪毛，每次重复检测都应重新涂耦合剂，使探头与皮肤紧密接触以提高检测准确性。检测时要避开膀胱，因为探测到膀胱内尿液也能使仪器发出连续的“嘟嘟”声。子宫积脓和子宫内膜水肿也容易造成假阳性诊断结果。

(2)B 型超声诊断法　B 型超声诊断仪可通过探查胎体、胎水、胎心搏动及胎盘等来判断妊娠阶段、胎儿数、胎儿性别及胎儿状态等。具有时间早、速度快、准确率高等优点，但价格昂贵、体积大，只适用于大型猪场定期检查。一般在配种后的 22～40 d 进行妊娠诊断，早于 22 d，准确率可能下降。母猪一般不需保定，只要保持安静即可。母猪体外探查一般在下腹部左右、后腿部前乳房上部。从最后一对乳腺的后上方开始，随着妊娠的增进，探查部位逐渐前移，最后可达肋骨后端。猪被毛稀少，探查时不必剪毛，但要保持探查部位的清洁，探查时涂布耦合剂即可。18～24 d断层声像图能显示完整孕囊的液性暗区，超过25 d，在完整孕囊中出现胎体反射的较强回声，超过50 d能见到部分孕囊和胎儿骨骼回声，均可确诊为妊娠。

4.尿液检查法

在母猪配种10 d后，取清晨尿液10 mL置于烧瓶中，加入5%碘酊1 mL，煮沸后，如尿液呈现红色，说明已经妊娠；如果出现浅黄色或褐色，且冷却后颜色很快消失，说明未妊娠。本法操作简单，准确率较高。

除了上述方法外，还有诱导发情检查法、尿液雌激素测定法、血浆孕酮检测法、阴道活组织检查法等方法。这些方法操作较复杂，诊断成本较高，生产中应用较少。

综上所述，母猪妊娠诊断的方法很多，也各有利弊，养猪场要根据规模、技术水平等选择恰当的诊断方法。总体的原则是选择的方法要对母体和胎儿无害，准确率高，操作简单，经济实用，能进行早期诊断。

(二)妊娠母猪饲养

母猪妊娠期饲养管理的目标是：保证胚胎着床和胎儿在母体内的生长发育；防止化胎、流产和死胎的发生；提高母猪的产活仔数、仔猪的初生重；保持母猪适度的膘情、体况，使分娩后有良好的泌乳性能；延长母猪的使用年限；尽可能节省饲料，降低生产成本。

1.妊娠母猪的饲养原则

研究表明，母猪的饲养应采用“低妊娠、高泌乳”的原则，即在妊娠期间给母猪较低的能量和蛋白水平，但要保证矿物质和维生素的供给。具体原因如下：母猪体况过肥，子宫体周围、皮下和腹膜等处脂肪沉积过多，导致子宫壁血液循环障碍，降低极为重要的子宫特异性蛋白质分泌，造成胚胎死亡；母猪过肥容易导致分娩时难产；妊娠期营养水平过高，母猪过肥，会导致母猪在哺乳期内食欲不振，采食量减少，产生无乳或少乳，又会使母猪失重过多，容易影响断乳后的发情配种；妊娠期营养水平过高，母猪体脂肪贮存较多，是一种很不经济的饲养方式，因为母猪将饲粮蛋白合成体蛋白，又利用饲料中的淀粉合成脂肪，需消耗大量的能量，到了哺乳期再把体蛋白、体脂肪转化为猪乳成分，又要消耗能量。母猪妊娠与哺乳期自由采食和增重关系见表3.3。

表 3.3 母猪妊娠与哺乳期自由采食和增重关系

（宋育，1995） kg

妊娠期日采食量	0.9	1.4	1.9	2.4	3.0
妊娠期共增重	5.9	30.3	51.2	62.8	74.4
哺乳期采食量	4.3	4.3	4.4	3.9	3.4
哺乳期体重变化	6.1	0.9	−4.4	−7.6	−8.5

2. 妊娠母猪的饲养方法

为了做到"低妊娠、高泌乳"，妊娠母猪通常采用限制饲养的方式，而且采用前低后高的限制饲养方式，即妊娠前期在一定限度内降低营养水平，到妊娠后期再适当提高营养水平。限饲的目标为：一般瘦肉型猪在整个妊娠期母猪的增重要求控制在 35～45 kg。青年母猪第 1 个妊娠期增重达 45 kg 左右为宜；第 2 个妊娠期增重 40 kg 左右为宜；第 3 个妊娠期以后，母猪妊娠期间增重 30～35 kg 为宜。生产实践中，根据妊娠母猪各时期的特点，进行分阶段饲养，具体如下。

（1）妊娠前期（配种～28 d） 此阶段的饲养目标是减少胚胎的死亡。精子和卵子在输卵管壶腹部受精形成合子，合子从输卵管的壶腹部到达子宫角需要 24～48 h，胚胎在 13 d 开始着床，一般在 24 d 左右完成。妊娠前期过多的能量摄入会降低血液中孕酮的浓度，增加胚胎的死亡率，因此妊娠前期应控制母猪的采食量，使其摄入的营养能够满足其自身需要，包括青年母猪自身生长发育的需要即可。此阶段饲喂妊娠母猪料，日采食量 1.6～2.0 kg，后备猪供料可比成年猪多 0.15～0.25 kg/d。

（2）妊娠中期（29～84 d） 此段时期的饲养的目标是保证胎儿发育的需要和母猪自身代谢的需要，母猪保持合理的膘情，使母猪在妊娠中期背膘厚达到 16～18 mm。妊娠 75 d 左右是乳腺开始发育时期，75～85 d 为乳腺细胞大量增生时期，这时如果供应高能量饲料，会增加乳腺中脂肪的沉积，从而减少乳腺分泌细胞的数量，可能影响产后泌乳性能，所以该阶段切忌饲喂过多饲料。在妊娠第 60～70 d，胎盘停止生长，而胎儿却迅速生长，如果日饲喂量过多，胎儿相互排挤或营养供应不均，会导致一部分胚胎发生死亡；如果日饲喂量太少，母猪提供的营养不能满足胎儿的生长需要，会造成部分胎儿中途死亡并形成木乃伊。正常情况下，此阶段饲喂量应控制在 2.3～3 kg/d，青年母猪的饲喂量应比经产母猪增加 10%左右，舍温较低可增加 10%左右，对于偏瘦的母猪应适当增加饲喂量，保证在此期间母猪的体况恢复至理想状态。但对于体况极差的母猪不能过度饲喂，因为该阶段的过度饲喂会导致泌乳期的自由采食量降低；对于体况过差的母猪，建议断乳后提高饲喂量，甚至自由采食，并延后一个情期配种。

(3)妊娠后期(85 d～分娩)　此阶段对胎儿的生长发育极为关键，仔猪初生重的60%～70%在此期生长完成，此阶段也是乳腺充分发育的时期，母猪还要为分娩和泌乳积蓄体力和蛋白质，如营养供应不足，会造成胎儿生长不良、母猪产仔无力，甚至出现大批死胎，因此妊娠后期要进行短期优饲。一般饲喂量为2.8～3.5 kg/d，对于偏瘦的母猪可提高饲喂量，对于后备猪，妊娠后期加料不可过多，以防胎儿过大造成难产。分娩前几天，胎儿体积迅速增大，致使母猪子宫膨胀，消化器官受到挤压，消化机能受到影响。一般从分娩前5 d开始逐渐减少饲喂量，分娩当天喂0.5～1.0 kg，通常也可以不喂。国内外一些猪场在母猪产前2～4周，向饲粮中添加2%～5%动物脂肪，有利于提高仔猪初生重和成活率，可提高猪乳中脂肪和蛋白质的含量。一些猪场在母猪产前2～4周改喂哺乳母猪料，可增加母猪的营养贮备，对于满足胎儿快速生长、促进乳腺发育有显著效果。

3.注意事项

妊娠母猪饲粮中要搭配适量的青绿饲料或粗饲料，使母猪有饱感，可以增强母猪消化能力，防止便秘和胃溃疡，还可降低饲养成本。可以考虑在饲料中添加苜蓿草粉等高品质纤维类饲料，根据母猪的不同生理阶段、营养需要以及饲料原料的不同品质，合理搭配日粮，如国外一些猪场使用5%～10%的苜蓿草粉。

掌握好日粮体积，根据胎儿发育的不同阶段，适时调整精粗饲料比例，使母猪有饱感，又不压迫胎儿。后期还可以采取增加日饲喂次数的方法来满足胎儿和母体的营养需要。

根据饲养标准结合当地饲料资源情况科学地进行配合饲料，尤其注意矿物质和维生素的合理添加，防止由于营养缺乏或过量引起妊娠母猪化胎、弱仔、畸形和流产。不喂发霉、变质、腐败、冰冻、有毒的饲料，以防止母猪流产。

根据妊娠母猪的年龄、胎次、体况、舍温等灵活掌握饲喂量。

(三)妊娠母猪的管理技术

1.饲养方式

可分小群饲养、单栏饲养及智能化精确饲喂系统。

(1)小群饲养　就是将配种期相近、体重大小和性情强弱相近的3～5头母猪在一圈饲养。小群饲养优点是妊娠母猪可以自由运动，不易发生难产和肢蹄疾病；缺点是如果分群不当，胆小的母猪吃食少，影响胎儿的生长发育，可能因为争斗造成流产。这种饲喂方法只在一些小型养猪场使用。

(2)单栏饲养　是将妊娠母猪养在限位栏里。单栏饲养的优点是每头母猪可根据体况来确定饲喂量，避免母猪之间因抢食发生咬架，减少机械性流产，便于进行观察、免疫、疾病治疗等工作；缺点是运动量小，肢蹄病较多，影响母猪体质甚至使用寿命。若是人工喂料，很难达到根据母猪体重及妊娠日龄进行差异化给料量，影响限饲效果。规模化养猪场大都采用单栏饲养。

(3)妊娠母猪智能化精确饲喂系统　是一些现代化猪场正在选用的可提高母猪繁殖性能、减少雇佣工人的妊娠母猪的饲养方式。这个系统可将上述两种妊娠母猪的饲养方式的所有不足完全得以解决。充分保证母猪自由、漫游的习性,它的功能表现在:

①设备具有超远距离精确耳标识别系统,能够自动准确迅速地识别进食猪只。

②设备自动获得每次进食猪只的耳标号、猪只体重、开始进食时刻、进食用时和进食量,并计算出日进食量。

③设备有称重系统,自动记录每天猪只体重,由电脑根据体重及妊娠天数进行运算,得出每一天的饲喂量,自动控制下料量。

④设备具有精确的关门控制系统,能够保证每头猪逐个进去,给猪提供一个单独的进食空间,保证每头猪精确地吃掉当天的饲料量,不会造成抢食。

⑤下料量可手工调整,在更换颗粒料及普通料过程中也可以调整,同时采用螺旋下料技术,下料误差仅 0.1 g。

⑥设备具有下水功能,在下料的同时可以自动往食槽控制进水,能够让母猪吃到湿料,缩短进食时间,提高饲料报酬。

⑦设备具有喷色识别系统,系统会对有异常情况的猪进行喷色识别,也可以手动针对某一头猪进行喷色。

⑧分离系统,猪在进食之后走出饲喂站的时候,分离系统会根据猪的情况进行分离,包括待产分离、发情分离。也可以手动针对某一头猪进行分离。

⑨每头母猪的日供量可以自己调整,根据背膘情况可以逐个调整,在某一时间段设置。也可以单独针对某一头猪进行饲喂管理。

⑩设备采用先进的无线通信模块,传输距离远,不需要远程布线,避免鼠咬、雷击,让数据传输更加稳定,用户操作简单,安装快捷。

同时,一套软件系统可以管理 64 台单机,购买一套软件,今后可无限制地扩展设备,降低使用成本;软件有远程视频监控,可实现网络远程管理,在任何一个地方,都可以通过 Inter 网络进行猪场实时监控,看到猪场的实际情况。

2.良好的环境条件

妊娠母猪最适宜的环境温度为 16～22℃ ,湿度 50%～70%,高温会使母猪出现产仔数减少、死胎、畸形胎增多甚至流产等情况,因此夏季要做好防暑降温工作。安静的休息环境有利于受精卵的着床,减少胚胎的损失和流产。注意通风换气,保证猪舍空气清新。此外,妊娠舍要保持卫生清洁,干燥,地面不能过于光滑。

3.及时进行妊娠诊断

在配种后用返情检查法、观察法、超声波法等进行妊娠诊断,及早发现未受胎母猪，便于采取措施及时补配。

4.消毒

妊娠舍每周至少消毒 1 次；生产区道路、舍间空地每月至少消毒 2 次；进入猪舍人员要经脚踏消毒池和手洗消毒盆消毒；定期更换消毒池和消毒盆内的药液，保持药物的有效浓度。

5.免疫

根据猪场防疫环境、本地区疾病流行情况、猪群健康状况，科学地进行疫苗的免疫接种。免疫程序并不是通用的，也不是不变的。一般猪场在母猪分娩前 45 d 和 15 d 进行大肠杆菌基因工程苗的免疫接种，产前 30 d 给母猪注射伪狂犬疫苗及萎缩性鼻炎疫苗（如果猪群带有此病原的话）。

6.评估母猪体况

目标是各胎次母猪分娩时的 P_2（最后肋骨后缘距背中线 4 cm 处）背膘厚都应为 18～22 mm。大多都采用目测评分方法，即 10 分制，要求妊娠母猪上产床前的目测膘情保持在 8 分左右为好。

7.其他方面

每天都要观察妊娠母猪的采食、排泄、行为和精神状态等，注意发现异常情况，如便秘等，及早采取措施。初配母猪妊娠后期应进行乳房按摩，这样有利于乳腺系统发育，有利于泌乳。母猪产前 5～7 d 用 0.1%高锰酸钾（35～38℃）进行全身淋浴消毒，猪身体干后转入分娩舍。饲养员在日常管理时态度要温和，不粗暴对待妊娠母猪。妊娠母猪转群时动作要慢，防止拥挤，驱赶时不要打击腹部，且不要打骂惊吓，以防母猪因受惊吓造成流产。

二、岗位设置及职责

（一）饲养管理员

由于饲养工艺的不同，妊娠母猪饲养阶段的饲养管理员配备数量及工作内容差别很大。这里就自动化程度不高的猪场的饲养管理员岗位工作进行概要描述。

1.岗位工作目标

（1）按时按量完成每天的工作任务。

（2）确保妊娠 35 d 内的母猪返情率不得高于 10%，36～70 d 内妊娠母猪返情率不得高于 8%，71～100 d 内妊娠母猪返情率不得高于 4%，101 d 后妊娠母猪的准胎率在 98%以上。

（3）保证转入分娩舍的妊娠母猪背膘不低于 12 mm，不高于 30 mm。

（4）保证窝平均产活仔数 10 头以上。

(5)保证仔猪出生平均体重达到 1.3 kg 以上,窝产出生体重低于 750 g 的弱仔猪不得超过 1 头。

(6)按规范要求做好腾空妊娠舍的清理、消毒处置工作。

(7)工作过程中无重大责任事故发生。

2.岗位主要工作内容

(1)喂料与给水

①按照妊娠母猪各阶段饲喂量(0～40 d 给料 1.8～2.0 kg,41～84 d 给料 2.1～2.2 kg,85～113 d 给料 2.5～2.8 kg),准确饲喂,根据膘情适量增加或减少饲喂量。

②每天早晚饲喂 2 次,投料要准、快,不喂发霉、变质的饲料。

③记录较差食欲、厌食的猪只。

④猪只吃完料后保证足够的饮水,要及时修复坏的饮水器及水管,以免把栏舍弄湿,要节约用水,不可放长流水。

(2)观察猪群与治疗

①看母猪是否有厌食情况,看是否有母猪出现便秘或腹泻,看母猪的行为、被毛、皮肤、眼睛等是否有异常。

②对有病的猪只及时隔离并给予治疗。

(3)环境控制

①每天上、下午测定舍内的温、湿度。

②通风换气。

③夏天及时采取防暑降温措施,特别注意妊娠后期母猪的热应激;冬天检查门窗,注意保暖。

(4)清理粪便

①清扫母猪圈舍或限位栏内的粪便,保持圈舍干燥。

②将饲喂通道和清粪通道打扫干净。

(5)消毒与免疫

①按照消毒规程,对妊娠舍定期消毒,定期更换消毒池和洗手盆内的消毒药液。

②按照免疫程序做好各种疫苗的免疫接种工作(结合猪场实际情况安排)。

(6)妊娠诊断

①对配种后母猪用试情公猪进行返情检查,结合观察法判断母猪是否妊娠。

②用超声波妊娠诊断仪进行妊娠诊断。

(7)母猪体况评定

①通过肉眼观察评定母猪体况。

②通过测膘评定母猪体况。

(8)转群

①将返情母猪转入观察区,及时复配。

②产前一周将母猪转入分娩舍,转前要进行全身清洗或消毒。

(9)检查设备

①检查猪栏、饮水设备、环境控制设备等。

②发现问题及时上报,以便安排专人维修。

(二)带班员(兼统计员)

在一些养殖规模不是很大的猪场,对带班岗位及统计岗位不单独设定专人,采用兼职的形式来完成对应的工作。不过对岗位的工作目标及工作职责要做相应规定,在工资及薪酬上要安排得当,这样既能降低劳务成本,又能保证猪场正常运行。

1.岗位工作目标

(1)保证妊娠舍各项工作完成到位率100%。

(2)指导饲养管理员对饲养设备、设施的规范使用,生产中关键设备无故障率达到100%。

(3)确保101 d以上的妊娠母猪的准胎率在98%以上。

(4)保证转入分娩舍的妊娠母猪背膘不低于12 mm,不高于30 mm。

(5)不能有妊娠舍母猪出现产仔的现象。

(6)保证妊娠母猪转入、转出的时间、过程控制及完成到位。

(7)监督和督促饲养员对腾空猪舍的规范消毒。

(8)服从领导,完成上级下达的各项生产任务。

(9)工作过程中无重大技术事故及责任事故发生。

2.岗位主要工作内容

(1)组织本组人员按照饲养管理规程进行生产,安排本组人员换班与休息时间。

(2)负责领导本组人员进行定期消毒工作,包括猪群消毒、环境消毒及其他生物安全处置方法。

(3)负责并监督对猪群的免疫接种工作,杜绝出现漏免、复免及错免的情况出现。

(4)及时安排猪群转出工作,督促做好圈舍及栏位的清理、消毒等工作。

(5)及时安排妊娠母猪转入前的体表消毒工作及猪群安置工作,确认配种信息卡和猪统一,及时归置。

(6)高度关注夏季高温时期妊娠母猪舍的环境温度，及时开启降温设施改善舍内温度及湿度，发现热应激的母猪及时处理。冬季防气温骤降及贼风。

(7)负责本组饲料、药品、工具使用计划的制订与领取工作。

(8)整理和统计本组的生产日报表和周报表，如妊娠诊断及流产情况报表、饲料使用情况报表等。

(9)及时发现并反映本组出现的生产问题和饲养管理员的工作问题。

(10)统计、核对本组饲养员工作量完成情况，按核算周期及时上报。

第三节　哺乳母猪及哺乳仔猪的饲养管理岗位技能

分娩舍中有2个对饲养管理要求差别巨大的饲养对象——哺乳母猪和仔猪，这个生产环节也是猪生产过程中最为重要的阶段。提高仔猪成活率是猪场生产管理者心目中永久的主题，但减少哺乳仔猪的死亡单靠对仔猪的仔细管护是远远不够的，需要对包括母猪、环境条件在内的一切相关因子进行密切管控才能取得好的效果。

一、岗位技能

(一)母猪分娩征状观察及分娩实时判断

1.母猪分娩征状观察

母猪在临产前生理上有一系列的变化，反映在乳房乳头、产道和行为表现上。母猪在分娩前3周左右，腹部急剧膨大下垂，乳房从后到前依次逐渐膨胀，乳头呈“八”字形分开，至产前2～3 d，更为潮红，乳头可以挤出乳汁。一般来说，前面乳头能挤出乳汁时，约24 h产仔；中间乳头挤出乳汁时约12 h产仔；最后一对挤出乳汁时，在2～4 h产仔(由于母猪体质差异等原因亦有例外)。

母猪产前3～5 d外阴部红肿异常，尾根两侧下陷，骨盆开张，为产仔做好准备。产前6～8 h，母猪起卧不安，行动缓慢慎重，经常衔草做窝，食欲减退。当母猪表现为时起时卧、频频排尿、阴户有羊水流出时，表示仔猪即将产出。

2.分娩实时判断

母猪即将分娩时的直接反应是呼吸加快，时起时卧，常呈犬坐姿势，频频排尿，继而侧身躺卧，开始出现阵痛，四肢伸展，用力努责，从阴道内流出羊水等，这是很快就要产仔的征兆。此时应严密观察，一定要有专人看管，做好接产准备工作。

(二)母猪分娩前后的护理

1.母猪产前护理

母猪分娩前要做许多产前准备工作。根据预产期,在母猪临产前5～7 d准备好产房,产房内要求温暖干燥,清洁卫生,舒适安静,阳光充足,空气新鲜。温度在20℃左右,相对湿度为65%～75%。母猪调入产房前,必须进行彻底冲洗和消毒。彻底清除产房墙角和产床缝隙等处所残留的粪便后,可用2%～5%的来苏儿或2%～3%的烧碱水进行消毒,围墙可用20%的生石灰溶液粉刷消毒。空栏晾晒3～5 d后方可调入母猪。传统圈舍铺上柔软清洁的垫草。

产前1周将妊娠母猪赶入产房,适应新的环境。母猪进产房前应对猪体进行清洁消毒,消除脏物和病原体。产前用温水擦洗母猪腹部、乳房及阴门附近,然后用2%～5%的来苏儿溶液消毒,消毒后清洗擦干,等待分娩。预产期当天喂料不要超过1 kg。

此外,还应准备好接产用具,如消毒药品、照明灯具、剪刀、碘酒、仔猪保温箱、母猪产仔记录卡、耳号钳等。

2.母猪产后护理

分娩后1周内母猪、仔猪的健康状况,对仔猪成活率和断乳体重至关重要。母猪在分娩过程中,应禁止喂料。母猪产后8～10 h内原则上可不喂料,只喂给麸皮汤或调得很稀的汤料。产后2～5 d不应喂料过多、过饱,饲料要营养丰富,容易消化,并视母猪膘情、体力、泌乳及消化情况逐渐加料,在产后6～7 d内逐渐达到标准喂量或不限量饲喂。

母猪分娩后应立即用温水与消毒液清洗消毒母猪乳房、阴部与后躯血污,并及时清除污物,保持舍内的清洁干燥。产房要经常保持安静、温暖、空气新鲜,产栏保持卫生,让母猪充分休息,尽快恢复正常。保持母猪乳房和乳头的清洁卫生,减少仔猪吃乳时的污染。

妊娠后期母猪如果饲养不良,则产后2～5 d由于血糖、血钙突然减少等原因,常易发生产后瘫痪、食欲减退或废绝、乳汁分泌减少甚至无乳等现象,这时除进行药物治疗外,应检查日粮营养水平,喂给易消化的全价日粮,刷拭皮肤,促进血液循环,经常翻转猪体,防止发生褥疮。产房小气候恶劣,产栏不卫生可能造成母猪产后感染,表现恶露、发烧、拒食、无乳等。如不及时治疗,仔猪常于数日内会饿死。遇有这种情况,要抓紧治疗,给母猪注射林可霉素或青霉素、链霉素、安痛定,必要时配合用2%～3%温热食盐水冲洗子宫。

(三)哺乳母猪的饲养管理

母乳是仔猪出生后20 d内的主要营养来源,因此哺乳母猪饲养管理的主要目标是增进母猪采食，提高母猪泌乳力，保证仔猪的成活和快速生长。同时，保证母猪在断乳时拥有良好的体况，使其能在断乳后短时间内发情，并保证排卵质量顺利进入下一个繁殖周期。

1. 母猪泌乳的特点

母猪的乳房结构特殊，每个乳房由 2～3 个乳腺团组成，分别由乳腺管通向乳头。乳房之间互不相连。母猪的乳池已退化，不能储存乳汁，也不能随时排乳。母猪只有在仔猪拱撞乳房、仔猪的叫声等各种刺激下才能放乳，而且每次放乳的时间又很短，只有 10～20 s。母猪每昼夜平均泌乳 22 次，每次相隔 1 h 左右。所以，只有在母猪真正放乳时，仔猪才能吃到母乳。

母猪分娩后 3 d 内分泌的乳汁称为初乳。初乳中蛋白质含量高，富含免疫球蛋白，初生仔猪食入后，可以增强仔猪本身的抵抗能力，是仔猪早期被动免疫源，保证其不受或少受外界不良因子带来的危害。另外，初乳还有轻泻作用，有利于仔猪顺利排出胎便。初乳之后的乳汁称为常乳，常乳是仔猪哺乳期最主要的营养物质来源，是适合仔猪胃肠道发育、消化生理特点的一种营养物。在整个泌乳期内，各阶段的泌乳量并不一致，泌乳高峰在产后 20～25 d 之间，此后泌乳量下降，产后 40 d 内的泌乳量占全期的 70%～80%。

母猪不同位置的乳头，其泌乳量也不一样。一般按顺序排列，前 2～3 对乳头泌乳量最高，第 1 对和 4～5 对泌乳量居中，后 6～8 对乳头泌乳量最少。

2. 影响母猪泌乳的因素

母猪泌乳量除了因泌乳天数的推移而呈规律性变化之外，还受其他因素的影响。

(1)品种　哺乳母猪乳汁分泌量很大，成年母猪每天平均分泌 5.5～13.0 kg 乳汁。一般大型高产的瘦肉型和兼用型品种猪的泌乳力较高，而小型、脂肪型品种猪的泌乳力较低。杂种母猪泌乳力也表现一定的杂种优势。

(2)胎次　一般情况下，初产母猪泌乳力低于经产母猪，从第 2 胎开始泌乳量上升，以后保持一定水平，第 6～7 胎以后泌乳量下降。

(3)哺乳仔猪数量　哺乳母猪一窝哺育仔猪头数的多少与其泌乳量有密切的关系。仔猪有吃固定乳头的习性，母猪放乳必须经过仔猪拱乳头刺激引起垂体后叶分泌生乳素，才能放乳，而未被吃乳的乳头分娩后不久即萎缩。哺育仔猪数多，全部有效乳头都能充分利用，吸出的乳量也多，对刺激乳腺发育和泌乳也有良好的影响。因此，调整母猪产后带仔头数，使其带满全部有效乳头的做法，可提高母猪的泌乳力。遗传上，产仔头数较多的母猪其泌乳能力也较高。

(4)环境因素　安静的环境有利于泌乳，适宜的环境温度也有利于泌乳。气候寒冷时母猪采食的营养有一部分用于产热御寒；炎热天气母猪会食欲减退，采食量减少而营养不足。温度过高过低都会导致母猪泌乳量降低。

(5)营养水平 营养是影响母猪泌乳量主要因素,形成乳汁所需营养物质都是从饲料中获得的,如不能满足母猪泌乳的营养需要,母猪的泌乳性能就不能得到充分发挥。因此,应增加精料给量,控制日粮的容积和粗纤维的含量,尽量满足母猪对蛋白质、维生素、能量、矿物质等营养的需要,尤其是优质动物类蛋白质,从而充分发挥母猪的泌乳能力。

(6)管理水平 管理工作的好坏对泌乳也有较大的影响,如饲料质量的突然变化、饲喂次数的突然变更、猪舍的嘈杂声等都会使泌乳量下降。所以,应为哺乳母猪创造一个安静、卫生的环境,并按常规进行饲喂。

(7)疾病影响 母猪因分娩护理不当而发生疾病时,也会使母猪采食、消化吸收及体内代谢受到影响,从而影响母猪泌乳力,如乳房炎、产后瘫痪、阴道炎等。

3.哺乳母猪的饲养

科学饲养哺乳母猪是提高母猪泌乳能力、增加仔猪断乳窝重的重要措施之一。哺乳母猪的营养需要是根据本身的维持需要、产仔头数和泌乳量的多少进行考虑的。哺乳母猪营养需要分两个部分,一是母猪本身的维持需要,二是泌乳的需要。母猪产仔几天内泌乳不多,仔猪小,喂料量应逐步增加,至5～7 d内恢复正常喂量。

母乳中蛋白质含量较高,品质优良,初乳为17.8%,常乳为6%～6.5%,因此蛋白质合理供给对提高泌乳量有决定性作用。在日粮不限量的情况下,哺乳母猪粗蛋白质水平降低到14%也不减少泌乳量,不影响仔猪发育和成活率。但当粗蛋白质水平降低到12.5%时,母猪泌乳和仔猪发育均受到影响。

猪乳中矿物质含量在1%左右,其中钙0.2%左右,磷0.15%左右。若矿物质不足,泌乳量降低,为保证泌乳的需要,母猪还要动用骨钙和骨磷,常常由此引起骨质疏松症而瘫痪,甚至造成骨裂和骨折。维生素对维持母猪健康、保证泌乳和仔猪正常发育都是必要的,因此对哺乳母猪应尽量多给些富含有维生素的饲料。

母猪产后哺乳期间体重下降15%～20%。在哺乳期内往往因采食不足而体重有所下降,尤其是泌乳量高的母猪,产后体重持续减轻,一直到泌乳后期体重减少才逐渐停止下来。

(1)充分满足营养需要。日粮应优质全价,为了提高泌乳力,哺乳母猪饲粮应以能量、蛋白质为主,哺乳母猪的能量需要为12.13 MJ/kg,粗蛋白质14%,但要保证各种必需氨基酸需要。饲粮结构要相对稳定,禁止骤变,不喂发霉变质和有毒饲料,否则直接影响乳汁的质量,影响仔猪生长发育和健康。有条件可以喂豆饼浆汁,或给饲料中添加经打浆的胡萝卜、南瓜等催乳饲料。

(2)掌握好饲料的日喂料量。泌乳期是母猪繁殖周期中营养需要量最大的阶段，要始终保持母猪哺乳期具有良好的食欲，就要掌握好母猪的日喂料量。母猪分娩当天必须减料，甚至可以停喂半天料，只需供应饮水。分娩后第一天每头仅喂 1 kg 饲料，产后 2～5 d 逐渐加料，6～7 d 饲喂量达到正常标准。日喂量应达到 5.5～7.5 kg。生产中应根据不同个体和情况确定喂料量。对带仔多的泌乳母猪要充分供给，每次让母猪吃饱，防止因营养不足造成无乳或少乳；对带仔少的，则要适当控制喂料量。

(3)饲喂技术。分娩后哺乳前期，母猪体质较弱，消化力差，饲喂要少给勤添。定时、定量，每天喂料 3～4 次，每次间隔时间要均匀。达泌乳高峰时，可视情况在夜间加喂 1 次。

(4)保证充足的饮水。猪乳含水量 80％以上，泌乳母猪需水量高。每天每头需要饮水 12～14L 以上，只有保证充足清洁的饮水，才能有正常的泌乳量。产房内应设置自动饮水器，保证母猪随时都能饮水。

4.哺乳母猪的管理

(1)加强母猪产后护理，及时让母猪恢复体能。顺产母猪经历近 2 h 的分娩，消耗了不少体能，加上体液的大量流失及子宫移位，当天采食又少，使母猪表现为渴、累、饿。所以，产后让母猪尽快站起来走动，先行补水(麦麸汤或补液盐更好)，少量喂食。

(2)创造良好的环境条件。产房内要经常清扫，保持猪栏清洁、干燥。舍内要保持安静，让母猪充分休息好。每天的工作程序要有条不紊地进行，以保证母猪正常的泌乳规律。冬季要注意防寒保温，舍内应有取暖设备，夏季要注意防暑，增设降温设施，加强通风。

(3)保护母猪的乳房和乳头。母猪乳腺的发育与仔猪的吮吸有密切关系，一定要使所有的乳头特别是青年母猪的所有乳头都能均匀地利用，以促进乳腺发育，提高泌乳量。用湿热毛巾对母猪乳房进行热敷按摩，可以促进乳腺发育，增加泌乳量，同时还可以起到清洗乳房、乳头的作用。圈栏应平坦，高床产栏要去掉围栏和漏缝板的锋利突出物，防止刷伤乳头。

(4)加强观察。要及时观察母猪采食、粪便、精神状态及仔猪的生长发育情况，以便判断母猪的健康状态。有异常情况应及时采取措施。母猪分娩结束后，很容易患病，如阴道炎、乳房炎、消化不良等疾病，这些疾病都会影响母猪健康和正常泌乳，应及时治疗。

(四)仔猪分娩处置技术及护理

1.接产技术

母猪的妊娠期为 114 d，一般提前或推后 1～2 d 均属正常。由于母猪分娩多在夜间，为避免死胎的发生，使母猪正常分娩，并缩短产程，要求有专人看管，每天注意观察母猪分娩征兆。母猪分娩时，必须有饲养员在场接产，严禁离开现场。整个接产过程要求保持产房环境安静，动作迅速准确。

母猪分娩的持续时间为 1～3 h，平均为 2.5 h，平均出生间隔为 15～20 min。产仔时间间隔越长，仔猪就越弱，早期死亡的危险性越大。母猪分娩时一般不需要帮助，但出现烦躁、极度紧张、产仔间隔超过 45 min 等情况时，就要考虑人工助产。接产步骤及要求如下：

(1)擦干黏液。母猪在破水后 30 min 内即会产出第一头仔猪。仔猪产出后，应立即用清洁的毛巾擦净仔猪口腔和鼻腔周围的黏液，以防仔猪窒息，然后用毛巾或干草擦净仔猪体表的黏液，以利仔猪呼吸和减少体表水分蒸发，避免感冒。

(2)断脐带。仔猪产出后脐带会自行扯断，但仍拖着 20～40 cm 长的脐带，此时应及时人工断脐。断脐时先将脐带内的血液挤向仔猪腹部，在距腹部 3～5 cm 即三指宽处用手扯断脐带。断脐前后应以 5%的碘酒消毒脐部，如脐带断后仍然流血，可用手指捏住断端 3～5 min 即可压迫止血。最好用在碘酒中浸泡过的结扎线扎紧，留在仔猪腹壁上的脐带经 3～4 d 即会干枯脱落。

(3)称重、打耳号。仔猪出生擦干后应立即称个体重或窝重，初生体重的大小不仅是衡量母猪繁殖力的重要指标，而且也是仔猪健康程度的重要标志，初生重大的仔猪，生长发育快、仔猪成活率高，肥育期短。

猪的编号就是猪的名字，在规模化种猪场要想识别不同的猪只，随时查找猪的血缘关系，便于管理记录，必须要给每头猪进行编号。编号是在生后称量初生体重的同时进行。编号的方法很多，目前常用剪耳法，即利用耳号钳在猪耳朵上打缺口，每剪一个耳缺代表一个数字，把两个耳朵上所有的数字相加，即得所要的编号。以猪的左右而言，编号原则为："左大右小，上 1 下 3"，一般公猪编单号，母猪编双号。即仔猪右耳，上部一个缺口代表 1，下部一个缺口代表 3，右耳尖缺口代表 100，耳中圆孔代表 400。左耳，上部一个缺口代表 10，下部一个缺口代表 30，左耳尖缺口代表 200，耳中圆孔代表 800(图 3.2)。若有轻便耳标记录信息可减少剪耳

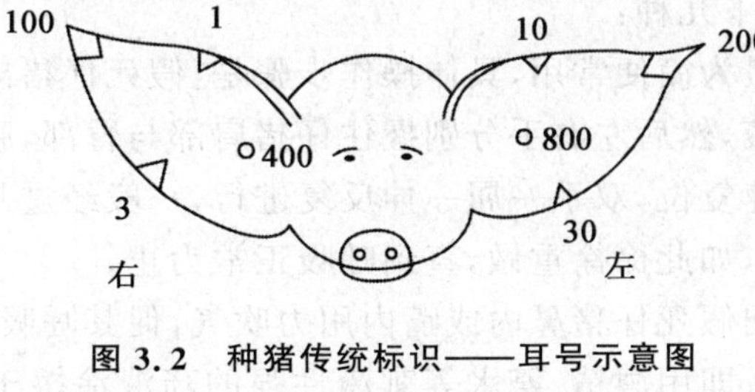

图 3.2　种猪传统标识——耳号示意图

应激，戴在一侧耳朵即可。若能植入电子芯片那就更上一层楼了。

(4)剪犬齿。仔猪初生就有 8 枚小的状似犬齿的牙齿，上、下颌的左右各 2 枚。由于犬齿十分尖锐，吮乳或发生争斗时极易咬伤母猪乳头或同窝仔猪的颊部，所以在仔猪生后打耳号的同时用钳子将其剪掉。剪时要用专用剪牙钳，小心操作，不要把牙齿剪得太短，不可伤及齿龈。剪牙钳要认真消毒，以避免交叉感染，使病原菌进入仔猪体内。断齿要清出口腔，断面要平滑整齐，并用 2% 碘酒消毒齿龈，以减少细菌感染。

(5)断尾。断尾是猪场的常规工作，可避免仔猪断乳、生长、育肥阶段的咬尾现象。用断尾钳距离仔猪尾部 1～2 cm 处剪断，并用 2% 碘酒消毒断端，每剪尾一次一定要对钳子进行消毒。钝性离断亦可。

(6)做乳前免疫。现在大多数规模化猪场采用对初生仔猪进行乳前免疫来控制哺乳期仔猪猪瘟。这项工作非常麻烦且必须有耐心和执行力，尤其大多接产在晚上的情况下。提前做好疫苗的稀释工作并低温存储，接产前将疫苗吸入针筒存于冰块旁待用。上述仔猪处置程序完成后，每头仔猪就注射 2 头份猪瘟疫苗并记录时间及个体先后次序。疫苗注射 1.5 h 后方可让仔猪吃乳，可结合固定乳头同步进行。

胎儿分娩结束后，应立即将仔猪送到母猪身边固定乳头吃乳，个别仔猪生后不会吃乳，需要进行人工辅助固定。寒冷冬季，无供暖设备的圈舍要生火保温，或用红外线灯泡提高局部温度。

仔猪全部产出后 0.5～2 h，母猪排出胎衣。这时要认真仔细检查胎衣数量，只有两侧子宫角的胎衣都排出来时，才能说明母猪产仔结束。此时，应及时将产房打扫干净，清除胎衣与污染的垫草，以防母猪因吃掉胎衣而造成消化不良或养成吃仔猪的恶癖。

2.假死仔猪的急救

有的仔猪产出后全身发软，张口抽搐甚至停止呼吸，但心脏还在跳动，这种现象称为假死仔猪。如果立即对假死仔猪进行救护，一般都能救活，使仔猪迅速恢复呼吸。急救办法有以下几种：

(1)人工呼吸　最为简便常用，具体操作步骤是：假死仔猪出生后，立即清除口腔、鼻内和体表的黏液，然后左右手分别握住仔猪肩部与臀部，腹部朝上，而后双手向腹中心回折，并迅速复位，双手一屈一伸反复进行，一般经过几次来回，就可以听到仔猪猛然发出声音，如此徐徐重做，直到呼吸正常为止。

(2)呼气法　即向假死仔猪鼻内或嘴内用力吹气，促其呼吸。

(3)药物刺激法　即用酒精、氨水等刺激性强的药液涂擦于仔猪鼻端，刺激鼻腔黏膜恢复呼吸。

(4)拍胸拍背法　即提起后腿,头向下,用手拍胸拍背,促其呼吸。

(5)捋脐法　尽快擦干净仔猪口鼻内的黏液,将头部稍高置于软垫草上,在脐带2～3 cm处剪断;一手捏紧脐带末端,另一手自脐带末端捋动,每秒1次,反复进行不得间断,直至救活。一般情况下,捋30次时假死仔猪出现深呼吸,40次时仔猪发出叫声,60次仔猪可正常呼吸。

不管采用哪种方法,在急救前必须先把口、鼻内的黏液擦干净,再进行急救,而且急救速度要快。

3.难产处理

在接产过程中,如果发现胎衣破裂,羊水流出,母猪用力时间较长,但仔猪生不下来,可能是发生难产。

(1)难产原因　难产在生产中较为常见,由于母猪骨盆发育不全、产道狭窄(早配初产母猪多见)、子宫弛缓、胎位异常、胎儿过大或死胎造成分娩时间长所致。如不及时处置,可能造成母仔死亡。母猪过肥可造成产道狭窄,过瘦则体弱分娩无力;妊娠期母猪营养过度,造成胎儿过大;近亲繁殖,使胎儿畸形;产仔时,人多杂乱,使母猪神经紧张;母猪因先天性发育不良,或配种过早而发育不良,造成产道狭窄;母猪年老体衰,子宫收缩力弱以及患其他病致使母猪体弱而分娩无力等,都能引起母猪难产。

(2)难产的判断　母猪超过预产期3～5 d,仍无临产症状;有羊水排出、强烈努责后1 h仍无仔猪产出;母猪产出1～2头后,仔猪体表已干燥,而间隔1 h仍无仔猪出生。

(3)人工助产技术　如果母猪长时间剧烈阵痛,反复努责不见产仔,呼吸迫促,心跳加快,皮肤发绀,应立即实行人工助产。对老龄体弱、分娩力不足的母猪,可肌肉注射催产素10～20单位,促进子宫收缩,必要时同时注射强心剂。如注药后0.5 h仍不能产出仔猪,即应手术掏出。具体操作方法是:术者剪短磨光指甲,手臂先用肥皂水洗净,用2%来苏儿或1%高锰酸钾消毒,再用70%的酒精消毒,然后涂以清洁的灭菌润滑剂(凡士林、石蜡油或植物油),将母猪阴部也清洗消毒;趁母猪努责将手指尖合拢呈锥形,慢慢伸入产道,抓住仔猪的两后腿或下颌,再随母猪努责,慢慢将仔猪拉出。

助产过程中,动作必须轻缓,要注意不可伤及产道、子宫,尽量避免产道损伤和感染。助产后必须给母猪注射抗生素药(林可霉素等),防止生殖道感染发病。对于难产的母猪,应在母猪卡上注明发生难产的原因,以便下一产次正确处理或作为淘汰鉴定的依据。

(五)哺乳仔猪死亡原因分析

1.哺乳仔猪的生理特性

(1)消化器官不发达,消化机能不完善。仔猪初生时,消化器官虽然已经形成,但其重量和容积都比较小。如初生时胃重只有 6～8 g,容积仅 20～30 mL;20 日龄时胃重为 35 g,容积为 100～140 mL;60 日龄时胃重为 150 g,容积为 570～800 mL。小肠在哺乳期内也强烈生长,长度增加 5 倍,容积增加 50～60 倍。消化器官这种强烈的生长保持到 6～8 月龄以后开始降低,一直到 13～15 月龄才接近成年的水平。

仔猪出生时胃内仅有凝乳酶,而唾液和胃蛋白酶很少,为成年猪的 1/4～1/3。初生仔猪的胃底腺不发达,缺乏游离盐酸,不能激活胃蛋白酶原的活性,因而不能很好地消化蛋白质,特别是植物蛋白质。由于胃中缺乏盐酸,不能抑制或杀死进入胃中的病原微生物,这是哺乳仔猪容易发生黄痢、白痢的重要原因之一。这时只有肠腺和胰腺发育比较完全,胰蛋白酶、肠淀粉酶和乳糖酶活性较高,食物主要是在小肠内消化。所以,初生仔猪只能吃乳,而不能利用植物性饲料。

随着仔猪日龄的增长和食物对胃壁的刺激,盐酸的分泌不断增加,到 30～40 d,胃蛋白酶才能表现出消化能力,仔猪才可利用乳汁以外的多种饲料。直到 2.5～3 月龄盐酸浓度才接近成年猪的水平。由于仔猪胃和神经系统之间的联系还没有完全建立,缺乏条件反射性的胃液分泌,只有当食物进入胃内直接刺激胃壁后,才分泌少量胃液。而成年猪由于条件反射作用,即使胃内没有食物,到时同样能分泌大量胃液。

哺乳仔猪消化机能不完善的又一表现是,食物通过消化道的速度比较快,食物进入胃内排空的时间,15 日龄时为 1.5 h,30 日龄时 3～5 h,60 日龄时为 16～19 h。

(2)生长发育迅速,物质代谢旺盛。仔猪出生时的体重不到成年体重的 1%,与其他动物相比,是比例最小的,但出生后的生长发育速度特别快。仔猪出生时体重只有 1.3～1.5 kg,10 日龄体重可增加到出生重的 2 倍以上,30 日龄达 5～6 倍,60 日龄达 13 倍。这是任何其他家畜不能与之相比的。

仔猪生长发育快,是因为物质代谢旺盛,特别是蛋白质代谢和钙、磷代谢要比成年猪高得多。20 日龄的仔猪,每千克体重可沉积蛋白质 9～14 g,而成年猪只能沉积 0.3～0.4 g,相当于成年猪的 30～35 倍;仔猪对营养物质的需要,无论是在数量还是质量上,都高于成年猪,对日粮的营养不平衡特别敏感。所以,日粮除满足仔猪的营养需要外,还必须达到营养成分之间的比例平衡。

猪体内的水分、蛋白质和矿物质的相对含量随年龄的增长而下降,而脂肪的沉积则随年龄的增长而上升。由于形成蛋白质所需要的能量要比形成脂肪所需的能量少40%，而仔猪体内瘦肉多，脂肪少，所以仔猪比大猪长得快，更能经济有效地利用饲料。

(3)体温调节机能不完善，抗寒能力差。仔猪出生时大脑皮层发育不够健全，通过神经系统调节体温的能力差。初生仔猪的被毛稀薄，皮下脂肪又很少，还不到体重的1%，保温、隔热能力很差。同时初生仔猪体内的能源贮备也非常有限，每100 mL血液中血糖含量仅为70～100 mg，若吃不到初乳，2 d内血糖含量即降至10 mg以下，可导致因低血糖症而出现的昏迷。

仔猪正常体温为39℃，刚出生时所需要的环境温度为30～32℃，当环境温度偏低时仔猪体温开始下降，下降到一定范围开始回升。出生仔猪如处于13～24℃的环境中，体温在生后第一小时可降低1.7～7.2℃，尤其是在生后20 min内，由于羊水的蒸发，降低更快，1 h后才开始回升。体温下降的幅度与仔猪体重大小和环境温度有关。吃上初乳的健壮仔猪，在18～24℃环境中，约2 d后可恢复正常，在0℃左右(－4～2℃)的环境条件下，经10 d尚难达到正常体温。刚出生的仔猪如果裸露在1℃环境中2 h可冻昏，甚至冻死。所以，对初生仔猪保温是养好仔猪的特殊护理要求。

(4)缺乏先天免疫力，抗病力弱。仔猪出生时没有先天免疫力，是因为免疫抗体是一种大分子——球蛋白，胚胎期由于母体血管与胎儿脐带血管被6～7层组织隔开，限制了母体抗体通过血液向胎儿转移。因而仔猪出生时没有先天免疫力，自身也不能产生抗体。只有吃到初乳以后，通过初乳把母体的抗体传递给仔猪，以后过渡到自身产生抗体而获得免疫力。

乳猪生后最初24 h靠吸吮母猪初乳来获得母源抗体，母猪分娩时初乳中免疫抗体含量最高，以后随时间延长而逐渐降低，分娩开始时每100 mL初乳中含有免疫球蛋白20 g，分娩后4 h下降到10 g，以后还要逐渐减少。所以，分娩后立即使仔猪吃到初乳是提高成活率的关键。

仔猪出生10日龄以后才开始自身产生抗体，并且在3周龄以后才达到具有抗病能力的抗体水平。因此，3周龄以内是免疫球蛋白青黄不接的阶段，这一阶段仔猪已开始采食饲料，但胃液中又缺乏游离盐酸，对随饲料、饮水进入肠胃中的微生物和病菌没有抑制能力，从而成为仔猪患病和易于死亡的原因。因此，应经常保持母猪乳房乳头的卫生、圈舍环境的清洁干燥、饲料饮水的卫生，以减少病原微生物的侵袭，保证仔猪的健康。

2.哺乳仔猪死亡原因分析

仔猪从母体中出生，其环境发生了很大的变化。在胎儿期，仔猪处于母体子宫的羊水中，靠母体血液循环供应营养和氧气。出生后，处在空气和陆地的环境中，靠母乳供应营养，靠自身呼吸得到氧气。这些变化对初生仔猪是很大的应激，如果环境不好，营养不够，加上各种病菌的侵袭，仔猪很容易发生疾病，引起死亡。为了更好地防止哺乳仔猪死亡，现分析仔猪死亡的原因，以便采取必要的措施。

(1)因疾病死亡为主的分析。某猪场对多年死亡仔猪的统计分析见表 3.4。

表 3.4 哺乳仔猪死亡原因分析

死亡原因	出生至 20 日龄		21～60 日龄		合计	
	死亡头数	死亡率/%	死亡头数	死亡率/%	死亡头数	死亡率/%
压死、冻死	128	94.8	7	5.2	135	12.8
白痢死亡	315	95.5	15	4.5	330	31.3
肺炎死亡	130	86.7	20	13.3	150	14.3
其他死亡	332	75.8	106	24.2	433	41.6
合计	905		148		1 053	

从表 3.4 可知，1 053 头死亡仔猪中，死亡比例较大的三类为：白痢死亡 330 头，占死亡总头数 31.30%，比例最大；肺炎死亡 150 头，占死亡总头数 14.3%，列为第二位；压死或冻死的仔猪 135 头，占死亡总数的 12.8%，列为第三位。

以上死亡原因与仔猪的生理特点有密切关系。仔猪消化机能不完善，且胃内没有游离的盐酸，免疫能力差，最容易因病菌侵害而下痢死亡。仔猪体温调节的能力差，怕冷，常因环境温度不适患感冒而引起肺炎死亡。刚出生的仔猪，身体软弱，活动能力差，如果护理不当，常会被母猪踩压而死。如能改善饲养管理条件，加强护理，消灭大肠杆菌等肠道传染性病菌，可减少死亡。

分析仔猪死亡的时间，从出生至 20 日龄之间死亡率高，从 21～60 日龄死亡率较低。从哺乳仔猪因患白痢死亡和压死、冻死两项来看，生后 20 日龄内死亡数占死亡总数的 95%，而以后的 40 d 死亡仅占 5%。因肺炎死亡的，20 日龄内约占 87%，以后的 40 d 死亡仅占 13%。其他原因死亡的，20 日龄内约占 76%，以后 40 d 死亡约占 24%。由此可见哺乳仔猪生后前 20 d 是最容易死亡的时期。

(2)非病因死亡为主的死亡原因分析。通过对某猪场 3 026 头仔猪死亡原因的统计分析，非病因死亡总数 2 324 头，占总死亡头数 75.9%；因病死亡 738 头，占总死亡头数 24.1%。见表 3.5。

表 3.5　哺乳仔猪死亡原因分析

类别	死亡原因	死亡头数	占死亡总数比例/%
非病因死亡	踩死	1 013	33.1
	先天发育不良	529	17.3
	缺乳	175	5.7
	淹死	84	2.7
	冻死	87	2.8
	咬死	161	5.3
	其他	275	9.0
	小计	2 324	75.9
因病死亡	白痢	421	13.7
	肺炎	101	3.3
	其他	216	7.1
	小计	738	24.1
合计		3 062	100

从表 3.5 可知，踩死的仔猪 1 013 头，占死亡总数的 33.1%；先天发育不良死亡的仔猪有 529 头，占死亡总数的 17.3%；因白痢死亡的仔猪有 421 头，占死亡总数的 13.7%。

由仔猪死亡原因的分析，说明该场饲养管理条件较差。首先因先天发育不良和缺乳死亡的仔猪共有 704 头，占死亡总数的 23%，其原因主要是妊娠母猪饲养管理不当所造成的。踩死、淹死、冻死和咬死 4 项共计 1 345 头，占死亡总数的 43.9%。如能加强对哺乳母猪的管理，改善饲养条件，加强看护，便可减少死亡，提高仔猪的成活率。

(3)死亡时间的分析。根据某大型工厂化猪场的统计，累计死亡 1 839 头仔猪，死亡时间的分析见表 3.6。

表 3.6　哺乳仔猪死亡时间的分析

死亡时间/日龄	死亡头数	占死亡总数/%
1～3	534	29.0
4～8	927	50.4
9～28	378	20.6
合计	1 839	100

从表3.6可知，该场哺乳仔猪的死亡时间多发生在生后8日龄以内，约占死亡总数的79.4%，9～28日龄死亡数占20.6%。随日龄的增长，仔猪死亡率逐渐下降。因此，抓好早期的饲养管理至关重要。

(六)提高哺乳仔猪成活率的主要措施

1.养好仔猪的关键性时期

仔猪出生后3日龄是第一个关键时期，应加强看护和管理。4～21 d是第二个关键时期，母猪的泌乳量在分娩后21 d左右达到高峰，而后逐渐下降，仔猪的生长发育随日龄增长迅速上升，母乳下降，仔猪对营养的需求日益增加，如不及时给仔猪补饲，容易造成仔猪增重缓慢。因此，5日龄左右训练仔猪认料，早期开食是养好仔猪的关键性时期。21 d至断乳，仔猪采食量增加，是仔猪从哺乳期逐渐过渡到全部采食饲料独立生活的重要准备时期，是养好仔猪的第三个关键时期。

2.加强分娩看护，减少分娩死亡

分娩死亡的比例可占总死亡率的16%～20%。出生时损失1头仔猪，相当于损失63 kg饲料。因此，应尽量减少分娩时的损失。母猪分娩一般在3 h内完成，若分娩时间越长，仔猪发生死亡的比率越高。母猪分娩时应尽量避免惊扰，仔猪的分娩间隔如果超过30 min，就应准备实施助产。

3.加强哺乳仔猪的饲养管理

饲养哺乳仔猪的关键技术是让仔猪吃足初乳，及时补充全价优质的饲料，减少或避免仔猪腹泻等。

(1)抓乳食，过好初生关。

①固定乳头，吃足初乳。初乳是指母猪分娩后3～5 d内分泌的淡黄色乳汁。初乳中含有丰富的营养物质和免疫抗体。母猪的初乳对仔猪有着特殊的生理作用，可增强体质和抗病能力，提高对环境的适应能力。初乳中含有较多镁盐，具有轻泻性，可促使胎粪排出；初乳的酸度较高，有利于消化道活动；初乳的各种营养物质，在小肠内几乎全被吸收，有利于增长体力和产热。因此，使初生仔猪吃足初乳，是仔猪培育过程中至关重要的技术措施。

母猪有十几个乳房，每个乳房分泌的乳多少是不一样的，因为猪的乳房构造有它的特点，自成一个功能单位。各乳头的泌乳和品质有所不同，前面乳头的泌乳量较高。仔猪因哺乳位置不同其增重有明显差异。

仔猪有固定乳头吸乳的习性，即生下后起初吸吮哪个乳头，直到断乳时还是固定吸吮哪个乳头。在母猪分娩结束后，将仔猪放在躺卧的母猪身边，让仔猪自寻乳头，等大多数找到乳头后，对个别弱小或强壮争夺乳头的仔猪再进行调整。生产中常将弱小的仔猪固定在中间几对乳头吸乳，既能吃饱又不浪费，较强的仔猪固定在乳量较差的乳头上，中强仔猪固定在靠前边的乳量多的乳头上，这样可使全窝仔猪都能充分发育。

②加强保温、防冻防压。母猪寒冷季节分娩造成仔猪死亡的主要原因是冻死或被母猪压死，尤其是在出生后 3 d 以内。仔猪受冻行动不灵敏，不会吸乳，好钻草堆或卧在母猪腋下，易被母猪压死或引起低血糖、感冒、肺炎等病。因此，加强护理，作好保温防冻和防压工作是提高仔猪成活率的保证。仔猪的适宜温度：出生后 1～3 日龄 30～32℃，4～14 日龄 28～30℃，15～28 日龄 25～27℃，29～35 日龄为 23～25℃。

工厂化养猪实行全均衡产仔，专门设有产房，产房内设有保温防寒设备如暖气、火墙等，产房环境温度最好保持在 20℃左右。在产栏一角设置仔猪保温箱，为仔猪创造温暖舒适的小环境。箱的上盖有 1/3～1/2 是活动的，人可随时观察仔猪，在箱的一侧靠地面处留一个高 30 cm、宽 20 cm 的仔猪出入口。在仔猪保温箱内，最常用的局部供热设备是采用红外线灯、吊挂式红外线加热器和电热保温板。

防压措施有以下几方面：

设母猪限位架。母猪产房内设有排列整齐的分娩栏，在栏内的中间部分是母猪限位架，供母猪分娩和哺乳仔猪，两侧是仔猪吃乳、自由活动和吃补料的地方。母猪限位架的两侧是用钢管制成的栏杆，用于拦隔仔猪。由于限位架限制了母猪大范围的运动和躺卧方式，使母猪不能“放偏”倒下，然后伸展四肢侧卧，这样使仔猪有躲避机会，以免被母猪压死。

保持环境安静。产房内防止突然的声响，防止闲杂人员进入。为防止哺乳时争抢乳头而咬痛母猪乳头，造成母猪不安，压死仔猪或中止哺乳，在仔猪出生后就应剪掉犬牙。

加强护理，设立保温箱及哺乳时加温装置。在集约化猪场，为母猪设立分娩舍，高床网上饲养，并设立仔猪保温箱，为仔猪创造温暖舒适的小环境。同时，应在母猪产床栏位上方设置红外线灯等加热装置，在寒冷季节里，接产及仔猪吃乳时开启，可减少仔猪应激，提高仔猪的舒适度。产后 1～2 d 内可将仔猪关入保温箱中，定时放出吃乳，可减少仔猪与母猪接触机会，减少压死仔猪。2 日龄后仔猪吃完乳自动到保温箱中休息。产房要日夜有人值班，一旦发现仔猪被压，立即赶起母猪，救出仔猪。

(2)抓开食，过好补料关。初生仔猪完全依靠吃母乳为主。母猪的泌乳量在第 3 周达到泌乳高峰，以后则逐渐下降。而仔猪的生长发育很快，随着日龄的增长，仔猪的体重增加，每日需要的营养物质与日俱增，仔猪吸吮母乳已不能满足其快速生长发育的需要。如不给仔猪及时补料，会影响其生长发育。给仔猪补料，以提早开食为好。在生产上补料应在仔猪出生第 5 天开始，大约到第 10 天时就会上槽吃少量饲料，开始给仔猪补充部分营养。

①补料的方法

调教期：从开始训练到仔猪认料，约需 1 周时间，即仔猪 5～12 日龄。这时仔猪消化器官处于强烈生长发育阶段，母乳基本上能满足仔猪的营养需要。但仔猪此时开始出牙，牙床发痒，喜欢四处活动、啃食异物。此时补料在于训练仔猪认料，锻炼仔猪咀嚼和消化能力，避免仔猪啃食异物，防止下痢。每天数次将仔猪关进补料栏，限制吃乳，强制吃饲料，在补料槽里放上粒料，让仔猪自由采食。

适应期：从仔猪认料到能正式吃料的过程需 10 d 左右，即仔猪 13～21 日龄。这时仔猪对植物性饲料已有一定的消化能力，母乳不能满足仔猪的需要。补料的目的一是提供仔猪部分营养物质，二是进一步促进消化器官能适应植物性饲料。每个哺乳母猪圈都装有仔猪补料栏，可短时间将仔猪赶入补料栏，限制仔猪的自由出入，让其采食补料。平时仔猪可随意出入，日夜都能吃到饲料。

每天饲喂的次数，初次补料每天 3 次，每次 30～50 粒，让仔猪适应饲料，然后慢慢增加给料量，每次补料前应清理仔猪料槽，保持料槽干净卫生，饲料新鲜。

哺乳仔猪的饲料要求营养丰富，容易消化，适口性强，粒度适当，搅拌均匀。为使仔猪早日上槽吃料，有几种引食方法：用乳清粉、脱脂乳粉加糖拌入饲料中诱食。仔猪的嗅觉灵敏，对乳香味很敏感，诱食效果很好。诱食料要放在仔猪常活动的地方。用炒熟的玉米，磨成粗粉诱食。用膨化饲料诱食。膨化饲料经熟化后易消化，有香味，又较松脆，仔猪爱吃。用嫩青料诱食。将青菜嫩头、甘薯藤嫩头、南瓜丝、甘薯丝等撒到诱食料上，由于仔猪爱吃嫩青料，就把诱食料也带入口中，几次后就采食了。

将诱食料放在仔猪补料栏内，然后在仔猪兴奋活动时间将其关在补料栏内强迫吃料一段时间。这样能加速仔猪采食。

②微量元素的补充。与仔猪生长关系较密切的微量元素有铁、铜和硒。铁是形成血红蛋白和肌红蛋白所必需的微量元素，同时又是细胞色素酶类和多种氧化酶的成分。初生仔猪出生时体内铁的总贮存量约为 50 mg，每天生长需要约 7 mg，而母乳中含铁量很少（每 100 g 乳中含铁 0.2 mg），仔猪从母乳中每日仅能获得 1 mg 铁，给母猪补饲铁也不能提高乳中铁的含量。因此，仔猪体内贮存的铁很快耗尽，如得不到补充，会因缺铁而贫血，出现食欲减退、皮肤苍白、生长停滞，严重者死亡。

缺铁的仔猪，抗病能力减弱，容易生病，为防止仔猪贫血给生产造成损失，仔猪生后 3 日龄内补铁。补铁方法有口服和肌肉注射两种。

口服铁铜合剂补饲法：把 2.5 g 硫酸亚铁和 1 g 硫酸铜溶于 1 000 mL 水中配制而成，装于瓶内，当仔猪吸乳时，将合剂滴在乳头上使仔猪吸食或用乳瓶喂给，每天 1～2 次，每头每天 10 mL。当仔猪开始吃料后，可将合剂拌在饲料中喂给。

肌肉注射补铁：肌肉注射生产上应用较普遍。肌肉注射有牲血素、右旋糖酐铁等，一般于 3～4 日龄注射 1～2 mL(根据浓度而定含铁 100～150 mg/mL)，10 日龄再注射一次。

铜与体内正常的造血作用和神经细胞、骨骼、结缔组织及毛发的正常发育有关。高剂量铜(50～250 mg/kg)对仔猪的生长和饲料利用有促进作用。

硒和维生素 E 具有相似的抗氧化作用，它与维生素 E 的吸收、利用有关。硒缺乏会引起白肌病、肝坏死、食欲减退、增重缓慢，严重者甚至突然死亡。仔猪对硒的日需要量，根据体重不同为 0.03～0.23 mg。对缺硒仔猪可于出生后 3～5 日龄，肌肉注射 0.1%的亚硒酸钠溶液 0.5 mL，30 日龄再注射 1 mL。补硒时，同时给予维生素 E 会具有更好的效果。

③水的补充。水是动物血液和体液的主要成分，是消化、吸收、运送养分和排出废物的溶剂，水可调节体温和体液电解质的平衡。由于仔猪生长迅速，代谢旺盛，母乳中含脂肪量高(7%～11%)，需水量较多。仔猪常感口渴，如不及时给仔猪补水，仔猪会因喝脏水或尿液而引起下痢。目前一些工厂化的猪场都给产房或产床安装供仔猪饮水的自动饮水器，保证哺乳仔猪随时饮水。如果没有自动饮水装置，仔猪生后 3 日龄起可在补饲间设饮水槽，开始补给清洁饮水，水槽要经常刷洗消毒，水要勤更换以保持新鲜，并可稍加甜味剂，冬季可供给温热水。

(3)抓旺食，过好断乳关。仔猪随着消化机能逐渐完善和体重的迅速增长，食量大增，进入旺食阶段。为了提高仔猪的断乳重，应加强这一时期的补料。根据仔猪采食的习性，选择香甜、清脆适口性好的饲料。补料要多样配合、营养丰富。因仔猪生长迅速，需要补饲接近母乳营养水平的全价饲料。日粮配合既要多样化，又要注意蛋白质的质量，仔猪最需要的赖氨酸、色氨酸等在黄豆饼及幼嫩的豆科青草中含量较高，但哺乳仔猪对纤维和谷类淀粉的消化率不高，因此不能全靠植物性蛋白质补料供给，最好给予一定数量的鱼粉、骨肉粉、脱脂乳粉、血粉等动物性蛋白质饲料。

补饲次数要多，适应肠胃的消化能力。哺乳仔猪每天补饲 5～6 次，其中夜间 1 次。每次食量不宜过多，以不超过胃容积的 2/3 为度。

(4)去势(阉割)。商品猪场的小公猪、种猪场不能做种用的小公猪，可在断乳前进行去势。生长发育良好的仔猪，可于出生后 7 日龄去势。仔猪去势越早，应激越小，伤口愈合越快，手术越简便。

去势前后注意事项:去势仔猪要健康无病,去势前2 h断食。去势过程中一定要严格消毒,去势时只开一个刀口,刀口尽量小,刀口要开在阴囊下端,便于血水流出。去势过程中要对阴囊疝猪倍加小心,不要把肠戳破。去势后1～2 d,要经常观察有否意外发生,如肠漏出等。去势后地面和垫草要清洁、干燥,以免污染伤口。

(5)寄养。在猪场同期有一定数量母猪产仔的情况下,将多产、无乳吃、母猪产后因病死亡的仔猪寄养给产仔少的母猪,是提高仔猪成活率的有效措施。当母猪头数过少需要并窝合养,使另一头母猪尽早发情配种,也需要进行仔猪寄养。

仔猪寄养时一定要注意以下几方面问题:

①母猪产期应尽量接近,最好不超过3 d。后产的仔猪向先产的窝里寄养时,要挑体重大的寄养;而先产的仔猪向后产的窝里寄养时,要挑体重小的寄养,以免体重相差较大,影响体重小的仔猪发育。

②寄养的仔猪一定要吃初乳。仔猪吃到初乳才容易成活,如因特殊原因仔猪没吃到生母的初乳时,可吃养母的初乳。养母必须是泌乳量高、性情温顺、哺乳性能强的母猪,只有这样的母猪才能哺育好多头仔猪。

③使被寄养仔猪与养母仔猪有相同气味。猪的嗅觉特别灵敏,母仔相认主要靠嗅觉来识别。多数母猪追咬别窝仔猪,不给哺乳。为了顺利寄养,可将被寄养的仔猪涂抹上养母猪乳或尿,也可将寄养仔猪和养母所生仔猪关在同一个仔猪箱内,经过一定时间后同时放到母猪身边,使母猪分不出被寄养仔猪的气味。

(6)预防疾病。初生仔猪抗病能力差,消化机能不完善,容易患病死亡。对仔猪危害最大的是腹泻。仔猪腹泻病包括多种肠道传染病,最常见的有仔猪红痢、仔猪黄痢、仔猪白痢和传染性胃肠炎等。预防仔猪腹泻病的发生,是减少仔猪死亡、提高猪场经济效益的关键。预防措施如下:

①养好母猪。加强妊娠母猪和哺乳母猪的饲养管理,保证胎儿的正常生长发育,产出体质健康的仔猪,母猪产后有良好的泌乳性能。哺乳母猪饲料稳定,不吃发霉变质和有毒的饲料,保证乳汁的质量。

②保持猪舍清洁卫生。产房最好采取全进全出制,前批母猪、仔猪转走后,地面、栏杆、网床等要彻底清洗、严格消毒,消灭引起仔猪腹泻的病菌病毒。妊娠母猪进产房时对体表要进行喷淋刷洗消毒,临产前用0.1%$KMnO_4$溶液擦洗乳房和外阴部,减少母体对仔猪的污染。产房的地面和产床上不能有粪便存留,随时清扫。同时,做好常规消毒处理也非常重要。

③保持良好的环境。产房应保持适宜的温度、湿度,控制有害气体的含量,使仔猪生活得舒服,体质健康,有较强的抗病能力,可防止或减少仔猪的腹泻等疾病的发生。

④采用药物预防。对仔猪危害的黄痢病，可用硫酸庆大霉素注射液，每支 10×2 mL，8 万 IU，仔猪生后第一次吃乳前口腔滴服 1 万 IU，以后每天 2 次连服 3 d，如有猪发病继续投药。

(七)仔猪早期断乳及断乳过渡期(断乳 1 周内)的饲养管理

传统养猪仔猪一般生后 56～60 日龄断奶。仔猪早期断奶是指仔猪生后 3～5 周龄离开哺乳母猪，开始独立生活。仔猪生后 2 周龄以内离开哺乳母猪的称为超早期断奶。多数国家推广 4～5 周龄断乳。如日本提倡“三个三养猪制”，即仔猪生后 30 日龄断奶，仔猪培育 30 d，然后再育肥 3 个月，也就是仔猪生后 5 个月体重达 90～95 kg，屠宰上市。

1. 仔猪早期断奶的优点

(1)提高母猪年生产力。母猪生产力一般是指每头母猪一年所提供的断奶仔猪数。仔猪早期断奶可以缩短母猪的产仔间隔(繁殖周期)，增加年产仔窝数。母猪年产仔窝数可通过下式计算：

$$母猪年产窝数=\frac{365}{妊娠期+哺乳期+空怀期}$$

一年 365 d 是个常数，在养猪生产中，某一生产环节(如配种)重复出现的时间间隔为一个生产周期。一个生产周期由 3 个阶段组成：配种到分娩这段时间叫妊娠期，平均为 114 d。分娩到断奶这段时间为哺乳期，这段时间有伸缩性。生产中要充分利用母乳来哺育仔猪，因此哺乳期下限应选在母猪泌乳高峰(21 d)以后。从断乳到再发情配种这段时间叫空怀期，若饲养管理正常，则断乳后 5～7 d 即可发情再配种。哺乳期、空怀期越短，繁殖周期越短。所以，缩短哺乳期和空怀期，可提高母猪产仔总数和断奶仔猪头数。

按理论推算，仔猪生后 0、2、7、21、35、56 日龄断奶，母猪年产窝数、产活仔猪数、成活仔猪头数(56 日龄)见表 3.7。

表 3.7 仔猪断奶日龄与母猪产仔数

断乳日龄	0	2	7	21	35	56
年产胎数	3.00	2.95	2.85	2.50	2.30	2.05
断奶时仔猪数	31.5	27.1	24.5	20.3	18.4	16.2
56 日龄仔猪数	28.3	25.7	24.0	19.0	18.0	16.2

注：每胎产活仔 10.5 头。

从理论上讲，断奶时间越早，母猪年产仔窝数越多，每提前1周断奶，1头母猪可多生产1头断奶仔猪。目前，世界通行的仔猪断奶时间为21～28日龄，我国为28～35日龄。

(2)提高饲料利用效率。仔猪越早断奶，母猪在哺乳期耗料就越少。从饲料利用率来看，仔猪断奶后直接摄取饲料所获得的饲料利用率，要比断奶前饲料通过母猪摄取然后转化为乳汁、再由仔猪吮取乳汁转化为体组织的要高。家畜对饲料能量的利用，每转化一次，要损失20%。

(3)有利于仔猪的生长发育。早期断奶的仔猪，虽然在刚断奶时由于断奶应激的影响，增重较慢，一旦适应后增重变快，可以得到生长补偿。根据试验，在仔猪生后分别于28、35、45和60日龄断奶，仔猪的生长发育结果见表3.8。

表3.8 不同断奶日龄仔猪的增重情况 kg

断乳日龄	20日龄		28日龄		35日龄	
	个体重	日增重	个体重	日增重	个体重	日增重
28	4.70	175	6.28	195	6.69	78
35	4.36	166	5.66	174	7.00	192
45	4.32	160	5.90	227	6.50	91
60	4.55	175	6.55	250	7.53	180

断乳日龄	45日龄		60日龄		90日龄	
	个体重	日增重	个体重	日增重	个体重	日增重
28	9.46	227	15.97	434	32.84	559
35	9.07	207	15.45	425	32.22	582
45	10.26	376	16.40	409	31.40	512
60	10.75	322	17.90	476	32.90	503

通过表3.8可以看出，28、35、45日龄断奶的仔猪与60日龄断奶仔猪相比较，在60日龄以内增重较慢，60日龄以后增重高于60日龄断奶的仔猪。到生后90日龄时，各组仔猪平均个体重很接近。

早期断奶的仔猪能自由采食营养水平较高的全价饲料，得到符合本身生长发育所需各种营养物质。在人为控制环境中养育，可促进断奶仔猪的生长发育，防止落后猪只的出现，使仔猪体重大小均匀一致，减少患病和死亡。

(4)提高分娩猪舍和设备的利用率。工厂化猪场实行仔猪早期断奶，可以缩短哺乳母猪占用产仔栏的时间，从而提高每个产仔栏的年产仔窝数和断奶仔猪头数，相应降低了生产一头断乳仔猪产栏设备的生产成本。

2. 断奶方法

(1)一次性断奶法 断奶前 3 d 减少哺乳母猪饲粮的日喂量，到断奶日龄，将仔猪与母猪全部分开，这种断奶方式就叫一次性断奶法。由于突然断奶，仔猪因食物和环境的突然变化，引起消化不良，增重或生长受阻，易导致断奶应激，又容易使母猪烦躁不安。但此种断奶方法省工省时，便于操作，多被工厂化养猪生产所采用。

(2)逐渐断奶法 在仔猪预期断奶前 4～6 d，把母猪赶到离原圈较远的圈里，定时赶回让仔猪哺乳，逐日减少母猪和仔猪的接触与哺乳次数，并减少母猪饲粮的日喂量，到预定日期停止哺乳这种方法称为逐渐断奶法。仔猪由少哺乳到不哺乳有一个适应过程，减轻断奶应激对仔猪影响，但较费工、费时，增加了劳动量。

(3)分批断奶法 将一窝中体重较大的仔猪先断奶，使弱小仔猪通过寄养继续哺乳一段时间，以便提高其断奶体重，这种方法为分批断奶法。只有条件具备的猪场才适合采用。

一经断奶，母子必须分开，不能再让仔猪听到母猪的声、见到母猪的面、闻到母猪的味。否则会影响断奶效果，很难顺利断奶。

3. 早期断奶注意事项及断乳过渡期(断乳 1 周内)的饲养管理要求

(1)要抓好仔猪早期开食、补料训练，使其尽早地适应以独立采食为主的生活方式。

(2)仔猪教槽料一定要用全价配合饲料，适当控料，防止腹泻。同时，仔猪断乳后不能换料，且离乳后所喂乳猪料应掺水拌成湿料，可适度缓解对肠道的应激。

(3)母猪断奶前后减料，防止母猪得乳房炎。

(4)断奶仔猪应留在原圈养育一段时间，以免因换圈、混群、争斗等应激因素的刺激而加重应激，影响仔猪的正常生长发育。

(5)注意保持圈舍干燥，搞好圈舍卫生和消毒，以减少疾病的发生。

(6)避免综合应激。断奶是对仔猪较大的刺激，此时应避免其他刺激，如疫苗的注射、去势等。

(7)断乳 1 周内是仔猪在产床上的重要过渡期，应该加强管护。喂料少喂勤添，重点观察有母乳依赖倾向的仔猪，及时干预并采取措施。对腹泻的个体及时救治。在这 1 周过渡期内，最基本的底线是仔猪不掉膘，每头达到 200～300 g 的增重是能够实现的目标。

(8)1 周后安排转群到保育舍，消毒后进行。若是多点养殖设计的猪场，应用消毒过的运输工具转运，若相距较近的猪舍，用推车即可解决。转群时按原窝为单位装运，按保育舍设计要求来安排原窝饲养或其他合群方式饲养。

二、岗位设置及职责

(一)饲养管理员

在产房的饲养员要选用工作稳定性高、责任心强的人员。在工资、福利待遇上有对应的倾斜政策。

1. 岗位工作目标

(1)按计划完成哺乳阶段母猪饲养管理任务。

(2)哺乳期仔猪成活率90%以上,经产母猪(2～7窝)每窝断乳仔猪不少于9头,初产母猪不低于7头。

(3)仔猪3周龄断乳时头均采食乳猪料500 g以上,平均体重≥6 kg,4周龄7.5 kg以上。

(4)商品猪场仔猪断乳时不能发现带睾丸及有阴囊疝的仔猪。

(5)母猪断乳时背膘不能低于12 mm。

(6)母猪断乳时不能发现有子宫炎及肢残的个体。

(7)确保断乳过渡期(断乳1周内)仔猪不掉膘或每头仔猪有不少于200 g的增重。

(8)工作过程中无重大责任事故发生。

2. 岗位主要工作内容

(1)产前准备

①产房的准备。产房关键任务是保障母猪分娩安全,仔猪健康。准备的重点是消毒与保温,空栏1周后进猪。产房要求是温暖干燥、清洁卫生、舒适安静、空气新鲜。环境温度20℃左右,相对湿度为60%～70%。

②临产母猪在妊娠舍彻底清洗消毒体表后,提前5～7 d进产房,驱赶轻、缓慢,潮湿处垫含有消毒水的麻袋,防滑防跌。进产房时按预产期顺序依次排列。分娩前,每两天消毒一次,至猪分娩为止。

③上产床,检查预产期。将母猪按预产期赶上已准备好的分娩栏,转入分娩栏后对准母猪耳牌(号)及母猪卡,挂在母猪栏前。检查母猪健康状况,产前产后各1周保健用药。

④有分娩征兆的母猪,准备好保温箱、麻袋、栏板等,并开启保温灯。及时与接产员联系。

(2)母猪的饲养管理

①母猪进产房后维持怀孕后期的喂料量,在预产期前3 d开始控料,每天递减1 kg(即产前3 d喂料量分别为3.75 kg、2.75 kg、1.75 kg),分娩当天喂料不超过1 kg。

②哺乳母猪的饲喂。饲喂哺乳料，每天饲喂3次，夏季夜间增加1次。产后喂料缓慢增加，要根据母猪体况均匀投喂，若母猪不愿站立吃料时，应驱赶母猪并仔细观察。产后14 d，日饲喂量在7 kg/d以上。断乳前3 d适当控料，清晨空腹断乳，早上不喂。哺乳期母猪喂料参考标准见表3.9(控料以让母猪吃饱为标准)。

表3.9　哺乳期母猪喂料参考标准

第1周	产后日龄/d	1	2	3	4	5	6	7
	喂料量/(kg/日)	2	2	2	2.5	2.75	3.5	4.25
第2周	产后日龄/d	8	9	10	11	12	13	14
	喂料量/(kg/d)	5	5	5	5.5	6	6.5	7
第3周	产后日龄/d	15	16	17	18	19	20	21
	喂料量/(kg/d)	>7	>7	>7	>7	>7	>7	>7
第4周	产后日龄/d	22	23	24	25			
	喂料量/(kg/d)	>7	7	6	6			

③加强母猪产后护理。及时让母猪站立走动，先行喂麦麸汤或补液盐，后少量喂食。

④用药保健及防疫。产前产后根据季节和阶段情况，母猪饲料中选择性添加金霉素、阿莫西林、强力霉素、酸制剂等，使用常规添加量。发现母猪异常，应对症治疗，做好病程及治疗记录。规模不大的场可将圆环病毒疫苗与仔猪同步做免疫。

⑤哺乳期内要保持舍内安静，圈舍干燥、清洁，无刺鼻气味，冬季协调好通风与保温的关系。

⑥哺乳期瘦弱或头胎母猪要适当提前断乳，无种用价值的母猪断乳后及时淘汰。

⑦每天观察母猪采食情况、行为方式、乳房外阴等，做好健康检查。每天喂料时检查2～3次母猪健康状况，并做好巡查和治疗记录。检查主要内容：舍内温度与湿度、免疫与免疫反应、采食与饮水、母猪乳水、粪便、加药保健、卫生、饮水、压伤仔猪、精神状态、睡姿与运动、呼吸与咳嗽、关节、毛色与肤色、死亡、其他异常情况等，要及时记录、处理和解决已发现的问题。每周二、周五可带猪消毒1次。

⑧每批母仔转出后，做好猪舍、栏位的清理、冲洗及消毒，对设施及用具及时检修和报修。

⑨及时做好统计报表、数据分析工作。

(3)哺乳仔猪的管护

①固定乳头、早吃初乳。不做超免的仔猪出生后10～20 min内，应将其放到

母猪乳房处，协助仔猪找到乳头，吃到初乳，固定乳头。中等初生重放在前面乳头，初生重大的放在后面乳头，初生重小的放在中间的乳头。仔猪吃初乳前，应认真清洗乳房及乳头，每个乳头的最初几滴乳要挤掉。确保仔猪生后 2 h 内能够吃到初乳。若是做乳前免疫的仔猪，一定要做到不漏免及时间控制。

②保温防压、及时巡查。仔猪出生后应将仔猪放置保温箱内，温度控制在 30～32℃。产后 1～2 d 内，可将仔猪关入箱内，定时放出吃乳，可减少压死仔猪。在低温时期，仔猪放出吃乳时开启加温装置。以后仔猪吃完乳便自动到保温箱中休息，减少与母猪的接触机会。此后每周温度降 1℃。每天早、中、晚 3 次应对产房及产仔箱的温度核查，及时纠正温度计的位置及确认工作状态。

③仔猪产后 24 h 内不得寄养和调群。吃足初乳后，根据产仔数量及时调群，留小去大。初产母猪带仔猪 9 头，高胎次母猪带仔 11 头。

④寄养。对无饲养价值的病、弱、小、僵仔猪及时淘汰处理，对因拉稀、乳水不足和管理不善造成的仔猪要精心饲养。在母猪产仔过多或无力哺育仔猪时，将这些仔猪移到其他母猪寄养。种猪寄养工作应在仔猪打耳号后进行，并保证仔猪吃到初乳不少于 17 次。

⑤仔猪补铁。出生后 2 日龄肌肉注射右旋糖酐铁注射液 1 mL。

⑥仔猪补料。出生后 5 日龄开始诱料。保持料槽清洁，一旦被污染，需要清洗。每天添加 6～8 次，少添、勤添。确保断乳前每头仔猪吃饲料 500 g 以上，并减少仔猪教槽料的浪费。仔猪断乳前后 3 d，在饮水中添加抗生素和抗应激药物，如阿莫西林、强力霉素、支原净、多维等。

⑦适时调群、优化饲养、去势。在防疫情况明确的基础上，采取更换母猪带乳、交叉寄养、人工补乳、消毒、驱虫、治疗等措施，抓平衡，促健康。商品猪场所产公猪及无用二元公猪 15 日龄左右去势，去势要彻底，切口 1 cm，倾斜 30°，术前、术后使用碘伏消毒。

⑧疾病预防。每天观察仔猪毛色、体况、吃乳情况、走路姿势、是否拉稀等，做好健康检查，及时清理栏面上的粪便，尤其是拉稀粪便。发现仔猪异常，应对症隔离治疗，并做好病程及治疗记录。若疫病由母猪引起，应同时治疗母猪和调群。在饮水中或饲料中添加维生素 C 和抗生素药物如庆大霉素、卡那霉素等，预防疾病。哺乳期的仔猪在 3 d 做好伪狂犬病毒滴鼻、14 d 圆环病毒疫苗的免疫。

仔猪转群时肌肉注射 0.1%伊维菌素针剂 1 mL。按照防疫程序操作，杜绝防疫后随意调群和母猪随意断乳，产生漏防现象。仔猪 21～25 日龄，分批均衡断乳，赶母留仔，饲养 3～5 d 转入保育舍。

⑨正确使用仔猪断乳方法，高度重视断乳过渡期（断乳 1 周内）的喂料和管护，

做好栏位清洁卫生，及时清除遗留粪便。按规定程序完成仔猪转入保育舍的工作。

⑩对已腾空的产床及产仔舍进行清理，高压冲洗，两次以上的不同类型的消毒处置。空置5～7 d才转入待产母猪。

(二)接产员

1.岗位目标

(1)接产员24 h不能离岗，轮流值班，应按照母猪接产操作规程，确保接产每个环节工作到位。

(2)确保接产用具消毒齐备、药品及疫苗足额齐全(做好低温处置)。

(3)能准确判定妊娠母猪临产时间，误差不超过1 h。

(4)母猪临产到位率达到100%，应对措施准确无误。

(5)对难产状况判断准确，处置方法得当。无直接责任事故发生，无重大母、仔猪伤亡事件。

(6)对假死仔猪救治及时，获救率不低于80%。

(7)剪牙、商品猪断尾、种猪打耳号(其他标识)、乳前免疫、称重及生产信息收录等工作完成率100%。

(8)确保母猪产后子宫无炎症，无恶露产生。无产仔过程致残仔猪。

2.岗位工作内容

(1)产前准备

①用具的准备。产前应准备好接产用具，如干净毛巾、细线、剪牙钳、断尾钳、耳号钳、秤、照明灯、5%碘酒、2%来苏儿、催产药品和25%葡萄糖等。

②根据转入产房的母猪记录卡，对预产期是当天的妊娠母猪做重点巡查和现场监测，每2 h一次。对当天将要接产的母猪的时间分配提前做好安排。

③分娩前使用0.1% $KMnO_4$ 消毒水清洗母猪乳房和外阴，用3%敌百虫体表驱虫。

④寒冷季节应开启设置在母猪栏位上方的红外线灯进行加温，以减少仔猪娩出时的温差应激。

(2)接产时的操作

①仔猪出生后，立即将口鼻黏液擦净，用清洁毛巾或其他吸湿性好的柔性物将仔猪口鼻和全身的黏液擦干。

②断脐。断脐时先将脐带内的血液挤向仔猪腹部，在距腹部3～5 cm即三指宽处用手扯断脐带。断脐前后应以5%的碘酒消毒脐部，如脐带断后仍然流血，可用手指捏住断端3～5 min，即可压迫止血。最好用在碘酒中浸泡过的结扎线扎紧，留在仔猪腹壁上的脐带经3～4 d即会干枯脱落。

③假死仔猪处理。擦净口鼻黏液后，一手抓颈部，一手抓臀部，向内侧做节律性屈伸或将仔猪倒提有节奏地拍打胸腹部，反复5～6次。

④剪牙。剪去仔猪口腔两侧犬牙。剪牙要平、齐、无裂，避免靠近牙根，以防剪到牙龈。

⑤断尾。断尾和剪牙可同时进行，用断尾器断尾，在尾根部留下2 cm处剪断，用碘伏浸泡消毒。

⑥有羊水排出、母猪强力分娩1 h还不见仔猪产出或产仔间隔超过1 h的，可视为难产，要立即采取措施。

⑦种猪打耳号或做其他标记，做好产仔记录。将仔猪情况（包括产仔头数、公母各多少、个体重及窝重、分娩仔猪损失、死胎、弱仔）填入母猪卡并记入统计报表或管理系统。分娩的畸形、重量低于0.8 kg的仔猪要处理掉。

(3)接产后操作

①及时清理产栏。产仔结束后，应及时将产床或产圈打扫干净，特别是将母猪排出的血水、胎水等污物随时清理，保持产房干净，避免母猪吃胎衣而导致吃仔猪的恶癖。

②将仔猪置于保温箱内，箱内温度控制在30～32℃。

③做好母猪分娩后护理，及时给母猪补充体液（麦麸汤或补液盐）。注意要给母猪注射林可霉素进行消炎。

(4)难产的处理

①超过预产期2 d还挤不到乳水或有难产史的母猪，肌肉注射0.2 g氯前列烯醇或律胎素1 mL。

②母猪子宫收缩无力或产仔间隔超过1 h或胎衣未排尽者，可注射缩宫素30万～50万U。

③注射缩宫素仍无效或由于胎儿过大、胎位不正、骨盆狭窄等原因造成难产的，应人工助产。

④人工助产的母猪要有台账记录，注明难产原因，并每隔12 h肌肉注射抗生素，连续3次。

(三)带班员(兼统计员)

1.岗位工作目标

(1)监督并督促分娩舍管理制度的实施，确保分娩舍工作目标的落实。

(2)能够保证分娩舍工作的正常运转，生产中无重大技术事故及责任事故的发生。

(3)每天、每周、每月的生产数据以规范的格式或计算机管理路径按时上报，数据准确率 100%。

(4)协助场方做好员工的稳定工作，让熟练员工充满工作热情，保证人人生产任务达标或超额完成。

(5)及时协助场方做好责任制指标管理兑现工作，按多奖少罚、善待员工的理念执行。对不能获得预期收入的员工要分别指导，找出原因，给予鼓励。

(6)分娩舍员工年变动流失率不得高于 20%。

(7)正确选用仔猪断乳方法，确保断乳过渡期(断乳 1 周内)仔猪不掉膘或每头仔猪有不少于 200 g 的增重。

(8)指导饲养管理员对饲养设备、设施的规范使用，生产中关键设备无故障率达到 100%。

2. 岗位主要工作内容

(1)负责分娩舍日常工作，协助场长做好其他工作。

(2)负责执行饲养管理技术操作规程、卫生防疫制度和有关生产线的管理制度。

(3)建立每天的工作台账及重点工作提示板或生产指标展示栏。

(4)负责整理和统计本区的生产日报表、周报表及月报表工作，随时做好统计分析，以便及时发现问题并解决问题。

(5)负责分娩舍母猪、仔猪的疫病防治和预防注射工作。

(6)负责分娩舍饲料、药品、工具的使用计划与领取及盘点工作。

(7)负责本区定期全面消毒、清洁绿化工作，落实和完成场长下达的各项任务。

(8)负责分娩舍母猪、仔猪转群，空栏猪舍的冲洗、消毒工作及猪群调整工作。

(9)做好提前断乳布置工作，监督和督促饲养员规范完成断乳过渡期(断乳 1 周内)的饲养及管护工作。指导完成仔猪转入保育舍的工作。

(10)负责安排分娩舍日常生产中技术性工作，对饲养员进行技术指导，培训新的饲养员。

(11)做好阶段性工作总结，对生产中出现的重点问题及时向上级报告。无重大技术事故及责任事故发生。

第四节　保育猪的饲养管理岗位技能

保育猪是指仔猪断乳稳定期后至 25 kg 左右能够脱温饲养的仔猪阶段。这个阶段的仔猪仍处于抵抗力低、发病率高、死亡率较高的风险较高的时期。养好保育猪是猪生产中的又一个重点工作，也是猪生产过程中岗位技能要求较高的一个工种。

一、岗位技能

了解并满足保育猪的需求，是饲养管理工作的根本指向，也是作为饲养员的工作基础。

（一）早期断乳仔猪的生理特点

早期断乳仔猪在 21～28 日龄时断乳，此时仔猪与母猪分离而完全独立生活，营养的摄取从液体的母乳转变成固体的仔猪饲料，营养的摄取方式发生了重大的改变，使仔猪在断乳后 1 周内造成应激。如选用饲料不当，饲养管理失误，仔猪往往会出现食欲减退，消化不良，生长缓慢，饲料利用率降低，抗病力下降等情况；有的仔猪出现拉稀、消瘦、失重、衰弱甚至死亡。因此，选择好的优质、易消化吸收的断乳仔猪料是早期断乳成败的关键。

1.早期断乳对仔猪造成的应激

(1)母仔分离对仔猪的应激　断乳后由于仔猪离开母猪，没有机会得到母猪的爱抚和保护；同时，断乳后不同窝仔猪的并窝，会出现仔猪咬打争夺位次，强凌欺弱，造成仔猪心理不安，影响食欲和生长。

(2)营养上的应激　营养上的断乳使仔猪从液态的、高营养的和乳味香浓的母乳转变为味淡或无味、营养浓度相对较低、固体的颗粒料或粉料，使仔猪不适应。仔猪断乳的最初几天，由于不再有母乳摄入，胃内乳酸减少，pH 值下降，加之胃内缺乏盐酸，胃蛋白酶、淀粉酶等分泌不足，肠道内的肠壁绒毛受损，不能很好地消化植物性饲料中的各种营养物质，如选用的仔猪饲料不当，极易发生消化不良而出现大面积的下痢。

(3)环境上的应激　仔猪从分娩舍转群至保育舍饲养，猪舍环境发生了变化，周围的设施、环境温度、光照、通风、布置等都随之发生了变化，尤其是温度的变化常使仔猪遭受很大的应激，而致使仔猪受寒，引发仔猪感冒、腹泻等。

2.免疫能力下降

母猪初乳中含有较高的蛋白质，而且主要是免疫球蛋白，新生仔猪可完全吸收初乳中的免疫球蛋白而获得免疫。断乳后的仔猪，其免疫系统的发育尚未完全，断乳的应激一般又会不同程度降低仔猪的抗病能力。仔猪如在断乳的同时还处在寒冷的环境条件下，其免疫能力会发生抑制，容易发生断乳后拉稀。

3.消化机能尚未完全发育

在仔猪生长早期，淀粉酶、胃蛋白酶、脂肪酶等分泌不足，一般在5周龄后，仔猪体内消化酶的活性才逐渐具备起来，对植物性的蛋白质才有一定的消化吸收能力，故在采用早期断乳技术方案时，应选择用高浓度、易于仔猪消化吸收、适口性好的原料配制的、用特殊加工工艺生产的优质乳猪饲料。

(二)保育猪的管理技术

保育舍是按全进全出的饲养管理模式来设计，这是工厂化养猪必须遵循的规则。若是小规模养殖，也要设计成单元式的养殖空间，有利于疾病的防控。

上批保育猪转出后，经过清理、消毒处置的保育舍，在空置5～7 d以后再转入下一批次的断乳仔猪。若是合群饲养的话，转群时间最好安排在黄昏时候进行，为防止仔猪咬架及满足仔猪嬉戏的需求，也可在猪栏一角挂一段与猪尾大小相近的胶管或铁环玩具(但必须是消毒过的)供仔猪玩耍。转群时最好是采用全进全出的方法，把日龄相近的在同一产房内的仔猪一次性全部断乳并转入保育舍。

转入保育舍的仔猪，维持断乳时使用的乳猪料在10 d以上，再慢慢过渡使用保育料。保育期间不要轻易换料，以免造成不必要的损失。

1.保育猪的环境要求

保育舍成功管理的关键是完美的卫生程序，当猪圈和猪舍空出后，对所有的周围环境及设施，包括天花板、风扇、主干道、料槽和饮水器都要进行严格的清洗、消毒；并在进猪前应彻底干燥和空栏，并在进猪前把房间预热。断乳仔猪由于应激反应，使体内脂肪减少，体内的水分分布会有所改变，对温度变化较为敏感，所以断乳后最初10 d内的环境温度应稍高于断乳前的分娩小猪栏温度，温度过低，则仔猪表现不安，容易出现拉稀等现象。

(1)温度　断奶仔猪适宜的环境温度是25～28℃。为能保持这一温度，冬季要采取保温措施，除注意房舍防风保温，最好安装取暖设备，如暖气、热风炉等。在炎热的夏季则要防暑降温，可采用喷雾、淋浴、通风降温或湿帘降温等方法。

(2)湿度　保育仔猪舍内湿度过大可增加寒冷或炎热对猪的不利影响。潮湿有利于病原微生物的繁殖，可引起仔猪发生腹泻和传染病。断奶仔猪舍适宜的相对湿度为65%～75%。

(3)清洁卫生　猪舍内外要经常清扫，定期消毒，杀灭病原体，防止传染病。及时清除圈内粪尿，每天至少打扫2～3次。尤其是发病仔猪的粪便，要随时清除。每周用消毒剂对圈舍、过道、用具等进行1～2次常规消毒，这是预防疾病，保证仔猪断奶后正常生长发育的重要措施。仔猪出圈后，采用高压水泵冲洗消毒，5～7 d后再进另一批仔猪。

(4)通风换气　在集约化养猪条件下,加强猪舍通风,改善猪舍的空气质量,是日常管理的一项重要工作。通常在此阶段,人们往往重视保温而忽视猪舍的通风换气,结果造成仔猪易患呼吸道疾病,增重速度下降。

2.供应清洁足量的饮用水,饮水器安装到位

断乳仔猪供水充足是成功饲养断乳仔猪的基本条件,如饮水不足,会使仔猪采食量减少,增重减慢。断乳初期,一个饮水器可满足 8 头仔猪的需要,一头仔猪每天必需的饮用水为 1.2 L,饮水器的出水量要求 500 mL/min 以上,如果仔猪长时间咬住饮水器,说明饮水器的出水量不够,会导致仔猪相应地减少采食量,影响仔猪的日增重。

饮水器安装位置在高于仔猪肩部 5 cm 即可。考虑到保育阶段的猪生长很快,饮水器安装成上下位置可调整的状态,到时可根据猪的高度来调适,同时将乳头式饮水器成 45°斜向安装,可提高饮水效率及饮水舒适度,减少水的流失。

3.合理的饲养密度

饲养密度与日增重间有着十分密切的因果关系。从断乳到 30 kg 体重的这一生长阶段的密度过大还会造成以后的发育不良,胴体品质的下降。不同养殖条件下的饲养密度见表 3.10。

表 3.10　不同养殖条件下的饲养密度　m^2/头

仔猪体重/kg	平地式	半漏缝地板	全漏缝地板
5～7.5	0.15	0.1	0.1
7.5～10	0.225	0.15	0.15
10～12.5	0.25	0.175	0.175
12.5～15	0.3	0.2	0.2
15～20	0.5	0.25	0.25
20～30	0.6	0.3	0.3

4.保证自由采食且采食充分

保育阶段是仔猪肌肉生长的快速时期,所以保育仔猪生长发育特别快,饲料报酬特别高。在此阶段使用的保育料一定要选用得当,确保保育猪自由采食并且采食充分。

5.合理分群和调教

转入保育舍的仔猪,按体格大小和强弱分圈饲养,尽量使每圈的仔猪个体均匀,并把最小的猪放在房间最暖和的特别看护栏内,留下一个或更多的空栏给处于

劣势的弱小猪。

原窝饲养也是保育时期的一种模式，可一定程度缓解仔猪的应激。

仔猪在组群后，应立即调教"三点定位"。"三点定位"是指猪只在固定地点排便、采食和睡觉，关键是调教其定点排便。让仔猪学会使用自动饲槽和自动饮水器。断奶转群的仔猪吃食、卧位、饮水、排泄区尚未形成固定位置，所以要加强调教训练，使其形成理想的睡卧和排泄区。仔猪培育栏最好是长方形，在中间走道一端设有自动食槽，另一端安装自动饮水器，靠近食槽一侧为睡卧区，另一侧为排泄区。训练的方法是排泄区的粪便暂不清扫，其他区的粪便及时清除干净，让仔猪顺着粪尿气味来确认排粪区，诱导仔猪来排泄，很快养成定点排粪尿的习惯。当仔猪活动时对不到指定地点排泄的仔猪用小棍哄赶并加以训斥。经过 1 周的训练，可建立起定点睡卧和排泄的条件反射。

6.防止咬尾、咬耳

猪的相互咬食现象，又称为"相食症"，是养猪生产中常见的危害较大的一种恶癖，其中以咬耳、咬尾最为常见。仔猪断乳后，常常发生咬尾、咬耳现象，不仅影响猪的休息，严重的可能造成猪只的伤亡。

(1)咬尾、咬耳的原因

①吸吮习惯。仔猪断奶后虽然找不到母猪，但还保留吸吮习惯，这时可能会把其他仔猪的尾巴、耳尖当做乳头来吸吮，进而导致咬尾、咬耳的发生。

②营养不良。如高能量、粗纤维过少、蛋白质严重不足时，特别是饲料中缺乏维生素、矿物质(Ca、P、Fe、Cu、Zn、I)、食盐等，造成仔猪异嗜癖。

③环境因素。舍内高温、空气污浊、饲养密度过大、采食槽位不够、供水不足、重新组群等都会引发相食症。通风不良或拥挤增加了仔猪的攻击性。

此外，猪有明显的"序列"行为和"争斗"行为。序列排位完全靠"打斗"而定。因此，重新组群，必定重新排定序列，必然或轻或重地争斗一番。由于各种不适因素的诱因，使猪更加烦躁不安而争斗加剧。据观察，猪只争斗与躲闪时，耳朵易扇动又首当其冲，尾巴易抡起而且又落在最后。这两个部位又比较软弱，容易出血。一旦出血，因血液的刺激会更加引起争斗的欲望，加上猪有很强的模仿行为，一猪领头，其他猪就会模仿，群起而攻之。

(2)控制措施　一是改善饲养管理，保证良好通风和合理饲养密度，消除使猪不适的因素。二是及时调整日粮，饲料组成合理，饲喂全价配合饲料。三是加强看管，一旦发现相食现象，及时处置，要将咬尾者和被咬者隔离，并对被咬伤者及时治疗，及时制止争斗行为。在圈中撒红土、微量元素、石粉等让猪拱食。四是为仔猪设置玩具，如铁链、玉米秸、石块等，分散其注意力。五是在初生时给仔猪断尾。

7. 观察猪群

在仔猪保育阶段，应加强日常猪群观察，及时掌握猪群状态。健康正常的猪群应散开活动式睡觉，无相互挤压，行走时步态正常，被毛光亮，当有人进入猪舍时反应出注意及警觉的神态，喂料时会积极抢食，猪尾卷起，粪便正常。如果猪群异常，出现一种或多种症候：不活跃、常卧不起、不愿走动、四肢无力、消瘦、被毛松乱、肤色苍白、垂头夹尾、发抖拉稀等，当出现上述症状时应及时诊治。

8. 加强保健

保育阶段仔猪发病率明显升高，对仔猪健康及生长发育带来很大影响。所以，除了按计划进行圆环病毒、猪瘟、伪狂犬、副猪嗜血杆菌灭活苗（2 次）免疫保健外，加强对猪群的用药保健非常重要。一般采用阶段性全群给药预防，2～3 周一个周期，对保证猪的正常增重及控制疾病有明显效果。

二、岗位设置及职责

（一）饲养管理员

保育舍的饲养管理员要由事业心强、工作认真、持续工作时间长的人员来做。频繁流动的人员切勿安排在此岗位。

1. 岗位工作目标

（1）保育期间猪的成活率达到 95%以上。

（2）60 d 转栏保育猪个体重达到 23 kg 以上，饲料报酬不超过 1.8∶1。

（3）保育期间无群死、群伤的重大责任事故发生。

（4）保证保育舍温度在 25～28℃，随着保育进程，每周降 1℃。

（5）确保腾空保育舍的清理、消毒处置按规范程序完成。

（6）保证保育舍全进全出的饲养工艺，规范完成保育猪的转入及转出工作。

（7）转出保育猪的肢残率不得高于 2%。

2. 岗位主要工作内容

（1）保育舍每天工作日程

①检查猪群情况。观察猪群的精神、采食、粪便及躺卧状况，根据当时天气情况调节好舍内温度和通风状况，如门窗的开关、保温设施和风扇的使用与否。

②抓好清洁卫生。清扫猪舍内的粪便，高床饲养的可在漏缝下冲水使粪便排走。减少用水冲洗猪身，对 50 日龄以内的仔猪冲洗猪身以每周不超过两次为宜，遇炎热天气（气温在 35℃以上）可酌情增加冲洗次数。

③投料。完全过渡到自由采食后，料箱应避免放太多的饲料，以所放饲料待下

回上班时能供猪只刚好吃完为原则，目的是为了减少饲料在空气中的暴露时间，以免影响其鲜味，未倒放完的袋装饲料用后及时包扎好，对即将转出保育舍的猪群料箱宜少放饲料，以免造成浪费。

④治疗病猪。保育猪以下痢较为常见，最佳办法是饮水或饲料添加药物，但以不影响其适口性为前提。对经过手术治疗的康复猪只一定要单独饲养，避免其他猪只啃咬伤口影响其康复。

⑤维修设备并整理好生产记录。对损坏的饮水器及时通知维修人员或自行进行修理，对保温和通风设备也应进行详细检查，对本舍发生的猪群变动情况（转栏、发病、死亡、遗失）和用料情况进行详细记录。

(2)保育舍每周工作日程

星期一：①接收转入的断乳仔猪，进行数量、体重、公母状况等信息登记并完成分圈任务。②对断乳仔猪进行观察、护理和调教，对疑似病猪留置单独圈舍进行诊治。

星期二：①大扫除，清理卫生死角，疏通粪便通道积存物及积水点。②冲洗猪身、栏舍和地板。③进行常规大消毒。④对本周将要转出的保育猪开始做降温适应处置（每天降 1℃），避免届时转群温差太大造成应激。

星期三：①做好疫苗注射工作（协助防疫员完成），不能漏免、错免和重免。②做好记录（疫苗名称、厂家、剂量、免疫时间等）。

星期四：①继续做好疫苗注射工作（协助防疫员完成）并做好记录。②做好第 2 天保育猪转入生长肥育舍的准备工作。

星期五：①将饲养期达到 60 d 的保育猪转入生长肥育舍，做好数量、重量等数据采集工作。②对空置后的栏舍进行彻底清洗和消毒，空置 5～7 d。③检修各种生产设备、用具，保证生产正常运行。④对漏阉、脐疝和阴囊疝猪只进行手术处理。

星期六：机动安排。

星期日：整理好各类生产报表，并上交组办公室，做好下周工作计划。

(3)保育舍工作重点

①做好断乳仔猪的接收工作。将断乳仔猪按大小均等分栏，以保证均匀度为前提，每栏数量不超过 20 头为宜，分栏时在围栏上扎挂皮管或铁链（饲料袋或绳索）让猪只啃咬，也可向栏内投放青饲料并及时向料箱添加饲料，以转移猪只注意力而减少打咬发生。同时开始调教仔猪定点大小便，在该处可预先放置少许粪便并给予冲湿诱发其在此处排粪尿。

②减少仔猪腹泻，体表驱虫。对腹泻猪只可在饲料中添加磺胺脒、土霉素碱等

药物，个别发病猪可注射庆大霉素或灌服抗生素和止泻剂处理。用1%～2%的敌百虫溶液喷洒猪身或用紫药水涂擦发病处均可收到良好效果，日龄较大的仔猪给予较多次的冲洗也可减少其发病机会。

③做好疫苗注射。注射时动作要轻，部位要准，并注意被注射猪只是否会发生应激反应，注射疫苗情况要如实认真地在免疫卡上做好记录，不同种类疫苗如同时注射需在颈部两边分开注射，每栏使用一个针头。

④做好保温工作。保育猪还处于小猪阶段，原则上全年都需进行保温工作，这要在不影响通风换气的前提下进行。具体办法视季节天气不同而有分别，夏秋季节晚上要关闭部分门窗并停止风扇运作，冬春季节则悬挂保温灯或在栏舍内铺麻袋或木板，尽量减少门窗开启。保育期间采用卧区地暖方式，避免猪的腹部受凉，可有效降低猪的发病率。

⑤对病僵猪的护理。在整个保育期内饲喂最优质的饲料，集中饲养管理，使用伊维菌素、左旋咪唑等药物进行驱虫，使用人工盐、小苏打、促胃健进行健胃，并进行补铁。治疗方案：肌苷 2 mL＋维生素 B_1 2 mL，每天一次，连用 1 周。对严重者可用注射器灌服饲料粥，并尽量保持其所在栏舍不冷、不湿、不脏，并延长保育期1～2周。

（二）带班员（兼统计员）

1. 岗位工作目标

（1）在技术人员指导下，督促并协助饲养管理员圆满完成工作任务。

（2）确保保育期间猪的成活率达到95%以上。

（3）保证 60 d 转栏保育猪个体重达到 23 kg 以上，饲料报酬不超过 1.8∶1。

（4）保育期间无群死、群伤的重大技术事故及责任事故发生。

（5）确认猪群转入、转出时间，提前布置相关工作。

（6）监督并督促饲养员做好免疫及用药保健工作，无差错率。

（7）确保班、组所领饲料、药品、疫苗、用具及耗材等物使用得当，无挪用、浪费现象发生。

（8）保证该生产环节达到全进全出的周转要求，且猪群转出、转入圈舍之间的清理、消毒时间间隔（圈舍空置时间）不得少于5 d。

（9）指导饲养管理员对饲养设备、设施的规范使用，生产中关键设备无故障率达到 100%。

（10）日报、周报及月报数据翔实，无虚假数值及人情数据，上报准时。

2.岗位主要工作内容

(1)协助场长做好员工定岗工作,对新进员工上岗前安排培训。

(2)每天做好岗前生产布置会,交代重点工作事项,协调共同处置事项。

(3)督促饲养员按保育舍饲养管理操作规程完成工作,每日上、下午 2 次现场核查。

(4)及时处理生产过程中发生的突发事件,较为严重的事件应该及时上报。

(5)重点协助做好疫苗注射工作,对注射时间、疫苗名称(厂家)、剂量、注射部位及针头型号都应有翔实的安排。

(6)每天负责核查饲料、药品(疫苗)等物的使用及存量情况,对使用不当、存储不规范的情况及时纠正。

(7)及时做好每天的数据收集及统计,规范填写,及时上报或做好电脑录入。

第五节　生长育肥猪的饲养管理岗位技能

一、岗位技能

(一)健康养猪概述

1.倡导健康养猪理念

健康养猪包括 3 方面内容,即生产过程中的个体健康(即猪健康、无疾病)、产品质量安全(即肉安全、无残留)及环境友好(即无环境污染)等 3 个方面(即“三位一体”),其中任一方面的缺失,都构不成实质意义上健康养猪。因此,健康养猪如果仅仅通过疫病防控措施、饲料兽药质量安全控制或环境污染上的达标,是无法简单地实现“健康养猪”的目的。换一句话说,健康养殖只有通过系统、全面、科学地考虑,才能最终获得。因此,有必要在提倡规模化、标准化养殖的基础上,进一步提出“健康化”养猪的概念。

要实现健康养猪是很不容易的一件事。首先,生猪养殖业面临着诸多风险,包括自然风险(如雨雪天气、地震灾害等)、生物安全风险(各种疫病,如高致病性猪蓝耳病、非洲猪瘟、猪流感等)、市场风险、理化安全风险(如投入品质量问题)、道德风险(如故意使用“瘦肉精”)等,其中生物安全风险往往是经常性的、全局性的,难以预测与控制,所引起的后果也最大,对我国传统养猪模式产生了巨大影响。其次,传统的小规模、大群体的生产模式,也不利于健康养殖的实施。

(1)健康养猪的目标　生产无公害、绿色、有机的猪肉产品，实现生猪产业高产、优质、高效、生态、安全的可持续发展，促进农民增收（即经济效益），确保市场猪肉供应，增强人民健康水平（即社会效益），有利于环境保护（即生态效益）。

(2)健康养猪的任务（实现“三无”）　随着人们生活水平的不断提高，生产无污染、无残留和无公害的安全优质猪肉是一个不可逆转的趋势，也是我国畜牧业入世后适应国际要求、适应激烈市场竞争的必然选择。

第一个任务是畜禽个体的健康（无疾病）。转变传统养猪、防病的观念，实行健康养殖，科学饲养管理，构建生物安全体系，养猪生产才能健康持续地发展。猪健康才会少吃多长，少维持多生产，如此才有更好的经济效益。

第二个任务是畜产品质量安全（无残留）。近年来，猪肉安全事件层出不穷，安全问题备受关注。抗生素、激素、化学药物和某些矿物元素添加剂的使用，虽能提高养殖业生产水平，但负面作用不容忽视，药物残留、抗药性、毒副作用及对环境的污染等，给人类健康造成严重的威胁。

第三个任务是环境友好（无环境污染）。随着养猪业的快速发展，由其引起的农业面源污染也越来越严重，已占到养殖业污染的70%，主要是氮、磷排放，重金属污染等。环境问题越来越成为全社会关注的焦点。

2.围绕健康养猪开展的思考

(1)建立“健康化”程度的衡量指标体系。

(2)通过标准化建设与质量安全体系认证工作促进养猪“健康化”。

(3)从健康养殖的角度对几种生猪饲养模式的反思，包括对发酵床养猪法、干式养殖、水泡粪工艺等集约化养殖形式的最终环保解决方案的优劣评判。

(4)省内（区域内）种猪扩繁、供种的必要性及对种公猪站生物安全的管理等。

(5)商品猪产地屠宰，减少或禁止商品猪活体的跨区域运输。

(6)加强重大疫病的源头扑杀或净化工作，国家财政承担按市场化的补偿机制来确认养殖户的损失。

3.引导市场的多元化需求

目前，国内主导市场需求的是瘦肉型猪肉，是通过引入外来品种，按适度规模及集约化生产来完成的。追求高产出、周期短、瘦肉多的目标特性极其突出，对满足不断增长的市场数量需求可谓功不可没。但随着社会进步，居民收入的提高，一些消费者不再只满足用促生长药物及添加剂来生产的瘦肉，转而寻求高品质、绿色安全的高端及特色猪肉。这类消费者的数量在不断增加，为猪本土化品种的经济利用及按传统、绿色的养殖方式所生产的猪肉提供了差别化的需求市场。这种多元化的猪肉需求，为猪生产打造了又一个增长领域。

近年来，一些消费者对瘦肉型猪肉的消费信心正不断降低，主要担心其安全性和肉质(口感差)。这些消费者就把目光投向用地方良种猪或含有地方良种血统的猪来生产的猪肉(即所谓的土猪肉或黑猪肉)，并且强调这种猪的养殖方式是饲料中不能使用抗生素及其他促生长药物，不能使用过量的微量元素，采用适度放养的生态养殖模式。这种养殖生产周期比较长，8～9 个月才能达到 100 kg，而且规模都不大。尽管所售猪肉是其他猪肉价格的 3 倍以上，但局限于产量及品牌支撑以及消费者对生产经营者道德风险的担忧，市场的培育及发展还处于起步阶段，市场占有水平非常低，所以生产经营者的收益很难有规模。但无论是对养猪业还是对消费者，这是值得庆幸的事。政府及职能部门应积极扶持和引导，通过规范管理来提升养殖业者及消费者的信心，让猪生产多层次发展，猪肉产品丰富多样；让一些消费者真正体验到吃猪肉所带来的快意和满足；同时对地方良种的保护及品种多样性的需求有特别重要的意义。

(二)提高肥育效率的措施及方法

1. 选好品种、类型和经济杂交方式

不同品种(品系)和类型的猪，由于其培育条件、选择程度和生产方向不同，形成了遗传差异，即便是在饲料、饲养管理、饲养时间、方法、措施等条件都相同，肥育效果和胴体组成均不相同，其日增重、饲料报酬和胴体瘦肉率都有明显差异。原始及地方猪种多属脂肪型品种，肥育期生长速度慢，饲料报酬差，胴体瘦肉率低。而现代培育品种，特别是瘦肉型猪种，肥育期生长快，省饲料，胴体瘦肉率高(表 3.11)。瘦肉型猪肌肉生长能力强，代表了现代肥育猪的生产方向。但不同瘦肉型品种，肌肉生长能力不同，其遗传差异可达 20%左右。

表 3.11 品种间胴体组织的差别

品种	胴体长/cm	背膘厚/cm	板油/%	总脂肪/%	总肌肉/%	眼肌面积/cm^2
长白猪	97.6	2.57	2.37	28.07	56.38	31.33
东北民猪	90.01	3.18	4.46	35.61	45.36	23.18

不同品种猪的消化机能及耐粗性差异很大，例如在以精料为主的饲养条件下，国外猪种的增重速度一般比地方猪种快，但在以青饲料为主的饲养条件下，则国外猪种的增重速度反倒不如我国地方猪种，这必然影响其增重速度、增重效率和增重内容，因而也就导致了肥育性能和经济效益的差别。在肉猪生产中，应根据市场需要和当地的饲养条件，选择适当的品种。

中国地方猪种，大都是脂肪型品种，肥育过程中沉积脂肪的能力强，胴体背膘厚,花、板油比例大(可占胴体重的7%～11%),脂肪率高达35%左右,瘦肉率38%～42%。但其优点是肉的品质好,肌肉脂肪含量高,肌纤维细,肉质细嫩多汁。

通过不同品种或品系之间的杂交,利用杂种优势提高肥育猪生产性能是增加养猪效益的有力手段之一。

杂交组合优良的杂种仔猪,生活力强,增重快,肥育期短,能节省饲料,降低成本。据四川省畜牧所报道,在25～95 kg肥育期内,内江猪与沈花猪杂交后代的日增重为673 g,而沈花纯种猪为550 g;一代杂种与纯种沈花猪出栏时间分别为100 d和131 d,一代杂种猪提前了1个月出栏。在整个肥育期每头猪的饲料消耗分别为226 kg和272 kg,杂种每头可节省饲料46 kg。另据辽宁省畜牧所报道,辽宁本地黑猪瘦肉率为48.78%,杜洛克猪为63.04%,“杜本”杂种一代肉猪瘦肉率为54.40%,杂种肉猪胴体瘦肉率比母本提高5.62个百分点。

表3.12 丹麦不同杂交组合商品猪的日增重、饲料利用率、瘦肉率及利润效益

母本 \ 父本	长白×大白				长白×杜洛克				大白×杜洛克			
	G	F	M	P	G	F	M	P	G	F	M	P
长白	843	2.53	57.2	100	837	2.57	56.4	96	889	2.44	56.2	116
大白	906	2.41	57.0	117	921	2.38	56.3	121	931	2.34	56.2	126
杜洛克	904	2.42	55.5	112	886	2.53	54.8	100	918	2.47	54.7	112

注:表中G为日增重(g),F为每千克增重饲料消耗(kg),M为瘦肉率(%),P为利润效益。

从表3.12可以看出,凡是大白猪血统的杂交猪,生长快、耗料少、胴体瘦肉率高。尤其是以大白猪为父本的各组合,其杂种后代利润效益比长白猪为父本的高10%～25%,比杜洛克为父本的高5%～14%。

在我国商品肉猪生产中,大多利用二元或三元杂交猪进行肥育。二元杂交猪主要是以我国地方品种猪或培育品种猪为母本与引进的国外瘦肉型品种猪为父本杂交而产生。三元杂交猪既有以我国地方品种猪或培育品种猪为母本,与引进的国外瘦肉型公猪杂交产生杂交一代,从杂交一代中选出优秀母猪再与引进的国外瘦肉型品种猪做终端父本进行杂交而产生的商品代;亦有适度规模猪场完全采用引入瘦肉型猪品种开展的三元杂交体系即所谓的“外三元”,如杜长大模式。

2.选择健康的仔猪

仔猪质量与肥育期增重速度、饲料利用率和发病率高低关系极大,它是肉猪生产的先决条件。因此,选择体重较大、活泼健康的仔猪育肥。

(1)提高仔猪初生重和断乳重。在正常情况下,仔猪初生体重的大小与断乳体重的大小关系十分密切,即仔猪初生体重越大,则生活力就越强,生长速度也越快,断乳体重就大。仔猪的断乳体重与肥育期增重关系十分密切，哺乳期体重大的仔猪，肥育期增重快，死亡率也低。在生产中可观察到那些小而瘦弱的仔猪，在肥育期中易患病，甚至中途死亡。为了获得初生重与断乳重大的仔猪，必须重视并加强妊娠母猪、哺乳母猪的饲养管理工作，特别要注意加强哺乳仔猪的培育工作，才能提高仔猪的初生重、断乳体重，为提高肥育效果打下良好的基础。正像老百姓总结的那样："初生差一两，断乳差一斤，育肥差十斤"。

(2)选用健康无病的仔猪。商品猪场及屠宰厂的抽样调查资料表明，猪的各种疾病特别是亚临床症状的疾病和寄生虫等，已成为危害肉猪生产的主要因素，某些慢性消耗性传染病的潜在流行(有的疾病目前尚无有效疫苗和根治的药物)，给肥育猪生产造成重大损失。如猪喘气病，虽然对哺乳仔猪和成年猪影响不太大，临床症状不明显，死亡率也不高，但却严重地影响生长速度，使饲养期拖长，饲料消耗量增加。慢性病对肥育猪的影响见表 3.13。

表 3.13　慢性病对肥育猪的影响

肥育指标	夏季		冬季	
	无喘气病	有喘气病	无喘气病	有喘气病
日增重/g	586	504	540	418
饲料/增重	3.39	4.25	3.85	4.90

猪的慢性病带来的经济损失是巨大的，但因死亡率很低，往往不被人们重视。选用仔猪时，应尽量选用未感染慢性病的仔猪，不得选用疫区及病情较重厂家的仔猪。

3.适宜的饲料营养水平

饲料费用占养猪成本 70%左右。饲料是肉猪生长发育的物质基础。在生长育肥猪各种营养充分满足需要并保持相对平衡时，生长肥育猪获得最佳的生产成绩和产品质量。任何营养的不足或过量，对肥育都是不利的。因此，控制营养水平，才能获得肥育生产的最佳效益。

(1)能量水平　针对我国具体饲料条件，在不限量饲养条件下，兼顾肉猪的增重速度、饲料利用率和胴体瘦肉率，饲粮消化能水平 11.91～12.54 MJ/kg 时为宜。为获得较瘦的胴体，饲粮能量浓度还可降低，但饲粮消化能应不低于 10.87 MJ/kg。否则，虽可得到较瘦的胴体，但增重速度、饲料利用率降低太多，经济上不合算。

(2)蛋白质和必需氨基酸水平　蛋白质不仅是肌肉生长的营养要素，而且又是酶、激素和抗体的主要成分，对维持机体生命活动和正常生长发育有重要作用。日粮的蛋白质水平对商品肉猪的日增重、饲料转化率和胴体品质影响极大。蛋白质和必需氨基酸不足,使生长受阻,日增重降低,饲料消耗增加。大体上,饲粮中粗蛋白质每降1个百分点,胴体瘦肉率降0.5个百分点。大量试验表明,20～100 kg阶段的肥育猪,日粮粗蛋白在11%～18%范围内,日增重速度随蛋白质水平的提高而加快,超过18%,对日增重无明显效果,但可以提高瘦肉率。蛋白质水平过高时,猪需要排泄多余的氨基酸,增加猪的代谢负担,或者有些蛋白质转化为能量,会增加单位增重的耗料量。同时由于蛋白质饲料价格较贵,因此在生长上不采用提高蛋白水平来提高肥育猪胴体瘦肉率的方法。为了提高饲料蛋白的利用效率,应根据猪的肌肉生长潜力和肌肉的生长规律,在肌肉高速生长期适当提高蛋白质水平,特别是必需氨基酸浓度,以促进肌肉生长发育。一般瘦肉型肥育猪日粮粗蛋白水平,前期(20～55 kg阶段)16%～18%,后期(55～100 kg阶段)14%～15%为宜。其中,上下幅度视不同品种或不同杂交猪的肌肉生长能力而变化。

对肉猪体蛋白质的生长,只考虑饲粮中粗蛋白质水平还不够,还必须重视必需氨基酸尤其是赖氨酸的供给水平。近年研究成果表明,对瘦肉型肉猪,为取得较高的增重速度和胴体瘦肉率,赖氨酸水平以占饲粮风干物的0.9%～1.0%或占粗蛋白质的6.2%左右为宜。猪对蛋白质需要的实质是对氨基酸的需要,必需氨基酸中赖氨酸达到或超过需要量时,可节省粗蛋白质1.5～2个百分点。

(3)矿物质和维生素水平　肉猪日粮中应含有足够数量的矿物质元素和维生素,特别是矿物质中某些微量元素的不足或过量时,会导致肉猪物质代谢紊乱,轻者使肉猪增重速度缓慢,饲料消耗增多,重者能引发疾病或死亡。肉猪必需的常量和微量元素有十几种。除需要考虑微量元素供给外,在配合饲粮时主要考虑钙、磷和食盐的供给。肉猪生产时,特别在小猪阶段,应适当添加微量元素添加剂,以提高肉猪的日增重和饲料转换率。

肉猪对维生素的需要量随其体重的增加而增多。在现代肉猪生产中,饲粮必须添加一定量的多种维生素。生长猪对维生素的吸收和利用率还难准确测定,目前饲养标准中规定的需要量实质上是供给量。而在配制饲粮时一般不计算原料中各种维生素的含量,靠添加维生素添加剂满足需要,或每天给肉猪饲喂1～2.5 kg青绿饲料,基本上可以满足对维生素的需要。

(4)粗纤维水平　猪对粗纤维的利用能力较低,日粮粗纤维水平直接影响日粮消化能浓度和有机物消化率。粗纤维的含量是影响饲粮适口性和消化率的主要因素,饲粮粗纤维含量过低,肉猪会出现拉稀或便秘。饲粮粗纤维含量过高,则适口性差,并严重降低饲粮养分的消化率,同时由于采食的能量减少,降低猪的增重速度,也降低了猪的膘厚,所以纤维水平也可用于调节肥瘦度。为保证饲粮有较好的适口性和较高的消化率，生长肥育猪饲粮的粗纤维水平应控制在6%～8%。若将肥育分为3个时期，10～30 kg体重阶段粗纤维不宜超过3.5%，30～60 kg阶段不要超过4%，60～90 kg阶段饲料中粗纤维的含量应控制在7%以内。在决定粗纤维水平时，还要考虑粗纤维来源，稻壳粉、玉米秸粉、稻草粉、稻壳酒糟等高纤维粗料，不宜喂肉猪。

4.选择适合的饲料和调制方法

(1)饲料选择　饲料的消化性、适口性、营养价值和价格对肥育效果有一定影响。在日粮配合时要选择多种饲料搭配，满足生长肥育猪的营养需要。动物蛋白如脱脂乳粉、优质鱼粉，虽然价格较高，但对仔猪和幼猪生长效果好，在仔猪饲料中应适当选用。动物脂肪可以提高日增重，改善饲料效率，国内在饲料中采用较少，今后应适当选用。据美国堪萨斯州立大学报道，谷物饲料中添加脂肪，可以显著地提高日增重和改善饲料效率。

软脂肪由于含不饱和脂肪酸多，不耐贮存，保鲜期短，有时宰后即发生脂肪氧化。软脂肪自身氧化时，形成羰基化合物，有苦味和腐败味，烹调时有异味。背膘中的不饱和脂肪酸高于12%～13%时，自身氧化过程即会发生，如有足量的维生素E(肥育猪1 kg日粮加50 mg维生素E)在胴体中存在，可防止不饱和脂肪酸氧化。肥育猪脂肪的品质除与饲料种类有关外，也与饲料中的高铜和生物素含量有关，同时也受猪的品种、年龄及营养水平的影响。日粮能朊比小时，胴体脂肪不饱和程度降低；生物素可降低胴体中不饱和脂肪酸含量，肥育猪出栏前4周，1 kg日粮中加200 mg生物素，可防软脂，同时生物素还能提高猪的生产性能(促生长和改进饲料利用率)；高铜日粮可提高脱饱和酶的活性，从而造成猪体内不饱和脂肪酸含量增加，使肥育猪形成软脂；猪体脂肪随日龄和体重的增加，饱和程度提高；瘦肉率高的猪种，其胴体脂肪硬度低。不同饲料对胴体脂肪品质的影响见表3.14。

表3.14　不同饲料对胴体脂肪品质的影响

脂肪品质	饲料种类
沉积白色硬脂肪的饲料	薯类、麦类、淀粉、淀粉渣、麸皮、脱脂乳、棉籽饼、甜菜、以米饭为主的剩饭等
沉积微黄色软脂肪的饲料	酱油渣、米糠、豆饼、花生饼、菜籽饼、豆腐渣、玉米、大豆等
沉积中性脂肪的饲料	脱脂米糠(大豆、豆饼、玉米)等
沉积黄褐色软脂肪的饲料	鱼屑类、淘汰公雏、鱼油、动物油渣、花生等

(2)饲料调制

①饲料粉碎　玉米、高粱、大麦、小麦、稻谷等谷实饲料，喂前粉碎或压片是十分必要的。这样做可减少咀嚼消耗的能量，增加与消化液的接触面积，有利于消化吸收。粉碎细度可分细(微粒直径在 1 mm 以下)、中(微粒直径在 1～1.8 mm)和粗(微粒直径在 1.8～2.6 mm)3 种。研究与实践证明，玉米等谷实粉碎的细度以中等细度为好。肉猪吃起来爽口，采食量大，增重快，饲料利用率高。据试验，喂给直径 0.3～0.5 mm 配合饲料的比喂给中等细度配合饲料的肉猪，延迟 15 d 达到相同的出栏体重。饲料配合相同，喂给微粒直径 1.2 mm 配合饲料的肉猪的日增重为 700～720 g，而喂给微粒直径 1.6 mm 配合饲料的肉猪的日增重为 758～780 g。谷实饲料的粉碎细度也不是绝对的。当饲粮含有一定量青饲料或糠麸比例较大时，并不影响适口性，也不至于造成溃疡病。用大麦、小麦喂猪时，用压片机压成片状喂给比粉碎的效果好。

干粗饲料一般都应予以粉碎，以细为好。虽然不能明显提高消化率，但缩小了体积，改善了适口性，对整个饲粮的消化有利。

②生喂与熟喂　玉米、高粱、大麦、小麦、稻谷等谷实饲料及其加工副产品糠麸类，可加工后直接生喂，煮熟并不能提高其利用率。相反，饲料经加热，蛋白质变性，生物学效价降低，不仅破坏饲料中的维生素，还浪费能源和人工。因此，谷实类饲料及其加工副产物应生喂。青绿多汁饲料，只需打浆或切碎饲喂，煮熟会破坏维生素，处理不当还会造成亚硝酸盐中毒。

③饲料的掺水量　配制好的干粉料，可直接用于饲喂，只要保证充足饮水就可以获得较好的饲喂效果，而且省工省时，便于应用自动饲槽进行饲喂，但干粉料降低猪的采食速度，使猪呼吸道疾病增多。将料和水按一定比例混合后饲喂，既可提高饲料的适口性，又可避免产生饲料粉尘，但加水量不宜过多，一般料水比例为 1∶(0.5～1.0)，调制成潮拌料或湿拌料，在加水后手握成团、松手散开即可。如将料水比例加大到 1∶(1.5～2.0)时，即成浓粥料，虽不影响饲喂效果，但需用槽子喂，费工费时，夏季在喂潮拌料或湿拌料时，要特别注意饲料腐败变质。饲料中加水量过多，会使饲料过稀：一是影响猪的干物质采食量；二是冲淡胃液不利于消化；三是多余的水分需排出，造成生理负担。饲料过稀会降低增重和饲料利用率，因此应改变农家养猪喂稀料的习惯。

④饲喂颗粒料的效果　在现代养猪生产中，常采用颗粒料喂猪，即将干粉料制成颗粒状(直径 7～16 mm)饲喂。多数试验表明，颗粒料喂肉猪优于干粉料，可提高日增重和饲料利用率 8%～10%，但加工颗粒料的成本高于粉状料。

5.选择适宜的饲养模式和饲喂方法

适当的饲养模式和得当的饲喂方法对肥育猪很重要,生产者应根据条件合理运用。

(1)饲养模式　肉猪饲养模式对其增重速度、料肉比和胴体品质都有着重要影响。

①直线饲养法　就是根据肉猪的生长发育需要,给予相应的营养,全期实行全价平衡日粮敞开饲喂的一种肥育方式。具体做法是:根据肉猪饲养标准,喂给全价饲粮,不限量饲喂,一直养到出栏。这种方法能缩短肥育期,减少维持消耗,节省饲料,提高出栏率和商品率。

②前高后低饲养法　瘦肉型猪 20～60 kg 阶段每天体蛋白质增长量从 48 g 直线上升到 119 g,体重 60 kg 以后基本上稳定在每天增长量为 125g。而脂肪的生长规律相反,体重 60 kg 前绝对增长量很少,体重 20～60 kg 期间,每天增长 29～120 g,体重 60 kg 以后则直线上升,每天增长量由 120 g 猛增到 378 g。

试验证明,为提高商品肉猪胴体瘦肉率,在保持日粮中一定蛋白质和必需氨基酸水平的前提下,控制肉猪饲养期的能量水平,以前高后低的方式为最好。具体做法是:在体重 60 kg 以前采用高能量、高蛋白质饲粮,饲粮消化能在 12.54～12.96 MJ/kg,粗蛋白质 16%～17%,自由采食或按顿饲喂不限量,日喂 3～4 次;肉猪体重 60 kg 以后,限制采食量,让猪吃到自由采食量的 75%～80%。这样做,既不会影响肉猪的增重,又能减少体脂肪的沉积量。据研究,大体上肉猪每少食 10%饲粮,瘦肉率可提高 1～1.5 个百分点。限饲方法:一是定量饲喂,通过延长饲喂间隔时间来达到目的;二是在饲粮中搭配一些优质草粉等能量较低、体积较大的粗饲料,使每千克饲粮中营养浓度降下来,同样可达到以限食来提高胴体瘦肉率的目的。这种方法比定量饲喂限食简便易行,更适合于专业户养猪。但后期搭配掺入饲料中的青粗饲料必须是优质的。搭配量也要适可而止,以干饲粮含消化能不低于 10.87 MJ/kg 为宜,否则会严重影响增重,降低经济效益。在当今人们喜爱食用瘦肉的情况下,这种育肥方法正逐步得到推广普及。

(2)饲喂方法　猪的饲喂方法有分次饲喂和昼夜自由采食两大类。按投料量又可划分为限量饲喂与敞开饲喂(自由采食)两种形式。

①自由采食　自由采食(需要有自动饲槽、自动饮水器)对生长速度有利,但对胴体品质不利。为克服这一缺点,国外有人主张喂 6 d,停食 1 d,可对饲料效率和胴体品质有所改善。

②限量饲喂　限量饲喂就是每天给肉猪吃多少饲粮定量。限量饲喂使日增重降低,乃至料重比上升,但胴体瘦肉率增加,全程限量对肌肉增长不利,使肥育效益

下降。阶段限量是根据猪的生长发育规律，控制营养水平，在肌肉高速生长期（55～60 kg以前）给予营养平衡的高能高蛋白饲料，充分饲喂（若前期饲喂不足或者限量饲喂则降低日增重和瘦肉产量，对肥育效果不利）；在肥育后期，肌肉生长高峰已过，生长速度下降，进入脂肪迅速增长期，此时限量饲喂是根据饲料营养水平和猪的肌肉生长能力供给相当于自由采食量80%～90%的饲料量，以改善饲料效率，降低胴体脂肪量，提高瘦肉率。

不限量饲喂，一种方法是将饲粮装入自动饲槽任猪自由采食；另一种方法是每天按顿饲喂，但不限量。不限量饲喂的肉猪采食多，增重快，但饲料利用率稍差，胴体较肥。

根据我国当前的饲料条件，在肉猪饲养中，为兼顾增重速度、饲料利用率和胴体瘦肉率3项指标，体重60 kg以前应采取自由采食或不限量按顿饲喂的方法。体重在60 kg以后，适当限食，采取每顿适当控制喂量的方法，或采取适当降低饲粮能量浓度的方法，即适当加大糠麸和青粗饲料比例，仍不限量按顿饲喂。

③日喂次数　肉猪每天的饲喂次数，应根据肉猪的年龄和饲粮组成灵活掌握。幼龄猪胃肠容积小，消化能力差，而对饲料需要量相对要多，每天至少喂3～4次。长到中猪阶段，胃肠容积大了些，消化能力增强，可适当减少饲喂次数。若饲粮是精料型的，则每天不限量饲喂2～3次，增重速度和饲料利用率基本无差异。如果饲粮中青粗饲料较多，则每天可喂3～4次。这样能增加日采食总量，有利于增重。但更多地增加饲喂次数，不仅浪费人工，还会影响肉猪的休息和消化。

6. 科学管理

(1)创造适宜环境条件，保证充足饮水。猪舍要干燥、清洁，定期消毒，定时清扫粪便，即使是在漏缝地板或网上肥育，也要清理不能漏下去的粪便。普通地面要坚固结实，便于清扫冲洗；舍内地面有一定坡度，排水良好，不积水、尿等污物；猪舍通风良好，空气新鲜，温度适宜，促进生长，提高饲料利用率和氮沉积率。

①适宜的温度、湿度、气流速度。在自由采食条件下，生长肥育猪最佳临界温度是18～20℃，低于这个范围，饲料效率就会降低。20～15℃时，每降低1℃，饲料增重的比率增加0.028；从15～10℃时，温度下降1℃，增加0.04。在自由采食条件下，饲料效率的降低一般可以通过增加采食量得以补偿，因此在20～8℃范围内，猪的生长速度不会降低。如温度高于20℃，猪自由采食量减少，增重速度降低，温度在20～32℃时，每升高1℃，日采食量下降12 g。在限制饲养条件下，环境温度低于20℃时，每下降1℃，猪日增重降低24 g。如要维持日增重不变，温度每下降1℃，每天需多喂饲料37～44 g。在37℃时，猪不但不长，还失重350 g。可见防寒防暑十分重要。在适宜的温度下，肉猪表现舒适自如，食欲旺盛，增重速度快，

饲料利用率高。

舍内湿度在 65%～75% 较为合适。在 21℃ 及以下温度时，气流不高于 0.25 m/s。

②控制有害气体和尘埃。猪舍内有害及恶臭的物质有 13 种，即氨、甲硫醇、硫化氢、甲基硫、二甲硫、三甲胺、乙醛、苯乙烯、正丁酸、正戊酸、偏戊酸、一氧化碳、二氧化碳。其中以氨、硫化氢、一氧化碳、二氧化碳等有害气体的不良影响最为严重。据测定，粪尿在 25℃、含水 80%时，由于微生物的分解作用，可以产生大量复合臭气。粪尿产生的氨是猪舍内主要恶臭物质，对人和猪都有危害。调整日粮，补充必需氨基酸，降低蛋白水平可降低粪中含氮量；在饲料中添加去臭添加剂，如丝兰属植物的提取物，可降低猪舍中游离氨浓度。另外，在猪舍内粪尿分离后加以处理，可以最大限度地减轻氨的产生。

用粉状料喂猪时适度用水拌料可降低舍内尘埃。

③合理的光照。阳光及其他可见光，可影响猪的活动，促进激素分泌和蛋白质沉积。在黑暗环境下的肥育猪较肥。一般认为，一定的光照对瘦肉型生长肥育猪是有利的。对肥育猪光照的时间和强度，原苏联曾经规定，在自然光照时，肥育期光照系数(KEO)应为 0.5，人工照明强度(lx)前期应为 30～60，后期为 30～50。全封闭无窗猪舍人工光照时间，2～4 月龄 5 h(每日 3 次，一次 1.7 h)，4 月龄至出栏 3 h(每日 2 次，一次 1.5 h)。

④控制圈养密度和猪群大小。圈养密度影响舍温、湿度、通风、有毒有害物质在空气中含量，也影响猪的采食、饮水、排便、活动和休息。同一圈舍猪群的大小，直接影响猪的咬斗行为和猪之间的互相干扰。猪群太大，如超过 40 头时，不易建立固定的位次关系。因此，群体太大或密度高时，对肥育猪的健康和生产性能都是不利的，增重速度和饲料效率随群体增大或密度升高而下降。表 3.15 列举了群体规模与生产性能间的关系。

表 3.15　猪群大小对日增重与饲料利用率的影响

每群头数	平均日增重/g	每千克增重耗料/kg
10	616	3.365
20	605	3.502
40	588	3.674

⑤充足的饮水。水是猪体的重要组成部分，对调节体温，养分的消化、吸收和运输以及体内废物的排泄等各种新陈代谢过程都起着重要的作用。水也是猪的重

要营养之一。因此,必须供给充足清洁的饮水。

肉猪的饮水量随体重、环境温度、日粮性质和采食量等而变化,一般在冬季,肉猪饮水量约为采食风干饲料量的2～3倍或体重的10%左右,春、秋季其正常饮水量约为采食风干饲料量的4倍或体重的16%左右,夏季约为5倍或体重的23%。饮水不足或限制给水,在采食大量饲料的情况下,肉猪会引起食欲减退,采食量减少,发生便秘,日增重下降和增加饲料消耗,增加背膘,严重缺水时会引发疾病。

不应用过稀的饲料来代替饮水,饲喂过稀的饲料,会减弱肉猪的咀嚼功能,冲淡口腔的消化液,影响口腔的消化作用,另一方面也减少饲料采食量,影响增重。

(2)合理组群,注重调教。猪是群居动物,来源不同的猪并群时,由于群内从新排序,往往出现剧烈的咬斗,相互攻击,强行争食,分群躺卧,各据一方。这一行为严重影响了猪群生产性能的发挥,个体间增重差异明显。而原窝猪在哺乳期就已经形成的群居秩序,肉猪期仍保持不变,这对肉猪生产极为有利。但在同窝猪整齐度稍差的情况下,难免出现些弱猪或体重轻的猪,可把来源、体重、体质、性格和吃食等方面相近似的猪合群饲养。同一群猪个体间体重差异不能过大,在小猪(前期)阶段群体内体重差异不宜超过2～3 kg,分群后要保持群体的相对稳定。在肥育期间不要变更猪群,否则每重新组群一次,由于咬斗影响体重,使肥育期延长。为尽量减轻合群时的咬斗对增重的影响,一般把体质较弱的猪留在原圈,把体质强的调进弱的圈舍内,由于到新环境,猪有一定恐惧心理,可减轻强猪攻击性。另外,把少数的留原圈,把数量多的外群猪调入少数的群中。合群应在猪未吃食的晚上合并。总之是采取"留弱不留强"、"移多不移少"、"夜并昼不并"的办法,减轻咬斗的强度。猪合群后要有专人看管,干涉咬斗行为,控制并制止强猪对弱猪的攻击。群饲分次饲喂时,由于强弱位次不同的影响,可使个体间增重的差异达13%。自由采食时,则差异缩小,但采食量和增重仍有差异。在管理上要照顾弱猪,使猪群发育均匀。

要做好调教工作,首先要了解猪的生活习性和规律。猪喜欢睡卧,在适宜的圈养密度下,约有60%的时间躺卧或睡觉,猪一般喜躺卧于高处、平地、圈角黑暗处、木板上、垫草上;热天喜睡在风凉处,冬天喜睡于温暖处。猪排便有一定的地点,一般在洞口、门口、低处、湿处及圈角处,并在喂食前后和睡觉刚起来时排便。此外,在进入新的环境或受惊恐时排便。只要掌握这些习性,就能做好调教工作。

①限量饲喂要防止强夺弱食。当饲喂时要注意所有猪都能均匀采食,除了要有足够长度的食槽外,对喜争食的猪要勤赶,使不敢采食的猪能得到采食,帮助建立群居秩序,分开排列,同时采食。

②固定生活地点,使采食、睡觉、排便三定位,保持猪圈干燥清洁。通常将守

候、勤赶、积粪、垫草等方法单独或交错使用进行调教。例如，在调入新圈时，把圈栏打扫干净，将猪床铺上少量垫草，饲槽放入饲料，并在指定排便处堆放少量粪便，然后将猪赶入新圈，督促其到固定地点排便。一旦有的猪未在指定地点排便，应将其撒拉在地面的粪便清扫干净，铲放到粪堆上，并坚持守候、看管和勤赶，这样很快就会使猪只养成三点定位的习惯。有的猪经积粪引诱其排便无效时，利用猪喜欢在潮湿处排便的习性，可洒水于排便处，进行调教。

做好调教工作，关键在于抓得早（当猪群进入新圈时应立即抓紧调教）、抓得勤（勤守候、勤赶、勤调教）。待猪进圈后马上驱赶到指定地点排便，连续几次使之形成习惯。另外为保持猪舍干燥清洁，可在夜间赶猪 1～2 次，使其到指定地点排便。

(3)做好去势、驱虫与防疫。

①去势。我国当前肥育猪大都采取去势肥育，对生长快、性成熟晚的瘦肉型品种及其杂交母猪可以不去势肥育，公猪一般去势。去势时间如在 15 日龄前操作方便，仔猪伤口愈合快，但对肥育期日增重及饲料效率不利。如在 2～3 月龄去势，在去势前保持公猪的生长优势，有利于提高日增重和瘦肉率，降低饲料消耗。

猪的性别与是否去势对其生产性能、胴体品质和经济效益都有影响。研究表明，未去势的公猪与去势公猪相比，日增重约高 12%，胴体瘦肉率高 2%，每千克增重节约饲料 7%。未去势公猪比未去势母猪瘦肉率约高 0.5%。未去势的母猪与去势母猪相比，平均日增重和胴体瘦肉率均高，但也有少数试验结果相反。目前我国集约化养猪生产中多数母猪不去势，公猪早期去势，这样有利于肉猪的生产。

国外瘦肉型猪性成熟晚，商品幼母猪一般不去势生产肉猪，但公猪因含有雄性激素（主要是睾丸酮），有难闻的膻气味，影响肉的品质，通常是将公猪去势生产肉猪。

表 3.16 试验资料说明未去势公猪在生长速度、饲料转化率和瘦肉率等方面均优于去势公猪和幼母猪，因此近年来有一些国家采用公猪不去势方法生产肉猪，经济效益较高。而有人试图通过选种和对猪肉烹调的途径来解决未去势公猪猪肉的膻气味，如能完全排除膻气味，那么肉猪不去势的做法将是猪肉生产的一大突破。

表 3.16 不同性别大白猪的蛋白质与脂肪的沉积量 g

性别	日增重	日沉积蛋白质	日沉积脂肪
公	855	108.7	211.5
母	702	83.5	196.0
阉公	764	87.7	264.4

②驱虫。肉猪的寄生虫主要有蛔虫、姜片吸虫、疥螨和虱子等内外寄生虫。仔猪一般在哺乳期易感染体内寄生虫，以蛔虫感染最为普遍，对幼猪危害大，患猪生长缓慢、消瘦、贫血、被毛蓬乱无光泽，甚至形成僵猪。通常在 90 日龄时进行第 1 次驱虫，必要时在 135 日龄左右时再进行第 2 次驱虫。驱除蛔虫常用驱虫净(四咪唑)，每千克体重为 20 mg；丙硫苯咪唑，每千克体重为 100 mg，拌入饲料中一次喂服，驱虫效果较好。驱除疥螨和虱子常用敌百虫，每千克体重 0.1 g，溶于温水中，再拌和少量精料，空腹时喂服。

服用驱虫药后，应注意观察，若出现副作用时要及时解救，驱虫后排出的虫体和粪便，要及时清除发酵，以防再度感染。

网上产仔及育成的幼猪每年抽样检查是否有虫卵，如有发现则按程序进行驱虫，现代化养猪生产中对内外寄生虫防治主要依靠监测手段，做到"预防为主"。

③防疫。预防免疫注射是预防猪传染病发生的关键措施。用疫苗给猪注射，能使猪产生特异性抗体，在一定时间内猪就可以不被传染病侵袭，保证较高的免疫强度和免疫水平。必须制定科学的免疫程序和预防接种，做到头头接种。新引进的猪种在隔离舍期间无论以前做了何种免疫注射，都应根据本场免疫程序进行接种各种传染病疫苗。同时对猪舍应经常清洁消毒，杀虫灭鼠，为猪的生长发育创造一个清洁的环境。

在现代化养猪生产工艺流程中，仔猪在育成期前(70 日龄以前)各种传染病疫苗均进行了接种，转入肉猪群后到出栏前无须再进行接种，但应根据地方传染病流行情况，及时采血监测各种疫病的效价，防止发生意外传染病。

(4)提高猪群健康水平，做好猪群健康监测。在整个养猪生产过程中，做好猪群健康的监测工作，及时发现亚临床症状，早期控制疫情，把疾病消灭在萌芽状态非常重要。同时，通过对猪群健康的监测，还可发现营养、饲养、管理上存在的问题，使其及时得到解决。通过对猪群健康的监测，也可发现温度、湿度、圈养密度等环境条件是否适宜，以便及时采取措施。

①观察猪群。要求饲养员对所养猪只要随时观察，发现异常，及时汇报。猪场技术人员和兽医，每日至少巡视猪群 2～3 遍，并经常与饲养员取得联系，互通信息，以掌握猪群动态。

观察猪群要做到平时看神态、吃食看食欲、清扫看粪便。一般健康猪的表现是：反应灵敏，鼻端湿润发凉，皮毛光滑，眼光有神；走路摇头摆尾，喂料争先恐后，食欲旺盛；睡时四肢摊开，呼吸均匀；尿清无色，粪便成条；体温 38～39℃；呼吸每分钟 10～20 次，心跳每分钟 60～80 次。如果喂料时大部分猪都争先上槽，只有个别猪仍不动或吃几口就离开，可能这头猪已患病，须进一步检查；如果喂料时，全栏猪都不来吃或只吃几口，可能是饲料方面的问题或猪中毒。观察猪的粪便在天亮这段时间，这段时间猪一般要屙一次屎尿，粪便新鲜易于发现问题；再者晚上屙的粪便因猪活动少未被踩烂，容易看。如果粪便稀烂，腥臭，混有鼻涕状的黏液，可能是猪的消化不良或慢性胃肠炎。同栏猪个别生长缓慢，毛长枯乱，消瘦，很可能是患有消化性疾病，如寄生虫病、消化道实质器官疾病和热性疾病。

对观察中发现的不正常情况，应及时分析，查明原因，尽早采取措施加以解决。发现不正常的猪进行隔离观察，尽早确诊。如属一般疾病，应采用对症治疗或淘汰；如是烈性传染病，则应立即捕杀，妥善处理尸体，并采取紧急消毒、紧急免疫接种等措施，防止其蔓延扩散。

②测量统计。特定的品种与杂交组合，要求有特定的饲养管理水平，并同时表现特定的生产力水平。通过测量统计，便可反映饲养管理水平是否适宜，猪群的健康是否在最佳状态。低劣的饲养管理，发挥不出猪的最大遗传潜力，同时也降低了猪的健康水平。猪所表现的生产力水平高低是反映饲养管理水平和健康水平的晴雨表。例如猪的受胎率低，产仔数少，有可能是饲养管理问题，也有可能是细小病毒、乙脑等疾病引起；初生重低，有可能是母猪怀孕期营养不良；21 d窝重小，整齐度差，可能是母乳不足，补料过晚或不当，环境不良或受到疾病侵袭；肉猪日增重低、饲料报酬差，有可能是猪群潜藏某些慢性疾病或饲养管理不当。

7. 适时屠宰

瘦肉型商品肥育猪适宜屠宰体重的确定，要从提高胴体品质和养猪经济效益出发，兼顾瘦肉率、屠宰率、增重速度和饲料效率4项指标。瘦肉猪的月龄、体重越小，饲料报酬越高，瘦肉率越高，但肉的含水量高（猪的瘦肉，在体重20 kg时含水80%，70 kg时含水78%，120 kg时含水76%），肌间脂肪少，肉的品质差；过早屠宰又使商品肥猪单位活重所摊仔猪成本比重加大，且屠宰率低，经济上不合算。瘦肉型商品猪的适宜屠宰期，应在其肌肉生长高峰（5～6月龄）之后、脂肪生长高峰（6月龄）刚刚开始，肌间脂肪有一定的沉积，饲料报酬已逐渐下降之时，也就是正值肌肉、脂肪增长的转折点，这时的体重为最适宜的屠宰体重。适宜屠宰体重的大小，可因品种或杂种的体型大小、成熟早晚、饲养水平不同而有所区别。一般小型早熟品种应在体重达70～80 kg时屠宰，大型晚熟品种应在90～110 kg时屠宰较为适宜。对同一品种或同一杂交组合的猪来说，高水平饲养时，屠宰体重稍稍提前；稍低水平饲养时，屠宰体重可适当增大。

二、岗位设置及职责

在猪场的生产环节中，生长肥育阶段的技能要求相对低一些，但每个岗位饲养管理的猪数要大得多。自动化程度较低的猪场一个人要管 400～500 头猪，而自动化程度较高的猪场要管 1 000～1 500 头猪或更多。

(一)饲养管理员

1. 岗位工作目标

(1)生长肥育阶段猪的成活率≥99%。

(2)饲料转化率(26～100 kg 阶段)≤3.0：1。

(3)日增重(26～100 kg 阶段)≥750 g。

(4)生长育肥阶段(26～100 kg)饲养日龄≤100 d。

(5)100 kg 左右肥育猪出栏屠宰的胴体瘦肉率不得低于 63%(由屠宰加工商反馈信息，屠宰商按质定价)。

(6)按规范管理操作程序完成日常工作。

(7)生产过程中没有造成猪群死及群伤的重大责任事故发生。

2. 岗位主要工作内容

(1)转入前准备工作。在猪群从保育舍转出的前 1 周，生长肥育舍应彻底清洗消毒，饲槽及饮水器的配置应达到生长肥育期猪的基本要求。

(2)转群、分群。转群宜安排在凉爽的时间(早上或傍晚)，禁止在转群时鞭打追赶猪只，减少转群给猪带来的应激；转入生长肥育舍的猪只，原则上仍以保育舍内同一圈内的猪养于一个圈内，但对个体较小的、生长发育不良的猪只应挑出后另外分栏饲养。

分群合群时，为了减少相互咬架而产生应激，应遵守“留弱不留强”、“拆多不拆少”、“夜并昼不并”的原则，可对并圈的猪喷洒药液(如来苏儿)，清除气味差异，并后饲养人员要多加观察(此条也适合于其他猪群)。

(3)调教。转群后 1 周内做好调教，使猪只采食、排泄、休息实现三点定位。

(4)供水。保证猪只能饮用到足量清洁的饮用水是十分重要的，供水不足将影响猪只的采食量、生长速度和饲料报酬。水的重要性往往被许多管理人员所忽视。

(5)饲喂。进猪后的 3～5 d，最好能继续饲喂保育舍内使用的饲料并尽可能保证猪舍内的安静，除了喂料人员进入喂料和观察猪只活动外，其他人员最好不进入。然后根据猪只的不同生长时期和体重，及时更换与之相适应的饲料，以达到最好的经济回报。

采用顿餐饲喂的场每天定时喂料 2～3 次，保证每头猪只都能吃到足量的饲料(后期可适当控制)，且不浪费。采用自动料槽喂料的，要每天进行检查并调整，确保饲料的顺利供给和避免造成不必要的浪费，检查有无污染和霉变的饲料，并及时清理。上一次喂给的饲料，要做到第2次饲喂前都吃空，这样可以减少浪费和霉变现象。如果生长育肥舍内饲料有10%的浪费，将会明显增加饲养成本。

(6)观察猪群状态。清理卫生时注意观察猪群排粪情况，喂料时观察食欲情况，休息时观察精神状况检查呼吸情况，发现病猪，对症治疗。严重病猪隔离饲养，统一用药。

(7)控制猪舍环境。猪舍环境包括温度、湿度、空气的新鲜度和清洁卫生等。生长肥育期猪的适宜温度为15～23℃，因此按季节温度的变化，调整好通风降温设备，经常检查饮水器，做好防暑降温等工作。干粪便要用车拉到化粪池，然后再用水冲洗栏舍，冬季每隔一天冲洗1次，夏季每天冲洗1次。调群、出栏后的空圈要尽快冲刷干净，并清洗消毒备用。

(8)消毒。每周消毒1次，每周消毒药更换1次。

(二)带班员(兼统计员)

1.岗位工作目标

(1)负责组织本组人员严格按《饲养管理技术操作规程》和每周工作日程进行生产。

(2)指导和协助饲养管理员完成核定的工作目标及其他约定工作任务。

(3)确保生产过程无重大技术事故及责任事故的发生。

(4)监督及督促饲养管理员对饲料、药品、疫苗及其他易耗品的存储、保管及合理使用。

(5)指导饲养管理员对饲养设备、设施的规范使用，生产中关键设备无故障率达到100%。

(6)确保圈舍腾空后的清理及消毒处置，圈舍空置5 d以上，全进全出的转群节律。

(7)确保本组100 kg左右肥育猪出栏屠宰的胴体瘦肉率不低于63%。

(8)及时收集生产数据，按时填报。数据准确率100%。

2.岗位主要工作内容

(1)每天安排岗前工作动员，强调工作规程要求及当班重要工作任务。

(2)做好1周重点工作的提前布置及运筹，做到公告栏有提示，人人有自知。

(3)及时向上反映本组出现的生产和工作中的问题。

(4)做好本组人员休息、替班及人员调整工作。

(5)负责本组定期全面消毒、清洁绿化工作。

(6)负责本组饲料、药品、疫苗、工具及其他耗材的使用计划与领取、盘点工作。

(7)负责生长、育肥猪的周转、调整工作与本组空栏猪舍的冲洗、消毒工作。

(8)指导和协助做好生长育肥猪的疫苗注射工作。

(9)负责肥育猪的出栏把关工作，猪价高价位运行期间保证出栏猪的重量不低于 110 kg(目前国内屠宰厂倾向于屠宰 110～120 kg 的肥育猪)。

(10)负责整理和填写本组的生产日报表、周报表及月报表并及时上报。

第四章　猪生产经营管理岗位技能

知识目标

- 了解现代养猪生产工艺。
- 理解集约化养猪的概念。
- 掌握岗位职责要求内容。

技能目标

- 能够合理安排猪场的岗位设置。
- 会制定猪场内的目标责任制。
- 熟练掌握不同阶段生产成本控制方法。

第一节　岗位技能

一、猪场经营管理中的人文管理

我国猪的饲养量和年出栏数都达到世界总量50％以上的水平，然而整体养殖经济效益以及效益的稳定性却和国外发达国家相差甚远。随着我国融入全球经济的步伐日益加快，国际社会或者国际市场对我国各个行业的要求越来越严格，国内养殖也已经呈现出散养减少、单个养殖规模增加的趋势。但总的来说，养殖的经济效益稳定性差和越来越低利润化还是不争的事实。那么，是我们的技术真的落后于国外同行？还是我们对技术的应用出现了偏差？经过调查以及和一些专家的沟通交流后，得到最终的结果是问题出在最关键的环节——养殖场的操作者——人身上！就当前的现状来说，搞好对人的管理将是突破养猪经济效益瓶颈的重要一环。

造成某些养猪场效益低下的原因有下列几种：①养猪场所处的地点多在落后

地区或者是在发达地区的落后乡镇,交通、环境、习惯、风俗、思想等都不利于人才聚集,因此自主开发和研制新型切合实际的养猪模式缺乏基础技术实力,简单的模仿比较多见,客观上制约了经济效益最大化。②多数养猪场的饲养人员文化水平普遍偏低,对新技术的理解、接受和应用能力差,很大程度上削弱了经济效益的发挥。③由于长时间的封闭式管理,对外界接触减少,容易导致信息闭塞,情绪不稳,导致管理手段简单、粗暴、野蛮,员工情绪化工作状态比较常见,工作效率低。④员工的工资待遇水平低,导致了员工的工作积极性不高,从经营角度上来看,员工创造额外利润空间减小,高额的经济效益也就难以达到。⑤我国多数养猪场(比较规范的养猪场)场长是兽医(祖传的还不少)出身或者是学习兽医专业的,在实际工作中出现"治重于防"这种严重扭曲养猪场"防重于治"的基本管理原则的现象,导致养猪成本提高,经济效益下滑;还有很多根本不懂管理的人在管理养猪场,效益就更加不能得到保证。⑥几乎所有的养猪场只考虑员工的基本经济收入和一些物质奖励,而对于人类本身的基本精神需求却没有去认真研究,没有在工作过程中采取措施给予相应的满足。⑦衡量养猪场员工的工作绩效制度不全或不完善,也是导致员工工作积极性不能发挥和调动的重要原因。对于员工工作成绩的好坏没有一个正确界定方法,所以就存在"大锅饭"或者混日子的现象,当然不可能给企业带来好的经济效益。⑧管理人员的素质低下可能是导致养猪场经济效益差的根本原因。有很多养猪场管理人员根本就没有接触过先进的管理理念,因此他们很难理解如何向管理要效益,更不懂如何为养猪场获取更多的经济收益,只是按照老板的指示机械地执行工作指令,很少发挥自身的主观能动性而创造附加值。

二、改变国内养猪场困境的探讨

根据对目前国内养猪场的以上现状分析以及国内经济发展、用工环境的快速变化,如需要在较短时间内改变这种现状,就必须从转变观念入手。

(一)转变观念,抓住重点,充分调动人的积极性,使企业财富最大化

1. 企业应该以经济效益为本

应该把企业"以经济效益为本"作为主导管理思想进行贯彻,不能回避遮掩,应明确无误地告诉所有的员工,并取得集体的认同。如诺基亚提倡的是"科技以人为本",又如世界大财团美国 GE 公司管理者经营理念是"股东效益最大化",还有更多的企业无不是把企业效益回报能力作为一个重点指标进行考核。

2. 从重视技术革新转向重视技术革新与人文管理并重

国内养猪场从传统散养经过 20 余年的发展逐渐转变为现在接近现代化、规模化的格局。在这个过程中,技术革新一直唱主角。从 1990—2000 年的 10 年间,有

许多高新技术企业利用技术的优势得以快速发展，有些企业甚至出现技术上的“走火入魔”现象。像南方一些养猪场在饲料营养浓度上明显比北方平均高出 30%以上，有的甚至更多，这也就是为什么南方猪场环境比北方猪场更加恶劣的重要原因之一。至于品种改良等技术的应用对于一个只有 3～5 年历史的养猪场来说并不是立竿见影的事情，所以很多养猪场主仍然把经济效益的回报寄希望于运气和行业的牛市，而把创造经济附加值的执行主体——人给遗忘了，或者作为一个次要的因素。因此，如何在技术有了相当水平的基础上，迅速转变方向，去同时重视人和文化的管理是当务之急。

3. 把养猪场当公司(企业)来运作

尽管国内有许多大型养猪场的规模相当可观，但是仍摆脱不了小农意识，有的是管理者本身，有的则是从事具体工作的员工表现出来的工作环境氛围。由于在实际操作上并没有突破传统农村经营模式的思路，那么就出现许多养猪场主还是把养猪场当做自己的家里事和家里活来干，有些管理者还经常教育员工要把工作像家里事和家里活来干。事实上，正是由于这种企业文化的引导，使许多本来文化水平就低、来自于广大农村的工作人员为自己的工作行为找到了一个合理的依据，而当出现科学性要求和习惯发生矛盾时，这些损失往往是在积累一段时间后才出现，具有相当的必然性。这些现象主要是小农思想和作坊管理思想在作怪，管理者在思想上根本没有把养猪场作为一个公司来运作。随着市场一体化、经济全球化的不断深入，市场对各种生产企业的要求越来越严格，竞争会更加激烈，管理上的落后势必导致企业发展的迟缓。因此，必须把养猪场作为一个正规的公司来运作，而不是当做一个家庭来管理。

4. 员工不仅仅是工作指令的执行者

一般按照传统习惯，养猪场主和管理者都希望所有员工马上执行公司颁布的各项规章制度，但是结果往往相反，主要是因为员工对一些要求不理解或者有逆反心理，在这种条件下，执行情况可想而知。根据世界先进企业的管理经验，要让员工认真执行工作指令，遵守各项规章，一个比较成功的办法便是让员工参与这些制度的制定，而不仅仅是执行，只有这样才能充分发挥员工工作热情，让他们真正感觉到自己是主人，体会成就感、归属感，执行起来就像是自己做事一样，效率自然会很高。

5. 注重员工的特长，而不是一味地去改正员工的缺点

过去传统的管理者总是在要求员工干好本职工作之余或者在工作当中，改正自己的缺点。所以，很少有员工能够在上司那里得到很高的评价，干得再好，领导都会要求员工如果能改正某些缺点，可能会更好。这种现象在养猪场是非常多见

的，当饲养人员辛辛苦苦把工作做好、指望得到领导的肯定时，领导却先指出工作上的失误和缺陷，造成员工心理上的劣势，又不能和领导争辩，领导则觉得自己很伟大，能够指出员工的很多缺点，而且员工无法反驳，殊不知，久而久之，员工内心对领导肯定工作成绩的期望逐渐淡化，最后变得麻木，连自己擅长的工作也做得越来越差。咨询公司的调查结果显示，几乎是100%的员工非常希望得到领导对他工作业绩的及时认可，并且鼓励他继续坚持，如果这种期望长时间得不到回应，就变成了绝望和失望。所以关注员工的特长并且即时肯定，对于发挥员工的工作积极性是非常重要的。

6. 让养猪场成为员工心中的家

出于特殊环境控制的需要，国内大多数养猪场的员工都是外地人员，对于养猪场的防疫、环境控制以及全面实施饲养管理规定非常有利。但是同时也带来一个很大的问题，就是这些人对养猪场的亲近感很难强化，尤其是后期的管理中如果还不能让他们体会到这种感觉，那么这些人很难将全部身心投入到其中，他们只会把和自己利益直接相关且马上见效的事情去做好(但还不一定)，至于其他间接或者和自己目前无关的事情没有人会认真处理。所以发挥员工全部积极性，为养猪场获取最大效益的关键在于让所有的外来员工对养猪场永远有一种家的感觉，这种感觉的产生越早、越深切越有利于发挥员工工作积极性。

(二)改变机制，打破传统“大锅饭”分配方式

1. 业绩考核以经济效益考核为主

猪只实行从断乳至出栏的一条龙跟踪考核制，这些制度在某些养猪场已经开始制定并付诸实施。但是有许多养猪场对于这些制度的实施太过机械和书本化，没有按照养猪场自身的情况特点来制定个性化的考核制度。所以，很多养猪场因为遭到拒绝执行最后不了了之。随着市场经济的日益深入，对每个工作岗位实施绩效考核已经势在必行，但是在制定并实施的过程中，应该充分发挥各个岗位人员的能动性、创造性，制定出一个适合养猪场本身又有利于调动员工工作积极性的考核制度，是实施绩效考核制度成功与否的关键所在。

2. 责、权的精确定位与落实到岗、到人

在市场经济中，开发适销对路的产品能够迅速打开市场并获得经济回报。那么在企业管理上来说，提高工作绩效的关键在于人、岗的有机统一，即做到人适其位，岗适其人。如何做到这一点呢？简单来说就是：

(1)对设立的岗位进行精确的岗位描述。对于某个具体岗位进行详细精确的岗位描述，明确其责权利，对于一个上岗人员迅速理清工作方向、工作要求、工作考核指标将非常有效，而且能够使员工快速进入工作状态，缩短适应时间，提高绩效。这在我国大多数企业都没有很好地建立，许多企业认为有了岗位职责以及岗位作业指导书就行了。其实不然，因为这些内容加在一起充其量只不过是要求岗位人员干什么或不能干什么，而对于什么是干好、什么是干坏或者干好的奖励与干坏的处罚却缺乏详尽的量化规定，所以对员工的工作实际上没有多少鞭策和激励作用，这就是困扰大多数企业的一个共性问题，即为什么制度都有，而工作绩效仍然很低。

(2)根据岗位描述确定需要什么样的人。针对某个岗位的具体描述，分析需要什么素质的人，比如年龄、性别、性格、文化教育、专业技能、工作经历、工作倾向、亲和力、自控能力等；根据确定的特点去招聘或者选拔合适的人安排到相应岗位上，达到人适其位、岗适其人。

3.提倡自己给自己开工资的观念，营造良性的竞争氛围

由于受各种传统因素以及现代价值观念的非正确影响，许多人在工作中打工意识很强，由此产生被剥削和压迫的意识也很强，这种意识会导致管理与被管理以及雇方与被雇方之间的矛盾莫名其妙地升级、恶化。员工对企业每个月发放的待遇薪水始终没有满意过，这种不满意现象积累到一定程度，就会出现员工故意怠工、降低工作绩效或者故意增加养猪成本等不良行为。所以养猪场管理者必须采取观念引导措施，提倡员工自己给自己开工资，淡化或者弱化打工意识，发挥个人潜能，为养猪场创造最大效益。要实现这个目的的前提则是要让每个员工清楚自己所得报酬的各个组成来源和标准，也就是要让每个员工参与制定考核他们工作绩效制度的整个过程，营造一个良性、友好的工作竞争氛围，逐渐淡化打工和被雇佣等不利于工作积极性发挥的不良意识。

(三)员工激励措施

一提到员工激励，传统观念认为是给员工多发奖金或者多发物品，其实这些东西在物品短缺时代以及经济落后状态时有一定作用，但并不是始终管用。要用好激励措施、发挥员工积极性，需要采取灵活多变的激励方式和方法。

1.激励方式

就激励方式而言，有表扬、奖励、光荣榜、分享，其中又可以分为口头、书面、单独、群体。特别指出国内企业对于员工分享个人成功以及先进工作经验而言，太过于形式化，分享工作往往成为某个人的工作报告会，成为教育会。而事实上，分享会议应该成为多数人在感受他人成功喜悦中寻找自己成功喜悦的感觉，进而使更多的人产生一种需要成功的强烈欲望和冲动，借此达到激励目的。还要灵活多变地采取团队、个人、互相激励相结合的方式，使激励无处不在，最大限度地发挥激励效应的作用。

2.激励频率

目前世界最新的调查研究表明，一次激励所产生的动力平均可以延续 5 d 左右时间，正好和现在的周工作制度吻合。如果需要让员工保持长期旺盛的工作斗志，必须用的激励频率不能少于每周 1 次。当然如果能在企业内部形成一种激励文化，使激励行为无处、无时不在，那么可以使员工时刻处于高度工作兴奋状态，工作绩效将是最理想的。而对于我们目前的养猪场而言，这样的激励可能还做不到。为此，应该在养猪场中建立日常激励、周激励、月激励、季度激励、年度激励计划并安排有关人员进行落实，逐渐使每个员工都能深切体会到激励给他们带来的好处。

3.激励内容

在物品短缺和经济落后的时代或阶段，多采取物质激励非常有效（如青岛海尔集团一直实行的季度奖励金发放的措施，在很大程度上解决了企业发展初期员工队伍的稳定性和吸引外来人才等问题，而现在已经不具有很大的吸引力了）。对于目前我国大多数地区来说，应该采用物质和精神兼顾的原则进行激励，并且越是经济发达地区精神激励的比例要逐渐超越物质奖励额度。精神激励的方式也是多种多样的，可以通过在企业经营的某个阶段实施挑战目标，对于挑战成功人员给予特殊精神激励的方式来鼓励更多的员工给自己下挑战书。自己对自己的挑战比别人硬加给的挑战要更加具有吸引力，因此挑战目标的设定是个关键环节。

对业务能力强的技术及管理人员可以采用股权激励方式，达到留住人才、共同成长及共享成果的最佳合作模式。

4.激励影响范围扩展、延伸到被激励人相关的群体

员工所获得的各种激励不能仅仅局限于养猪场内部员工和有关领导知道，在可能条件下，应该让其所在的生活环境都知道，这对于延长激励效应和扩大鞭策员工行为范围极为有效。

（四）员工培训制度

时下有许多企业包括大型规模化养猪场对于员工培训的重要性已经取得共识，而且积极主动地寻求各种资源对员工进行培训，但是从整个培训效果来看却非常不理想。原因主要在于绝大多数养猪场对于员工培训的真正目的并不明确，而且往往是不分层次“一勺烩”，结果是费钱不讨好。所以在企业内部应该建立有条件的培训制度，实施竞争性培训，明确什么培训是每个员工必须接受的，除此以外的任何培训应该要设定一些条件，达到这些条件的则给予培训提升机会。

在接受咨询机构对企业进行培训的同时，应该注重形成企业自身特色的内部培训机制，要使内训与外训兼顾。外部咨询机构应该给予企业制订一套完整的培训计划和实施方案。有时候企业的内训比外训更加重要，所以对于企业内部培训

师的培训是提高企业内部凝聚力的关键环节之一。通过形式多样的内外培训，认真抓好企业员工素质的提高与巩固。

(五)员工文化生活

1.解决工作以外时间干什么的问题

由于行业的特殊性，大多养猪场都地处偏僻、交通不便的地方，和外界的交流太少。为了活跃员工的工作与生活气氛，一般的养猪场都会在场内设置电视、运动场等简易设施，以丰富员工的业余生活内容，至于如何发挥这些工具的作用却是很少有人去细想。添置这些设备的目的毋庸置疑是为了解决工作时间之外员工干什么的问题，但是要真正解决好这些问题，仅仅添置设备就行了吗？要对各种设备资源、人力资源、教育资源、技术资源、地域资源等各种资源进行整合利用，真正让员工的生活丰富起来。

2.加强员工之间的沟通与交流

要定时举行员工之间的沟通交流活动，可以举办工作心得讨论会、对养猪场目前各项制度的执行意见讨论会、员工需求面谈会、员工个别交流会等。这里需要注意的是在员工交流会时，千万注意不要什么场合领导都参加，并且滔滔不绝，变成一言堂，要多发挥中层干部以及基层干部的作用。否则，员工之间的交流就等于是一句空话，不会收到任何效果。

3.促进团队友谊和形成长期合作的意愿

要举办各种群体性(包括养猪场所有管理人员在内)活动，体育比赛、郊外旅游、文艺表演、特色风味聚餐等，增进员工之间的交流和情感沟通，鼓励团队合作，建立密切的合作伙伴关系，继而达成长期合作、共同发展的主观意愿，有利于员工队伍的稳定和增强团队抵抗风险能力。

(六)员工危机感和归属感

1.培训员工的危机意识，不定期开展危机感的活动训练

要在养猪场不断教育并灌输危机意识，可以通过当前社会形势、行业形势、就业形势、员工素质要求发展趋势、企业发展规划以及对员工技能的要求等，使之树立紧迫感和危机感，必要时对于一些特殊员工可以请专家进行专业训练，以强化这种意识。

2.危机意识训练方式和内容

野外拓展训练以及职业竞赛、各种形式的技能对抗赛、比武、企业内部的技能资源认证等都是比较好的危机意识训练，有些内容需要企业多个职能部门共同参与完成。

3.寻找规避危机的方式方法,提供安全可靠的大本营支持

通过一系列的危机训练和意识强化,来促使各级员工发现自身的不足以及面临的直接和间接威胁,自觉提高自己和武装自己,培养自己抗击风险的能力,这就为规避危机方式方法的出台提供了思想上的共识基础。养猪场或者相关企业作为这些员工的大后方,在解决和规避危机具体处理上应该提供强有力的支持保障体系,增强员工的安全感。

4.使员工感受到自己是本单位的不可分割的一分子,强化归属感

在企业取得任何进展时,应该采取各种形式进行公示,并强调这是由于全体员工的共同努力才得来的结果,让每个员工都感受到成功有我一份。这样一来,员工的团队意识、归属意识自然逐渐加强,久而久之定会使员工保持朝气蓬勃、奋发向上的士气,企业的竞争力也就增强了。

(七)提高中层管理人员的工作责任心

时下大多数管理人员都提到了要加强工作责任心的问题,但是对于如何衡量和评价责任心,很多单位和个人没有明确的概念。对于提高中层管理人员的工作责任心,要做好以下几个方面。

1.正确描述部门各个岗位的工作要求,正确界定工作结果

前面已经提及要发挥员工的工作积极性和提高工作绩效,就必须明确各个岗位的岗位职责,并且简单明了地告诉每个岗位人员;不仅如此,还必须明确指出,什么是管理者所需要的正确结果以及界定结果正确与否的标准。这些工作都需要养猪场的中层管理人员来完成。如肥育舍主任应该把肥育舍各个岗位的工作要求和操作细则以及责任等详细情况简单扼要地告诉给每个操作工人,并且要明确告知什么是我们需要看到的正确结果(带有数字化标准),如此一来,员工在正式上岗前就已经非常明白自己应该干的和不应该干的,而且还知道干到什么程度才是对的,是符合需要的,由于目标方向一致,工作起来效率自然倍增。

2.如何帮助员工完成工作要求并使其在工作中得到提高

这里实际上是要求管理人员能够指导员工把每件工作做到尽可能的完美,并且在实践操作中不断帮助员工提高工作技能和个人素质,这也是对管理者提出的一个严峻考验。也就是说,在帮助员工完成工作任务的同时,必须对某个人的综合素质有所提高或者改善,这是考核管理者技能是否过关的重要指标。为达成此目标,管理者需要认真制订工作计划,确保每个不同岗位的员工都能够得到切实的提高和改善。

3.鼓励员工个人发展,帮助制订个人发展规划

如果一个人没有发展规划,就相当于没有了方向和目标,那么要保持长期旺盛

的斗志几乎是不可能的。所以要希望员工始终有强烈的进取心和成功欲望，就必须让他们有个人的发展规则，否则就算是达到了自己的期望目标，也因为没有事先设定目标而感觉不到成功的喜悦，那么也就不会给个人带来多大的刺激或者激励，时间一长，员工就不会再把工作成就当回事，这是非常危险和有害的。作为管理者非但要鼓励员工制订个人发展计划，还要不断帮助员工随着企业的发展随时修正个人规划，不然会出现不符合实际或者与实际脱节的现象，从而带给员工负面影响。所以员工的个人规划应该是一个动态的而不能一成不变。

4.关心员工

所谓的关心员工并不只是传统意义上的关心，应该扩展概念，并不断丰富关心的方式方法，要结合时间、地点、人物、对象的变化进行调整。

5.树立个人威信

这里的威信主要是指个人的诚信和在员工心中的信用价值，而不是传统意义上的吃苦在先、享乐在后就行的，这里更需要管理者敢说、敢做、敢当，办事效率高，准确率高，对大家负责，唯有如此方能真正达到树立威信之目的。

6.提倡团队与奉献精神

无论是企业自身还是企业的某个部门取得任何进展或成绩，都应该及时公示，让所有成员感受到这份喜悦和体会成就感，并且对于鼓励个人为团队作奉献有极大的促进作用。

(八)系统思考，发挥综合效应，切实提高养殖经济效益

随着市场一体化、经济全球化的日益深入，世界经济形势对中国市场的影响日益深入，国内所有的养猪企业面对的已经不是传统意义上的国内同行，而是国际集团、跨国公司的直接威胁，所以在考虑改善养猪场内部人员结构调整、素质提高、员工培训、企业发展规划时应该把眼光扩大到整个世界市场，也就是说，要系统全面而不是单独分裂地采取决策，充分利用各种资源发挥的综合效应，切实提高养猪经济效益。

鉴于目前国内养猪场的现状，对于技术引进、品种改良、环境改造等应该根据当地实际情况进行有限度地改造或调整，把主要精力放到能够改变状况的操作主体——人身上，这是比较适合国内养猪场现状而且又不需要进行大投入的工作，而且对于养猪场以后的健康稳定发展具有现实和深远的意义。

三、现代工厂化养猪联产计酬参考方案

猪场生产任务：全年出栏 10 500 头，年底存栏 5 500 头，残次猪、淘汰公母猪不计入出栏，猪场自动化程度不高，饲养员 17 人。以下方案在实施时要根据猪场现

有条件及实际情况来做相应调整,同时要考虑地域及季节变化。

(一)基础种群的生产指标

1.猪场年生产预期成绩

(1)每头母猪年供100 kg商品猪18～20头以上。

(2)全年全场总平均料肉比(3.2～3.3)∶1。

(3)初生至100 kg体重控制在160～170 d之间。

(4)断乳仔猪至100 kg体重总饲料耗料量为250～260 kg,料肉比(2.7～2.8)∶1。

2.繁殖母猪的预期成绩

(1)产仔平均初生重1.30～1.65 kg。

(2)母猪平均年产胎数2.2～2.23(注:乳猪断乳日龄为21～28日龄)。

(3)平均每胎产活仔数为10头左右。

(4)哺乳猪高床饲养育成率达97%以上,地面饲养育成率达95%以上。

(5)每胎断乳活仔猪数为9.5头。

(6)断乳母猪发情天数5～7 d,乏情率低。

(7)全场繁殖母猪淘汰率为25%～30%,核心母猪淘汰率为33%～35%,公猪淘汰率为40%左右。

(8)后备母猪配种年龄210 d。

(9)母猪分娩率95%(注:分娩率为母猪分娩数与妊娠数的百分比)。

(10)受胎率87%。

3.断乳至25 kg体重的仔猪预期保育成绩

(1)21～25日龄断乳体重达6～7 kg,25～28日龄断乳体重三元猪可达7～8 kg,纯种猪可达6.5～7.5 kg。

(2)保育舍仔猪平均成活率:地面保育成活率为95%,高床保育成活率为97%。

(3)60日龄体重为22～25 kg,70日龄体重为26～30 kg,75日龄体重为28～33 kg。

(4)断乳仔猪8～25 kg料肉比为(1.6～1.8)∶1。

4.25～100 kg的生长肥育猪预期成绩

(1)育成、育肥成活率97%～98%。

(2)饲料转化率(2.6～2.8)∶1(注:必须控制好喘气病)。

(3)平均日增重700～800 g。

(二)计酬原则与方法

实行联产计酬,工作包干制,工资高低视各场各地区不同情况而定。

方案一

(1)配种怀孕舍(饲养管理员 4 名)

工资:以 500 头母猪参加生产,每胎产活仔(不含木乃伊、死胎、畸形、弱仔等)8.5 头计算,按产活仔数 2.23 元/头计发工资。

奖金:

①年产胎次 2.3 胎,配种受胎率 85%,怀孕分娩率 97%,全年完成指标基础奖 4 800 元。每超额 0.1%另奖 100 元,每少 0.1%赔 50 元。

②公猪年正常淘汰率 40%,残次率 12%,按 200 元/头奖赔。母猪年正常淘汰率 25%,残次率 6%,按 100 元/头奖赔。

③胎产仔数:以每胎均产仔数 9 头,活仔数 8.5 头计。每超产 1 头活仔奖 10 元,少产 1 头赔 5 元。

④饲料:按每产 1 头活仔给公母猪料 44 kg 计算,节约或超出部分按 10%奖赔。

(2)分娩舍(饲养管理员 4 人,其中晚班 1 人)

工资:

①每断乳 1 头仔猪工资 1.78 元。

②每净增重 1 kg 仔猪工资 0.191 元。仔猪断乳日龄为 21 d,断乳平均 6.5 kg,个别仔猪不得小于 5.0 kg。

奖金:

①活仔断乳成活率 95%,全年完成指标基础奖 4 200 元,增减 1 头按 10 元奖赔。

②饲料

乳猪料:每断乳 1 头仔猪给料 0.5 kg。

母猪料:按断乳仔猪窝重×2.5 计算用料,节约或超出部分按 10%奖赔。

(3)保育舍(饲养管理员 2 名)

工资:

①每出栏 1 头小猪工资为 0.65 元。

②每净增重 1 kg 小猪工资为 0.022 元。

奖金:

①小猪成活率 96%,全年完成指标基础奖 1 200 元,多活少活 1 头按 10 元/头奖赔。

②饲料:按料肉比 1.7∶1 计算,节约或超出部分按 10%奖赔。

保育饲养期为 5 周,平均转栏个体重 22 kg,个别猪仔不得小于 18 kg,未达 15 kg 的中猪栏可拒收。

(4)中猪舍(饲养管理员 3 人)

工资:

①每出栏 1 头猪工资 0.968 元。

②每增重 1 kg 工资 0.024 元。

奖金:

①成活率 98.5%,增减按每头 100 元奖赔。

②残次率 1%,少残多残 1 头按 100 元奖赔。

③饲料:按料肉比 2.5∶1 计,节约或超出部分按 10%奖赔。

饲养期为 8～9 周,转栏平均重 65 kg。

(5)肥猪舍(饲养管理员 4 人)

工资:

①每出栏 1 头猪工资为 1.27 元。

②每增重 1 kg 工资为 0.043 元。

奖金:

①成活率 99%,每增减 1 头按 100 元奖赔。

②残次率 0.5%,少残或多残 1 头按 100 元奖赔。

③饲料:以料肉比 3.4∶1 计,节约或超出部分按 10%奖赔。

猪场内技术人员及管理人员的工资奖金由场部视工作强度及成绩给予发放。

方案二

(1)猪场主管工资待遇　由场部发给,每月定级工资 2 000 元,其中扣 200 元作为保证金,年中、年底考核合格后分 2 次发还,未完成任务的在其中扣除。

(2)饲养管理员工资发放方案　为了便于控制生产成本,提高主管的管理力度,实行固定计酬与浮动工资相结合的方式计发工资。

第一,固定计酬。场部按出栏猪头数、产仔及成活成绩以及增重情况制定分配方案(全年计),工资总额 85%按如下分配:

①出栏计酬:肉猪每出栏一头发 21 元,种猪 25 元,残中大猪 5 元。若接受其他生产线的中猪饲养,出栏工资减半,年底存栏增加或减少头数时则分别加发或扣发工资,每头 21 元。

②配种员、公母猪饲养员:每产一头合格仔猪(个体重 0.75 kg)发工资 3.75 元。

③产房:21～28 日龄断乳,每头健康仔猪(个体重大于 6.5 kg)发 2 元。每千克增重发 0.22 元,均重超过 7.5 kg 部分,按每千克 0.065 元发给。

④保育舍:75 日龄转栏过秤每头发 1 元(健康,体重 28 kg 以上)。每千克增重发 0.065 元,平均体重超过 33 kg 部分按每千克发 0.029 元。

⑤中猪阶段:每出栏一头健康中猪(25～65 kg)发 0.8 元,每千克增重发 0.065 元。

⑥大猪:参考中猪。

第二,浮动工资。年终根据全场利润多少评定浮动工资。个人占年工资的 15%,由场主管根据个人工作完成情况及工作表现分配,并报老板批准发放。

四、猪场的物资管理和统计报表

(一)物资管理

猪场物资种类繁多,许多猪场场内物资管理一直处于空白地带,到底自己有多少家底谁也说不清楚,只能凭印象说大概,造成管理缺位,达不到“人尽其才,物尽其用”的效果,严重影响企业再发展。因此要加强猪场内的物资管理,盘活资源,最大限度发挥现有的财产物资的作用,当好家,理好财,最大限度降低生产成本,做到管理规范化、决策科学化、效益最大化要求,从而加强成本控制、强化内部管理。要建立进销存账,由专人负责,物资凭单进出仓,要货单相符,不准弄虚作假。生产必需品如药物、饲料、生产工具等要每月制订计划上报,各生产区(组)根据实际需要领取,不得浪费。要爱护公物,否则按公司奖罚条例处理。管理者对自己的物资了如指掌后,从生产实际需要进行合理资源配置,杜绝肆意浪费和无计划办事,将成本控制在最佳范围以内,通过勤练内功,科学管理,降低成本,提高市场竞争力。

(二)统计报表

统计报表是反映猪场生产管理情况的有效手段,是上级领导检查工作的途径之一,也是统计分析、指导生产的依据。因此,认真填写报表是一项严肃的工作,应予以高度重视。各生产组长做好各种生产记录,并准确、如实地填写周报表,交到上一级主管,查对核实后,及时送到场部并输入电脑。猪场的报表体系要科学、实用、精简、准确、准时。统计报表的主要目的是分析生产,及时发现问题,及时解决问题。

1. 生产报表

生产报表有种猪配种情况周报表、分娩母猪及产仔情况周报表、断乳母猪及仔猪生产情况周报表、种猪死亡淘汰情况周报表、肉猪转栏情况周报表、肉猪死亡及上市情况周报表、妊娠空怀及流产母猪情况周报表、猪群盘点月报表、猪场生产情况周报表、配种妊娠舍周报表、分娩保育舍周报表、生长育肥舍周报表、公猪配种登记月报表(公猪使用频率月报表)、防疫记录表、猪舍内饲料进销存周报表和人工授精周报表。

2.其他报表

其他报表有饲料需求计划月报表、药物需求计划月报表、生产工具等物资需求计划月报表、饲料进销存月报表、药物进销存月报表、生产工具等物资进销存月报表、饲料内部领用周报表、药物内部领用周报表和生产工具等物资内部领用周报表。

五、生产过程成本支出与控制

(一)成本构成分析

猪生产成本构成分析见表 4.1。

表 4.1 猪生产成本构成分析简表(均以 500 头生产母猪为例)

类型		构成比例/%(优良值)	超常值评价
可变成本	饲料	70～80	比例小:未能达到满负荷生产或其他费用过高; 比例大:浪费很大,饲养周期太长、效率低下
	人工	5～7	比例小:机械化操作程度高; 比例大:饲养量小、劳动生产效率低
	兽药(疫苗)	2～3	划分为预防、治疗和消毒以及器械添置费用
	水电维修	4～5	工厂化养猪条件下,相对维修费用大于一般养殖方式
	工具材料	2～2.5	易于消耗的工具材料费每年下降
	销售费用	1.5～2.5	投入到销售中的必要费用
	管理费	0.3～0.5	需要以较低的管理成本获得最大的管理效率
	其他	8～10	
不变成本	折旧费	3～4	为再生产循环和扩大再生产的回报

(二)成本控制

在猪生产中,除了重点控制饲料成本,提高饲料转化率,减少饲料损耗外,还应做好以下成本项目的控制:

(1)药物及医疗器械定额,每出栏一头肉猪按 8 元,种猪按 10 元计算。

(2)用水定额,用水量为每年4万m^3,每立方米按0.5元计。

(3)用电定额,用电量为每年6万度,每度按1元计。

(4)疫苗定额,每年为5万元计。

(5)物耗定额,按出栏猪每头猪2元计。其中胶水管每幢猪舍每年2条,扫把每舍每月2把,铁铲每舍每年配2把,全场手推车配5辆。其他包括电炉、电热水煲、水龙头、灯泡等。

(6)场部供给生产人员用品,水鞋每年每人3双,工作服每年每人2套。全场供洗衣粉25 kg,香皂100块。

(7)设备维修及保养费一年6 000元。

六、猪场的成本核算

(一)成本核算的基本概念

成本核算是企业进行产品成本管理的重要内容,是猪场不断提高经济效益和市场竞争能力的重要途径。猪场的成本核算就是对猪场生产仔猪、商品猪、种猪等产品所消耗的物化劳动和活劳动的价值总和进行计算,得到每个生产单位产品所消耗的资金总额,即产品成本。成本管理则是在进行成本核算的基础上,考察构成成本的各项消耗数量及其增减变化的原因,寻找降低成本的途径。在增加生产量的同时,不断地降低生产成本是猪场扩大盈利的主要方法。

为了客观反映生产成本,我们必须注意成本与费用的联系和区别。在某一计算期内所消耗的物质资料和活劳动的价值总和是生产费用,生产费用中只有分摊到产品中去的那部分才构成生产成本,两者可以是相等的也可以是不等的。

(二)生产成本核算的方法

进行生产成本的核算需要完整系统的生产统计数据,这些数据来自于日常生产过程中的各种原始记录及其分类整理的结果。所以建立完整的原始记录制度、准确及时地记录和整理是进行产品成本核算的基础。通过产品的成本核算达到降低生产成本、提高经济效益的目的,我们需要了解具体的成本核算方法。

(1)确定成本核算对象、指标和计算期单位。养猪场生产的终端产品是仔猪、种猪和瘦肉型商品猪,成本核算的指标是每千克或每头产品的成本资金总量,计算期有月、季度、半年、年等单位。现以100头基础母猪、本年度存栏变化很小(如变化较大应将增减的猪群消耗剔除,消除其影响)的小型猪场为例,将商品猪作为成本核算的对象,以元/kg、元/头为核算成本的指标,以年为计算期单位说明猪场成本核算的具体过程和方法。

(2)确定构成养猪场产品成本的项目。一般情况下将构成猪场产品成本核算的费用项目分为两大类,即固定费用项目和变动费用项目。变动费用项目是指那些随着猪场生产量的变化其费用大小也显著变化的费用项目,例如猪场的饲料费用;固定费用项目是指那些与猪场生产量的大小无关或关系很小的费用项目,其特点是一定规模的养猪场随着生产量的提高由固定费用形成的成本显著降低,从而降低生产总成本,这就是规模效应,降低固定费用是猪场提高经济效益的重要途径之一。

①变动成本费用项目　饲料、药品、煤、汽油、电和低值易耗物品费。其中饲料包含饲料的买价、运杂费和饲料加工费等。

②固定成本费用项目　饲养人员工资、奖金、福利费用,以及猪场直接管理人员费用、固定资产折旧和维修费。

(3)成本核算过程。各类成本发生额如下:

①变动成本中原材料采购成本的核算

$$采购费用分配率=采购费用总额\div原料总买价\times100\%$$

$$原料采购成本=买价\times采购费用分配率$$

$$饲料产品加工费分配量=加工费总额\div加工总量$$

$$已消耗饲料产品的成本价=原料组成本价\div损耗率+加工费分配量$$

$$损耗率=(原料消耗量-饲料成品量)\div原料消耗量\times100\%$$

在饲料加工过程中,其饲料产品的原料价应按饲料配方的组成计算。

②总饲养成本的核算　饲料变动成本、其他变动成本和固定成本之和。

通过以上核算,我们定量了产品中各种成本在总成本中的比例,同时得到了该年度生猪产品的总成本及单位产品的成本。如将每年或各季度的成本进行如此核算,并进行比较,我们会发现企业存在的问题及提高效益的潜力,这对降低成本将有巨大作用。

(三)成本核算的意义

(1)通过产品成本核算,明确产品成本构成的项目,加强财务管理。从上述产品核算的过程及结果中我们可以明确地看到产品成本构成的项目。如果有不合理的开支项目,在核算的过程中必然会暴露出来。此类项目的多少与大小直接影响着企业的生产成本,也反映企业财务管理的状态。进行细致而严格的企业产品成本核算,必然会加强企业的财务管理,减少财务漏洞,从而降低产品生产成本,提高企业经济效益。

(2)通过产品成本核算,明确产品的总成本及单位成本。产品核算的结果告诉我们,每生产1单位的产品需用多少资金,那么我们就可以根据产品市场售价随时了解企业的盈亏状态。例如商品猪的售价是8元/kg,则处于盈利状态;而售价6.82元/kg,则处于盈亏平衡临界点。这将有利于决策者根据市场价格随时调节生产过程,以提高经济效益。

(3)通过产品成本核算,了解产品总成本中各项成本的比例。了解这个比例有利于决策者对现实的成本构成作出正确的评价,发现问题的同时找到机遇。例如,作为国有大型猪场,人员较多,机械化程度较高,其变动成本与固定成本的比例一般为7.5∶2.5,而农村规模化养猪企业一般为9∶1,这个比例深刻反映了不同体制下运行的同类企业为什么成本相差很大的原因。提高固定资产利用率,降低固定成本的比例始终是企业追求经济效益的有效方法之一。

(4)进行全面的成本核算有利于对企业实行全面的计划管理。当我们通过成本核算得到某一企业在其具体环境中单位产品的盈利额时,我们就可以根据该企业的平均固定成本数额确定盈亏点。例如,每头商品猪的售价是800元,实际总成本为650元,则每头猪可盈利150元。以某猪场为例,1995年度固定成本总额是23.1万元,那么该猪场出栏1 540头时才可以达到盈亏平衡点;如果企业的固定资产投资大并且负债信贷资金,就必然加大企业的固定成本总额及其在总成本中的比例,从而必然提高盈亏平衡点时的产品数量,即商品猪的头数。其结果是增大企业经营风险,相对降低企业效益。例如,该猪场固定成本为45万元时,就必须使出栏头数达到3 000头才达到盈亏平衡点,此点在进行企业投资时或制订年度计划时必须进行周密的考虑。

(5)提高生产效率,可以降低固定成本及变动成本。通过进行成本核算我们看到,产品的成本构成是由固定成本和变动成本两大部分组成的,提高生产效率可以同时降低此两项的总额。所以提高技术水平,调动职工积极性,提高企业合格产品的数量,减少单位产品的摊销费用从而降低成本,可以达到提高企业效益的目的。

综上所述,加强企业成本核算,并对核算的结果进行细致的分析是提高猪场经济效益最重要的途径之一。很难想象一个没有进行严格的成本核算的企业,一个不能对成本结构进行经济分析的企业,能够采取有效的措施使企业产生良好的经济效益。因此,对猪场进行成本核算和成本管理,学会对核算的结果进行科学分析,并适时作出正确决策是未来猪场进一步提高市场竞争能力的重要措施。

(四)规模化猪场的成本核算实例与盈亏分析

成本核算与盈亏分析在规模化猪场的经营管理中占有十分重要的地位。定期的财务分析可使经营者明确目标，有针对性地加强管理，从而获得最佳经济效益。规模化猪场一般进行全年一贯制均衡生产，几乎每天都有仔猪出生，每周都有育肥猪或仔猪出售，也常有猪只死亡，所以猪群的数量每天都在变化。猪的饲养周期又较长，这就给成本核算及财务分析带来一定难度。

1.成本核算与盈亏分析

猪的生产成本分为直接生产成本和间接生产成本。所谓直接生产成本就是直接用于猪生产的费用，主要包括饲料成本、防疫费、药费、饲养员工资等；间接生产成本是指间接用于猪生产的费用，主要包括管理人员工资、固定资产折旧费、贷款利息、供热费、电费、设备维修费、工具费、差旅费、招待费等。下面是 2002 年某实习农场良种猪场成本核算实例。

(1)母猪的成本核算及其毛利的计算

第一项，母猪成本费用(每头母猪的每年成本费用)。①饲料成本费用 2 761.23 元；②防疫费 93.68 元；③饲养员工资 126.76 元；④兽药费 38.68 元；⑤保健费 84.60 元；⑥水电费 80 元；⑦租金费 100 元；⑧资金占用费 121 元；⑨饲料损耗费 33.11 元；⑩饲料装运费 15.07 元；⑪饲料加工费 26.27 元；⑫维修费 30 元；⑬母猪折旧费 70 元；⑭低值易耗品费 4.32 元；⑮企管费 84 元；⑯燃料费 11 元；⑰母猪配种费 50 元；⑱授胎产仔亏损费 156.8 元；⑲其他费 12.3 元。合计3 898.82 元。

第二项，每头母猪毛利的计算。每头全年产 2.2 胎，平均每窝 9.5 头，产房成活率 91%；保育舍成活率 97%；保育猪出栏平均体重 19.5 kg，每头保育猪 11 元/kg，销售仔猪收入$=2.2\times9.5\times0.91\times0.97\times19.5\times11=3\ 957$(元)；每头母猪平均毛利$=3\ 957-3\ 898.82=58$(元)。

(2)育肥猪的成本核算及其毛利的计算

第一项，育肥猪成本费用(每头育猪的每年成本费用)。①饲料成本费用 394.57 元；②种猪费 214.5 元；③工资费 9.69 元；④防疫及药费 3.77 元；⑤水电费 4 元；⑥租金费 4 元；⑦资金占用费 5 元；⑧饲料损耗费 7.88 元；⑨饲料装运费 3.3 元；⑩饲料加工费 5.68 元；⑪维修费 1 元；⑫运杂费 0.5 元；⑬尿检费 0.67 元；⑭排污费 0.53 元；⑮企管费 7.12 元；⑯低值易耗品费 0.15 元。合计 666.36 元。

第二项，每头育肥猪毛利的计算。每头育肥猪平均出栏体重 95 kg，2002 年育肥猪平均价 7 元/kg；每头猪毛利＝出售育肥猪收入－育肥猪成本$=95\times7-666.36=-1.36$(元)。

(3)盈亏分析　猪场全年的盈亏额等于母猪与育肥猪的毛利及其他收入之和减去猪的间接生产成本。在年终分析猪场的盈亏时还要考虑到猪群数量的变化。如果猪群数量增加，则表示存在着潜在的盈利因素；如果猪群数量减少，则表示存在着潜在的亏损因素。因为该猪场的存栏量变化不大。所以盈亏的影响在分析时可忽略不计，但如果猪的存栏变化较大，在分析盈亏时就必须考虑到这一因素。

养猪利润指数是在市场多变的情况下，及时判断经营是否有利及利润大小的一种计算方法，方便而快速。

利润指数＝市场指数×生产指数

市场指数＝猪只价格/饲料成本

生产指数＝每头母猪年断乳仔数/全群料重比

例：毛猪价格 15 元/kg，饲料成本 2.2 元/kg，则市场指数为 6.2。

全群料重比＝(1 200(母猪)＋18.5×300)/(18.5×100)＝3.65∶1

每头母猪年育成仔猪 18.5 头，全群料重比 3.65，则生产指数为 5.07。

利润指数＝6.2×5.07＝31.43

一般认为，利润指数为 25～26 是盈亏平衡点，超过越多，利润越高，30～31 经济效益已很显著。市场价格无法控制，必须全力研究如何提高生产指数——全群平均每头母猪年育成仔猪数和全群料重比。

2.提高猪场经济效益的措施

分析以上成本核算与盈亏分析的过程，可以看出要提高猪场经济效益关键要做到以下几点：

(1)提高每头母猪的年提供仔猪数。提高猪场经济效益最有效的办法就是提高每头母猪的年提供仔猪数。一般每增加 1 头仔猪可获纯利润为 125 元，如果出售，利润会更高。可见提高每头母猪的年提供仔猪数能显著增加经济效益。

(2)降低饲料成本。饲料成本在猪的饲养成本中所占的比例一般都在 70％左右。降低饲料成本是增加经济效益的有效措施，但同时一定要保证饲料的质量，否则只能适得其反。主要方法是利用多种原料进行合理配合，达到既降低成本又满足猪只营养需要的目的。

(3)降低非生产性开支。一般来说饲料成本在总成本中占的比例越高，非生产性开支所占的比例越少，说明猪场的管理越好，所以要尽量减少各种非生产性开支，提高经济效益。

七、猪场生产计划的制订

规模化猪场的生产是按照一定的生产流程进行的，在各个生产车间栏位数和饲养时间都是固定的，各流程相互连接，如同工业生产一样，所以应制订出详尽的计划使生产按一定的秩序进行。均衡性生产对猪场的管理、生产运行、资金运行具有重要意义。只有均衡生产才能保证诸如工资方案、猪群周转、疫病控制、栏舍使用、资金运行等计划和指标的有效落实。猪群的均衡生产决定了全场的均衡生产，在生产实践中必须科学地制订生产计划，包括周、月、年生产计划，配种率，分娩率，产仔率等目标计划，达不到预定计划的要查找原因，及时解决，确保计划的完成率，及时总结提高猪场的生产水平与经济效益。根据编制计划时间长短猪场计划可分长远计划、年度计划和阶段生产计划。长远计划是猪场3～5年或更长时间的发展纲要和年度计划制订的依据，对猪场的发展具有方向性的指导作用；年度计划是计划管理的主要环节，是长期计划的具体化，它是猪场最基本的生产经营活动，是在总结上一年度生产活动的基础上制订的，是指导当年生产经营活动的总体方案；阶段计划是年度生产任务在各时期的具体安排，可按季或月来编制，编制方法同年度计划基本相同，只是内容更具体，指标更准确。通过定期检查，促进阶段计划完成。因此，通过计划的实施，可以看出猪场任务完成的情况、生产经营水平、饲料供求是否平衡、产品销售状况等。

1. 配种分娩计划

阐明计划年度内全场所有繁殖母猪各月的配种头数、分娩胎数和产仔数，根据生产效果进行选种选配。一个年产万头肉猪的养猪企业，一般有种母猪600头左右，母猪配种受胎率要求在90%以上。全年配种1 200胎次，平均每周配种23头，全年分娩1 080胎，平均每周分娩21胎，每胎产仔10头，全年产仔猪10 800头。为了保证计划的完成，大多数企业在此基础上适当增加，大体上每周配种28头，保证有21～24头母猪受胎分娩，仔猪4～5周断乳，断乳仔猪在分娩栏留存1周。

为了避免集中配种，实现全年均衡生产，每周制订细致的配种计划是十分必要的。制订配种计划要熟悉在群种猪的状况，对在群母猪在下一周的状况做好充分的估计和准备。以下是一个周配种计划单（表4.2）和估计各类型母猪在下一周出现发情最高头数和最低头数的方法。

表4.2 ______周配种计划单

舍号	类别	计划配种数	最高头数	最低头数
	断乳母猪			
	后备母猪			
	断乳后7 d未发情猪			
	上周或前几周复配猪			
	上周或前几周的空怀猪			
总计				

周配种计划单各类别猪出现最高发情数和最低发情数的估算方法是这样的：

(1)断乳母猪　最高数＝本周断乳猪数×前 4 周适时发情的最高百分数，最低数＝本周断乳母猪数×前 4 周适时发情最低百分数。

(2)后备母猪　最高数＝后备母猪总数÷3，最低数为已转入配种舍并掌握了上一个情期发情时间的后备母猪数。

(3)断乳后 7 d 未发情猪　最高数和最低数为断乳后 7 d 未发情猪的总数÷3。

(4)上周或前几周的复配猪　最高数和最低数为前 4 周出现的复配猪的平均数。

(5)上周或前几周的空怀猪　最高数为除在本周确实不能发情的其余所有空怀猪数，最低数为据记录有望在本周发情的空怀猪数。

2.猪群周转计划

确定各类猪群的头数及猪群的增减变化，以保持合理的猪群结构，达到最佳生产效益。由于规模化猪场的猪群周转按小群(或按单元)连续进行，所以对整个猪群来说，每周都有部分小群发生转移。在均衡生产的情况下，从理论上说各周猪群的转移基本上是一致的，因此在连续流水式作业的情况下，需制订出在每周的不同时间的转群计划。

星期一：妊娠猪舍产前 l 周的临产母猪调到分娩舍，分娩舍于前 2 d 做好准备工作。

星期二：配种舍将通过鉴定的妊娠母猪调到妊娠猪舍，妊娠猪舍于前 1 d 做好准备工作。

星期三：分娩舍将断乳母猪调到配种舍，配种舍于前 1 d 做好准备工作。

星期四：将上 l 周断乳留栏饲养 1 周的断乳仔猪调到保育舍，保育舍于前 2 d 做好准备工作。

星期五：将在保育舍饲养 5 周的仔猪调到生长育肥舍，生长育肥舍于前 1 d 做好准备工作。

星期六：生长育肥舍肉猪出栏。

应该注意，在转移每一群猪时，都应该随带本身的原始档案资料。为及时掌握猪群每周的周转存栏动态情况，可采用与之相适应的生猪每周调动存栏表。本表的特点是按猪的生产流程将猪群分为配种舍、妊娠舍、分娩舍、保育舍、生长育肥舍，每种猪舍都有一个分表，按各舍实际需要设计具体项目。将各分表联系起来，便成为企业猪群每周的周转存栏动态总表。这一总表既能反映出各类猪的周内变动情况，也便于与周作业计划进行对比。

3. 生产计划

根据猪场的母猪数量、生产流程和生产指标进行制订，预计全年出栏的猪数以及按周逐月的分布情况。如某猪场存栏母猪 500 头，分娩率 85%，每胎产活仔数 10 头，哺乳期成活率 95%，保育期成活率 97%，育成期成活率 99%，3 周龄断乳，商品猪出栏 23 周(3+5+15)，每头母猪年产仔窝数是 52÷20.5=2.4(窝)，年生产计划见表 4.3。

表 4.3 500 头基础母猪生产计划一览表

头

不同阶段猪群数量	统计时段		
	周	月	年
满负荷配种母猪数	27	118	1 412
满负荷分娩胎数	23	100	1 200
满负荷活产仔数	230	1 000	12 000
满负荷断乳仔猪数	218	950	11 400
满负荷保育成活数	211	921	11 058
出栏育肥猪数	209	912	10 947

4. 饲料供需计划

在第二章已述及，此处不再重复。

5. 物资供应计划

根据本场猪只饲养头数，确定计划期内猪场全年所需兽医药品及其他物资的需要量。

6. 劳动工资计划

根据不同工种的饲养头数和劳动定额，确定计划内所需的人力，并预算劳动工资，编制工资计划。

第二节 猪场主要管理岗位设置及其职责

当今，面对竞争日益激烈的养猪业，任何一个猪场想在竞争中求生存求发展，都必须把猪场的日常管理作为猪场生产的主要任务来抓。在生产上都应按集约化养猪生产工艺流程和生产设计要求进行规范化生产作业，使养猪生产能有计划、按周期平衡地生产。在管理上做到责、权、利明确，避免造成管理混乱，进行岗位设置，明确岗位责任，做到人人有事做、事事有人做。猪场的主要经营管理岗位设置及其职责概述如下。

一、场长

1.岗位工作目标

(1)对全场的人、财、物进行统一调配和管理，做到人尽其能、物尽其用。

(2)场长要做好猪场的经营计划和发展方案；计划结合实际要周密，还要有预案；发展方案要量力而行，切勿冒进。

(3)对猪场主要生产资料的年度价位变化要有深入了解和判断，利用资金适时加大库存，能够有效降低生产成本；对猪价的走向有良好的预期，及时调整猪群应对。

(4)进行资金的筹备、运作和加大对标准化养殖条件的完善。尤其要加大猪场自动化水平，减少对体力劳动人员的依赖。

(5)在深入调查了解的基础上，及时修订和调整生产责任制管理方案，充分体现多劳多得的回报机制。

(6)组织相关人员制定出各部门、车间的生产管理制度和主要岗位的技术操作规程。

(7)做到管理机制高效，定岗合理，岗位职责明确，上传下达通畅，尽显团队协作精神。

(8)抓好安全生产，强调操作规程，杜绝有职工在场内出现死、伤事故，不能出现火灾、煤气中毒事故。

2.岗位主要工作内容

(1)定期进行各类报表的分析，发现问题，寻找原因，商讨解决方案。

(2)每周、每月例会听取各个部门的工作汇报并对猪场正面临的一些问题进行讨论和处置。

(3)定期到车间、职工宿舍了解生产和生活情况，从情感及生活上关怀员工，拉近与员工的心理距离。

(4)定期或不定期的深入部门或车间检查制度执行情况及技术规程履行状况。

(5)审批猪场日常经营管理中的各项费用。

(6)决定员工的聘用、升级、加薪、奖惩和辞退，及时结算、兑现工资及福利。

(7)抓好各项物品的采购招投标工作，做到公正、透明，中标产品性价比最好。

(8)做好季度、年度总结，解析全场经营管理状况并提交给老板及股东。

二、副场长(生产、技术)

1.岗位工作目标

(1)负责整个猪场的技术工作,对生产中的技术应用有处置权。

(2)负责对不同岗位生产技术指标的设定,并创造条件促使在岗人员完成指标任务。

(3)做好月份、季度、年度的详细免疫计划及用药保健计划,确保本场不出现群死、群伤的重大技术事故和责任事故。

(4)负责对生产岗位人员进行调配,保证生产正常运行。

(5)指导和督促相关人员进行场内的消毒、保健、驱虫、免疫工作,不留盲点。

(6)协助场长完成产品招标工作,对引入新产品做好试验对比,试验数据有说服力才能进入生产环节。

(7)负责培训新员工,对岗位设置有建议权。

(8)根据库存情况,适时提交饲料、药物、工具、器械等物品的采购计划。

2.岗位主要工作内容

(1)提前布置兽医及全场带班人员的工作任务。

(2)早上进场观察全场的通风、干燥、卫生、保温情况如何,饮水是否充足,猪群是否正常。

(3)监督兽医、饲养员和饲料加工人员工作是否到位。

(4)每天下班时巡查猪舍情况,对水、电、降温、加热设备等存在安全隐患之处及时排除。

(5)晚上不定期地进行查岗,尤其对分娩舍值班人员的督促不能放松。

(6)对上交的报表及时分析,找出问题,马上解决。如果有数据异常,情况严重,落实后上报场长,研讨处置办法。

(7)做好全场日报表、周报表、月报表的统计、填写、整理,按时上报。

三、副场长(后勤、采买)

1.岗位工作目标

(1)管理好猪场的日常后勤事务及餐厅工作,保证员工按时就餐且丰富多样,洗浴条件及其他生活设施完备。

(2)监督和督促员工、外来进出猪场人员、车辆、物品对卫生防疫制度的执行。

(3)负责场区的绿化规划及实施工作,监督完成公共区域的卫生管理。

(4)负责本场蔬菜的种植工作,确保自给率达到80%以上。

(5)负责监管库房物品存储安全、规范摆放,出入库手续严格。

(6)负责安排全场生产、生活设施及设备的及时维修、部件更换,保证生产正常运转及生活如常。

(7)保证常规用品及消耗品的日常采买工作,做到物美价廉。

(8)监管猪场商品猪、淘汰猪及其他有价物品的合理价位出售,交易手续完备,货款两清。

2.岗位主要工作内容

(1)每天上班对全场所有生产、生活用设施(设备)工作状况核查一遍,倾听员工反映情况。

(2)安排维修工维修设备、更换部件。

(3)收集全场急需购买的物品清单,报请场长批准后外出购买。

(4)安排公共区域的卫生清扫、绿化整治、蔬菜耕种等事务。

(5)定期盘点库房,对久购不用、保存期很短的药品、疫苗及时处置,以免浪费。

(6)玉米高水分期,及时组织晾晒,防止霉变。

四、兽医

1.岗位工作目标

(1)协助技术场长制定免疫保健及用药保健方案。

(2)认真进行场内的消毒、驱虫、保健、免疫工作,不得出现处置失误。

(3)及时安排公猪的去势、病猪的治疗、死猪的处理,做好病例记录。

(4)做好全场种猪群的主要病原免疫力的监测工作,及时提出应对处置办法。

(5)对疫苗及药品的采买有建议权,并能提供佐证材料。

(6)监督饲养员用好药品及疫苗,防止滥用、挪用、遗失以及浪费行为的发生。

(7)确保本场无重大技术事故的发生。

2.岗位主要工作内容

(1)建立疫苗的领用、管理制度,定期对所保存疫苗进行检查。

(2)及时补充每月该进的疫苗种类及数量。

(3)制订每周疫苗的注射计划,并做好注射记录。

(4)定期安排对猪群的采血工作,送检测部门进行检测。

(5)对每批新引进的疫苗进行各方面检查(如批文、批号、有效期、贮存方法等)并做好妥善保存。

(6)发现可疑病猪应及时解剖并向场长汇报情况。

(7)依照猪场的卫生防疫管理条例对猪场员工进行监督。

(8)配合各生产部门主管加强对猪群的饲养管理、生产性能及健康状况监测。

(9)配合技术场长完成场长交办的其他工作。

五、饲料加工员岗位职责

(1)做好进、出仓记录,做好原料、成品的堆放,不用变质饲料。

(2)确保配方的正确性,每天称重之前进行秤的较对,确保称重的准确性。

(3)按计划生产,并有 2～3 d 的库存。

(4)每天生产之前进行机器的检修及仓库的防鼠、防火、防水工作。

六、机修工岗位职责

(1)每天检查猪舍的饮水、用电设施及一些栏舍是否损坏并及时进行维修。

(2)协调并处理好供电部门电力调度信息沟通工作,保证停电时及时启动发电机来供电。

(3)做好污水处理系统的管理工作。

(4)协助做好猪场的绿化工作。

七、门卫岗位职责

(1)严格遵守兽医卫生防疫制度,遵守猪场各项规章制度。

(2)负责管理门口消毒池的清扫、更换。

(3)24 h 有人值班,搞好传达室周边的环境卫生。

(4)严禁外来人员、车辆进入生产区。

(5)对允许进入场内的车辆进行严格的消毒。

(6)领取和发送信件及其他物品。

八、库管员岗位职责

(1)做好各类物品入库、出库登记和查验(品名、规格、厂家、生产日期等)工作。

(2)负责对出售肥猪的过磅登记及数量查验。

(3)完成每周、月的饲料及生产报表及每月底的盘点工作。

(4)保持饲料仓库的清洁卫生,饲料种类的堆放整齐,确保饲料的供应。

(5)对饲料加工,配方进行监督及仓库的灭鼠工作。

(6)协助场长完成猪场的后勤工作。

附　“猪博士”猪场管理系统

一、软件介绍

“猪博士”猪场管理系统是郑州大家软件科技有限公司组织河南省著名养猪专家、资深计算机专家、管理学专家经过多年研制而成，旨在探索科学的猪场管理模式，利用现代信息技术，建立一套完整科学的信息收集、处理与分析的管理系统，财务业务一体化，推动猪场管理标准化、科学化，减少母猪非生产时间，提高饲料产值率，为猪场集约化、规模化经营管理提供强有力的支持。

二、软件功能

(1)种母猪管理　包括种母猪进场管理、配种管理、妊娠检查管理、分娩管理、转舍管理、仔猪变动管理、拼窝管理、窝重管理、断奶及部分断奶管理、疾病管理、体况管理、离场管理、防疫管理、转场管理等。

(2)种公猪管理　包括种公猪进场管理、采精管理、疾病管理、体况管理、防疫管理、保健管理、转舍管理、离场管理等。

(3)猪群管理　包括猪群新建管理、猪群变动管理、猪只转舍管理、猪群转种猪管理、猪群疾病管理、猪群防疫管理、猪群保健管理、猪群关闭管理等。

(4)原料管理(包括饲料生产管理)　包括原料采购管理、原料领用管理、原料生产饲料管理、原料库存查询、原料变动明细查询、原料盘点管理等。

(5)饲料管理　包括饲料采购管理、饲料领用管理、饲料库存查询、饲料变动明细查询、饲料盘点管理、猪舍领用饲料统计等。

(6)兽药管理　包括兽药采购管理、兽药领用管理、兽药库存查询、兽药变动明细查询、兽药盘点管理、猪舍领用兽药统计等。

(7)疫苗管理　包括疫苗采购管理、疫苗领用管理、疫苗库存查询、疫苗变动明细查询、疫苗盘点管理、猪舍领用疫苗统计等。

(8)易耗品管理　包括易耗品采购管理、易耗品领用管理、易耗品库存查询、易耗品变动明细查询、易耗品盘点管理、猪舍领用易耗品统计等。

(9)防疫程序管理　根据种公猪、种母猪、猪群不同生长阶段的防疫特征，设置不同的防疫程序，系统会根据设置自动提醒并可打印出防疫日工作计划以便防疫员进行防疫操作。

(10)生产提醒　包括待配种母猪提醒、需断奶母猪提醒、需妊娠检查母猪提醒、需转入产房母猪提醒等。生产人员可根据系统生成的日工作计划安排执行相应工作，管理人员可根据系统提示检查日工作完成情况，进而对猪场生产进行管理与控制。

(11)工资管理　根据系统设置与生产情况，自动生成工资表。

(12)成本管理　根据系统设置与生产情况，自动分摊成本，并计算出当期成本。

(13)统计查询　种母猪存栏情况查询、种公猪存栏情况查询、猪群存栏情况查询、种母猪配种记录查询、种母猪妊娠检查记录查询、种母猪分娩情况查询、种母猪转舍情况查询、仔猪变动记录查询、仔猪拼窝记录查询、仔猪窝重情况查询、公猪转舍查询、公猪采精记录查询、猪群变动记录查询、疾病与用药记录查询等。

(14)报表管理　种母猪生产报表、种母猪淘汰报表、种母猪死亡报表、公猪生产成绩报表、商品猪淘汰报表、猪群死亡报表、出栏猪报表、销售报表、利润报表、猪场综合报表等。

(15)分析管理　包括母猪发情分析、受胎率分析、分娩率分析、各胎次产仔分析、产仔窝数情况分析、种猪年龄分析等。

三、软件特色

(1)清晰管理、精确管理。系统将猪场的猪按种公猪、种母猪和猪群进行分类，以种猪和猪群为单位进行管理，详细记录和管理、分析发生在种猪和猪群身上的各种事件，管理主线清晰。对不同猪群各个阶段各项指标都可进行全面精确管理与核算。

(2)猪场生产经营全面管理。系统除了对猪场生产进行管理外，还可对工资、成本、采购、销售、库存等进行管理与核算。

(3)快捷智能数据录入。系统针对猪场数据输入及应用特点，特别设计了快速智能化记忆输入，大大减少了数据输入量和应用难度，提高了输入效率。系统预留有猪场自动化及无线设备接口。

(4)根据不同岗位自动提醒。系统根据用户设置，根据岗位生成生产计划，如断奶母猪提醒、妊娠检查母猪提醒、转入产房母猪提醒、免疫提醒等。

(6)软件基于事件,操作简单。软件操作简单,用户只需了解猪场操作流程即可,不需要较高的计算机操作水平。

(7)丰富完备的各种报表。系统根据用户需要,生成猪场各种报表,系统还可根据猪场需要,自定义及定制报表。

(8)支持集团化猪场应用。系统支持互联网(B/S)构架,支持集团化多猪场远程互联,数据自动汇总集中,猪场老板无论走到哪里,通过互联网可随时了解猪场生产状态。

(9)快速实施。系统特别设计了快速实施功能,一般万头场规模数据整理,只需 2 d 即可实施完毕,不影响猪场正常生产。

(10)根据规模化猪场量身定做。软件课题组成员有我省著名的养猪专家、资深计算机软件开发工程师以及饲料公司、兽药厂、数十家现代化猪场管理人员组成,专门针对规模化猪场,经过反复的调查与研讨,推出现代化的猪场标准化管理与养殖模式。

系统还可根据猪场特殊需求,量身定制软件。

校内实训项目　猪的胴体性状测定及肉质分析

一、目的要求

了解猪人工屠宰技术，掌握胴体品质测定的主要项目和方法；了解肉质分析的简单方法。

二、实训内容

(一)猪的屠宰

1. 屠宰

传统杀猪是活体直接先放血，再刮毛；现代屠宰加工线上是用 110 V 电压将猪电晕后，再倒挂放血。

屠宰前 24 h 停止进食，减少肠胃内容物，得到真实活重(空腹重)。屠前应测量体尺，称重。

(1)放血。放血前在接血盆内放入少量食盐(每猪 50～60 g)和少量清水，然后把猪按放在血凳上，左手握紧猪的下颌并用力向前上方向位置使猪的脖子挺直，右手持放血刀在颈下凹陷处进刀，由上前方以 40°向后下方刺入，割断颈动脉放血，约 10 min 血可放净，呼吸停止，四肢不再挣扎，即可稳放地上。

(2)刮毛。为了便于刮毛，在放血后于后腿皮下吹气，但试验猪不能吹气。

刮毛工作的好坏与烫猪水的温度有密切关系。可先将整个尸体用 68℃的水均匀浸烫 3～8 min(开始时 70℃)，使毛根松软易于脱落。水温和烫的时间一定要适宜，要随品种、年龄及季节不同而灵活掌握。水温既不能过低，也不能太高，浸烫不能不到，也不能过久。要使能在水中翻动，同时要注意头和四肢不易烫到的部位。若耳、四肢及腹部的毛能顺利刮掉，则表示烫得正好。在锅内除去耳、尾、腹下及四肢毛和蹄壳，将尸体移到操作台上。用刮刀剔除各部位的毛和黑垢。刮毛要顺着毛生长的方向进行，不能逆刮，以防造成断毛，降低肉的品质。

2. 开膛并清除内脏

猪毛刮净后，将尸体挂在吊架上，用刮刀将残余猪毛刮掉，用清水冲净屠体。

(1)沿背线割开皮肤和脂肪层直到脊椎。

(2)剖开腹部，用刀从肛门下面沿正中线割开皮肤和腹肌、耻骨前剖开腹腔，把左手插入护住胃肠，右手持刀剖开腹腔直到胸骨处，破开耻骨，割除肛门直肠，摘下膀胱、生殖器、大小肠和胃脾，割开胸软骨，摘下心、肝、肺和气管。用冷水冲洗体内血迹。

(3)拆肠。先扯出小肠大头(连胃一端)，轻轻地顺次把小肠从肠油上扯下，要注意用力恰到好处，不要将肠扯断。小肠末端将粪便压出，扎一小结，然后挤除小肠全部粪便，并套翻过来用水清洗。扯小肠宜在剖腹取出内脏后立即进行，避免拖后不宜拉出。小肠扯完后，先用刀割破系膜，将肠油拉开，抽出肠梢(连直肠端)，用剥和推的方法将连在肠上的肠油和网膜扯下，最后在大肠的顶端用双手拇指撑开用水灌冲，并翻肠挤除粪便冲洗干净。

(4)按照屠宰记录表格内容要求，对内脏器官的重量和长度进行度量并登记。

3. 劈半

劈半就是将胴体均匀地劈成左右两半。劈半应吊挂进行。沿上述背部剖开的线，用砍刀从尾椎左侧下刀，顺着脊椎骨将尸体对半砍开。尾带在左侧的胴体上，待照相和部分胴体品质测量后再卸下头、两蹄和尾。

卸头、蹄、尾的部位：头部沿耳根后缘及下颌第一条自然横皱褶切开，断离寰枕关节。前蹄断离腕掌关节。后蹄在跗关节内侧断离第一跗间关节。尾紧贴肛门切断尾根，避免凸出或凹进。

(二)胴体性状的度量

主要度量性状有胴体重、胴体长、屠宰率、平均背膘厚、皮厚、眼肌面积、后腿比例等。

1. 胴体重

胴体重指猪活体放血，刮毛，去头、蹄、尾和内脏，保留板油及肾脏，左右两侧半片的重量。用衡器称量。

2. 胴体长

胴体长用钢卷尺测量。

胴体长(Ⅰ)：从耻骨联合前缘至第1颈椎前缘止，如实训图1的AB。

胴体长(Ⅱ)：从耻骨联合前缘至第1肋骨中部前缘止，如实训图1的BC。

3. 屠宰率

宰前活体重：猪屠宰前应停食，供水20～24 h，宰前称活体重。

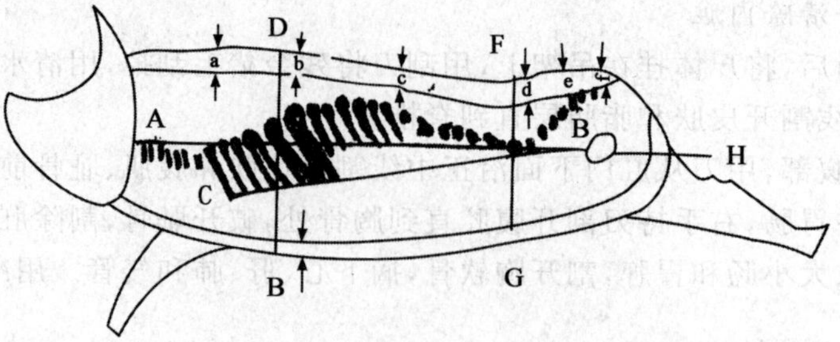

实训图 1 胴体的体尺及部位

空体重：宰前活重减去胃肠道和膀胱的内容物重量。

$$屠宰率=\frac{胴体重(kg)}{宰前活重(kg)}\times 100\% \quad (目前应用)$$

$$屠宰率=\frac{胴体重(kg)}{空体重(kg)}\times 100\% \quad (育种科研新提出)$$

4. 平均背膘厚

平均背膘厚用游标卡尺测量。

鬐甲上部膘厚：肩胛上部最厚处，见实训图 1 的 a 处。

最后肋骨处膘厚：胸腰椎结合处背膘厚，见实训图 1 的 c 处。

腰荐结合处膘厚：腰椎和荐椎结合处背膘厚，见实训图 1 的 d 处。

以上 3 处背膘厚的平均值为平均背膘厚。

5. 皮厚

皮厚用游标卡尺测量。

目前一般测量第 6～7 肋间背部皮厚(见实训图 1 的 b 处)，或者按测量背膘厚的部位测得 4 处皮厚，然后计算出平均皮厚。测量时先用剥离刀尖将被测处的皮脂分开一小部分，然后用卡尺测量。

6. 眼肌面积(用 cm^2 表示)

测量第 6～7 肋骨处和最后肋骨处背最长肌的横断面积。用砍刀从第 6～7 肋骨处和最后肋骨处与脊椎垂直砍断切开(见实训图 2)。用硫酸纸轻轻贴在眼肌面积上，用铅笔描下眼肌面积的轮廓，然后计算眼肌面积。

眼肌面积的计算方法有 3 种：

公式法：眼肌的宽×高×0.7

求积仪测量法：将硫酸纸上的眼肌面积轮廓用求积仪或叶面仪求得面积。

用坐标纸求积法：将硫酸纸上的眼肌面积轮廓描在坐标纸上，然后计算眼肌面积。

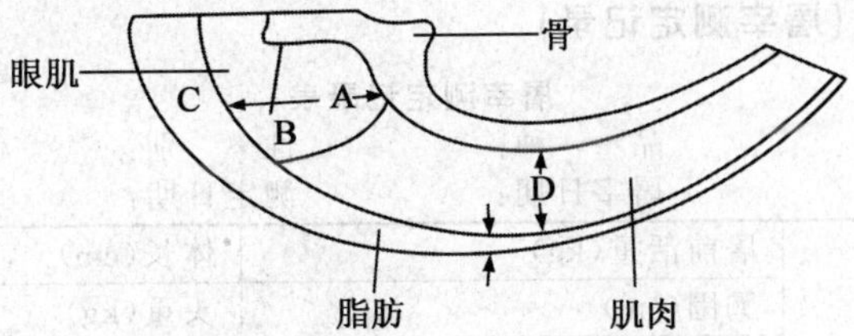

实训图 2 第 6～7 肋骨处剖面测量图

7. 背最长肌重量和长度

将左侧胴体上的背最长肌称重，测出长度。

8. 股二头肌的重量与长度

准确取出股二头肌称其重量，测量长度。

9. 后腿重量和比例

吊挂冷冻的胴体后腿应在腰荐结合处垂直切下，软胴体应在最后第 1～2 腰椎间垂直切下。然后称出切下后腿的重量并计算出占左侧胴体的比例。

$$后腿比例=\frac{后腿重量(kg)}{左侧胴体(包括板油和肾脏)重量(kg)}\times 100\%$$

10. 胴体分割、剥离与计算

用剥离刀尽量剥离出皮、骨、肉和脂肪，称重并计算出各部分所占的比例。计算有百分比时，应按实际剥离各组织重量计算，作业损耗不计算百分比。

剥离完每半侧胴体立即准确称出皮、骨、肉、脂肪的重量，称重后立刻计算。皮、骨、肉、脂肪的总重量应小于左侧胴体的重量。

剥离时肌肉脂肪和肌间脂肪随同瘦肉一起，不另剔出，皮肌随同脂肪，亦不剔出。作业损耗控制在 2%以下。

$$瘦肉率=\frac{半爿胴体瘦肉重}{骨重+皮重+脂肪重+瘦肉重}\times 100\%$$

$$脂肪率=\frac{半爿胴体脂肪重}{骨重+皮重+脂肪重+瘦肉重}\times 100\%$$

$$骨率=\frac{半爿胴体骨重}{骨重+皮重+脂肪重+瘦肉重}\times 100\%$$

$$皮率=\frac{半爿胴体皮重}{骨重+皮重+脂肪重+瘦肉重}\times 100\%$$

(三)如实填表(屠宰测定记录)

屠宰测定记录表

场名：　　　　猪号：　　　　品　　种：　　　　性　　别：

　　　　　　　日龄：　　　　屠宰日期：　　　　测定日期：

胴体指标	屠前活重(kg)	体长(cm)	
	胸围(cm)	头重(kg)	
	胴体重(kg)	体高(cm)	
	板油(kg)	四蹄重(kg)	
	肾重(kg)		
	椎骨数(个)	颈：	胸：
		腰：	荐：
	胴体长(cm)	Ⅰ：	Ⅱ：
背膘厚度(cm)	鬐甲上部		
	最后肋处		
	腰荐部		
	平均膘厚		
主要肌肉测定指标	背最长肌长(cm)		
	眼肌面积(cm^2)	6～7肋骨处	
		最后肋骨处	
	股二头肌长(cm)	股二头肌重(kg)	
	鲜肉重(kg)	熟肉重(kg)	
	熟肉率(%)		
肉质指标	肉的pH值		
	肉色		
	失水率		
后腿比例(%)			
左侧去后腿重(kg)	瘦肉重(kg)	瘦肉率(%)	
	脂肪重(kg)	脂肪率(%)	
	骨重(kg)	骨(%)	
	皮重(kg)	皮(%)	
	总重(kg)		
右侧去后腿重(kg)	瘦肉重(kg)	瘦肉率(%)	
	脂肪重(kg)	脂肪率(%)	
	骨重(kg)	骨(%)	
	皮重(kg)	皮(%)	
	总重(kg)		
内脏指标	内脏(%)		
	肠油重(kg)		

(四)肉质性状分析

当前对肉质性状评价主要有系水力、酸度(pH 值)、肉色、嫩度、肌肉脂肪含量等。

1.猪肌肉的系水力(持水力)

猪肌肉系水力因品种、饲料、对环境条件适应能力不同而异,系水力的大小直接反映肌肉质量好坏,即使同一块肌肉也因保存时间(新鲜程度)的长短而异。目前常用失水率和滴水损失来衡量。将采取的肉样用塑料袋装密封后,在 4℃温度下吊挂 24 h,测出渗出水重占肉样重量之比,即为滴水损失。失水率有以下两种方法测得。

(1)加压法　在一定面积的肉片上,用一定重量压一定的时间,计算出因压挤而出的水分重量,换算出加压后肌肉样品中保持的水分重量占肉样中总水分重量的百分数。加压所用的重量有 10 kg 和 35 kg 两种方法,这里介绍 35 kg 重量加压法。

从胴体左侧,取第 6～7 肋骨至最后肋骨之间的背最长肌,整段放在－5℃的冰箱内冷冻 15～20 h(猪屠宰时间不固定),取出冻肉样用取样刀从内部取 1 cm^2 的肉样 4～6 份,单独称重后分别放在各自的滤纸上,肉块上下各放经过称量的滤纸 8 层,肉样连同滤纸一同放在 35 kg 压力器上,加压 10 min 之后取出肉样称重量。然后计算出失水率。

$$失水率=\frac{压前重-压后重-压出物中所含干物质重}{压前重}\times 100\%$$

压挤渗出物中除水分外,还有一部分干物质,将含渗出物的滤纸烘干后进行称量,减去压前滤纸的重量就是测得的压挤渗出物中的干物质重量。

(2)离心法

①取肉样。取第 6～7 肋骨至最后肋骨之间背最长肌肉 100 g,用绞肉机绞 3～4 次。

②肉样装管。用铁窗纱制成网状管,每管放入肉样 10 g,之后放入离心管内。

③加热。将装好肉样的离心管放入 80℃的水浴槽中,加热 20 min。

④离心。加热后的离心管拭去外管壁的水珠,放进 1 500 r/min 的离心机内,离心分离 15 min。

⑤计算失水率。

$$保水力=\frac{A}{G}\times 100\%$$

式中 A 为离心管内肉样中分离出来的水分重量(除去汁液中所含干物质),G 为离心管中肉样重量。

2. 熟肉率

(1)取样。取下左侧胴体股二头肌,切取 500 g 左右的肉块,称其实际重量。并插上标号牌。

(2)水煮。先将肉样放入铝锅内,然后加适量冷水(浸泡住全部肉样为宜)。放在 2 000 W 的电炉上煮,待水开后再煮 45 min,捞出后挂凉 30 min 后称熟肉重。

(3)计算熟肉率。

$$熟肉率=\frac{熟肉样重}{生肉样重}\times 100\%$$

3. 肌肉的酸度(pH 值)

肌肉的酸度用 pH 值来表示。取股二头肌中部肉样测出其酸度,方法有两种。

(1)试纸法　将股二头肌切一大口,把精密 pH 试纸轻贴在切开的肉面上,待有汁液渗出浸湿试纸后,用比色板比色记录 pH 值。

(2)用酸度计测量　将股二头肉中部肉样粉碎成浆,用酸度计测量。

肌肉的酸度与保水力和肉的品质有关,肉的存放时间对 pH 值有直接影响。

4. 肉色

用标准比色板测定。比色板由浅至深共分 6 种颜色,每种颜色为一个等级,全板共 6 个等级。

比色部位是胸腰结合处的背最长肌横断面处的色泽,经比色后记录其等级。

5. 肌肉含脂率的测定

测定肌肉干物质取样时,同时取含脂率测定肉样。用乙醚浸提法测定。

6. 肌肉灰分

用测干物质后的 4 个肉样连同坩埚放在 2 000 W 的电炉上炭化,无烟时放在电阻炉内,600℃的恒温下烧 6 h,冷却后开炉变换坩埚在炉内的位置,再烧 6 h,冷却后称重。

$$灰分=\frac{烧后重}{鲜肉样重}\times 100\%$$

用 4 个肉样灰分的平均值表示这头被测猪肌肉的灰分。

7. 写出猪肉品质测定分析的实验报告

要求学生根据实验目的及要求写出实验报告,对有关猪肉的肉质指标有较为具体的认识。

三、技术要求

屠宰要求：屠宰前禁食 24 h，允许饮水，严禁鞭打、急赶、过度拥挤、高温等强烈有害刺激；皮、骨、肉、脂剥离干净。

肉质评定按照国家标准《瘦肉型猪肉质评定方法》进行。

参考文献

1. 朱宽佑，潘琦. 养猪生产. 北京：中国农业大学出版社，2005.
2. 王振来，路广计，谷军虎. 养猪场生产技术与管理. 北京：中国农业大学出版社，2003.
3. 曲万文. 现代猪场生产管理实用技术. 北京：中国农业出版社，2008.
4. 连森阳. 养猪技术与经营管理. 北京：中国农业出版社，2005.
5. 陈明清，王连纯. 现代养猪生产. 北京：中国农业出版社，2002.
6. 李炳坦，等. 养猪生产技术手册. 北京：农业出版社，1990.
7. 陈焕春. 规模化猪场疫病控制与净化. 北京：中国农业出版社，2000.
8. 刘海良主译. 养猪生产. 北京：中国农业出版社，1998.
9. 白玉坤，王振来. 肉猪高效饲养与疫病监控. 北京：中国农业大学出版社，2003.
10. 赵书广. 中国养猪大成. 北京：中国农业出版社，2000.
11. 李宝林. 猪生产. 北京：中国农业出版社，2001.